国家级示范高校精品课程规划教材

安徽省首批"十四五"高等职业教育规划教材

高等数学简明教程

《基础篇》

主　编　潘　凯

副主编　黄建国　吕同斌

U0216250

中国科学技术大学出版社

·合肥·

内 容 简 介

《高等数学简明教程》依据教育部最新颁发的《高职高专教育高等数学课程教学基本要求》和《高职高专人才培养目标及规格》编写,内容取材汲取了同类教材的优点和实际教学中的教改成果,融科学性、实用性、特色性和通俗性于一体,突出时代精神和知识创新,以应用、实用为目的,以必需、够用为原则,注重学生数学素质和能力的培养.分为上、下两册,上册为基础篇,包含:极限与连续,导数与微分,中值定理与导数的应用,积分及其应用,多元函数的微积分等;下册为应用篇,包含:常微分方程,无穷级数,线性代数,概率与数理统计初步,数学建模简介等.每章后配有内容精要和自我测试题,方便读者自学和提高,书后附有初等数学常用公式、常用平面曲线及其方程、常用统计分布表、参考答案等,供读者查阅.

本书为国家级示范高校精品课程规划教材,2023年11月入选安徽省首批"十四五"高等职业教育规划教材,可供高职高专工科各专业学生作为教材使用,也可作为同类高校经济管理类专业及各类成人高等学历教育数学教材、专升本辅导教材和相关教师的教学参考书.

图书在版编目(CIP)数据

高等数学简明教程.基础篇/潘凯主编.—合肥:中国科学技术大学出版社,2019.8(2023.11修订重印)

ISBN 978-7-312-04766-4

Ⅰ.高… Ⅱ.潘… Ⅲ.高等数学—高等职业教育—教材 Ⅳ.O13

中国版本图书馆 CIP 数据核字(2019)第 159261 号

出版	中国科学技术大学出版社
	安徽省合肥市金寨路 96 号,230026
	http://press.ustc.edu.cn
	https://zgkxjsdxcbs.tmall.com
印刷	安徽省瑞隆印务有限公司
发行	中国科学技术大学出版社
经销	全国新华书店
开本	710 mm×1000 mm 1/16
印张	14.5
字数	320 千
版次	2019 年 8 月第 1 版 2023 年 11 月修订重印
印次	2023 年 11 月第 7 次印刷
定价	36.00 元

前　　言

马克思说:"一门科学只有在成功地运用数学时,才算达到了真正完善的地步."我们正处在数学技术的新时代,数学已从幕后走到幕前,已成为一种关键的、普遍适用的、增强能力的技术,在很多领域直接为社会创造价值,无论在哪个行业的激烈竞争中,数学必然是强者的翅膀,各门学科都需要数学这把钥匙.正如数学家高斯所说:"数学是百科之母,数学是科学的皇后."高等数学是高等职业技术教育一门必修的公共基础课程,是学生提高文化素质和学习有关专业知识、专门技术及获取新知识和能力的重要基础,同时也是学生将来生活、学习、工作,面向社会、服务社会的一个重要工具,在高等职业技术教育中起着非常重要的作用.

为适应新的职业教育人才培养要求,我们在加强专业教学的同时,强化了对学生技能的培养,数学基础课的教学面临着新的调整,突出了必需、够用的教学原则.在教学与研究中,我们深刻地认识到,高职高专数学教育必须培养学生四个方面的能力:一是用数学思想、概念、方法,消化吸收工程概念和工程原理的能力;二是把实际问题转化为数学模型的能力;三是求解数学模型的能力;四是提升数学素养,领悟数学文化魅力的能力.

本书是在高等职业技术教育新一轮教育教学改革的背景下,在深化教材建设要求的基础上,开展深入探讨,参考过去出版的教材及使用情况,吸收其优点,不断加以完善整合,结合对同类教材发展趋势的分析及专业教学的实际需要,精心编写而成的.

本书具有以下特点:

(1) 更加突出以应用、实用、好用、够用为度的教学原则.

(2) 注重对学生应用意识、兴趣和能力的培养,每章后配有数学实验,选编了数学建模简介一章,以此来提高学生把实际问题转化为数学模型的能力.

(3) 结合高职高专的教学特点,力求朴实、简明,注重数学概念通俗易懂的叙述,淡化深奥的数学理论,强化几何说明、直观解释及数据验证.

(4) 根据专业教学的实际需要,优选了部分应用实例.

(5) 考虑到职业教育的特点,本教材体系模块小,灵活性好,便于实际操作,较易解决内容多、学时少的矛盾.

(6) 每节后配有相应的习题,供学生练习,各章配有内容精要和自我测试题,便于学生对各章知识的复习、巩固和提高.

本书按基础模块、应用模块、探索模块三个模块,分上、下两册编写.上册为基础篇,内容包括:极限与连续,导数与微分,中值定理与导数应用,积分及其应用,多元函数的微积分等;下册为应用篇,内容包括:常微分方程,无穷级数,线性代数,概率与数理统计初步,数学建模简介等.

本书为国家级示范高校精品课程规划教材,2023 年 11 月入选安徽省首批"十四五"高等职业教育规划教材(皖教秘高[2023]147 号),2023 年 11 月作者团队根据新形势下进一步深化高等职业教育教学改革和高等数学学科发展的需要,对教材进行修订,新书可供开设高等数学课程的高等职业技术学院、高等专科学校工科类各专业作为教材使用,也可作为同类高校经济管理类专业及各类成人高等学历教育数学教材、专升本辅导教材和相关教师的教学参考书.

本书是集体智慧和力量的结晶,参加本书编写工作的作者均是工作在高等数学教学第一线的教师和研究人员.其中,基础篇:第 1 章由张燕执笔,第 2 章由曹亚群执笔,第 3 章由黄建国执笔,第 4 章由肖国山执笔,第 5 章由潘凯执笔.应用篇:第 1 章由吕同斌执笔,第 2 章由潘凯执笔,第 3 章由王少环执笔,第 4 章由于华锋执笔,第 5 章由孙赤梅执笔,实验内容由刘真执笔.全书框架结构安排由潘凯承担,统稿、定稿工作由潘凯、黄建国、吕同斌完成.

我们在编写本书的过程中,参阅了一些高等数学方面的优秀教材和学术著作,并得到教育主管部门的大力支持;原中国科学技术大学数学系博士生导师、系主任李尚志教授与博士生导师徐俊明教授分别审阅了本书的部分原稿,并对书稿内容提出了宝贵的意见和建议,在此一并表示感谢!

由于编者水平有限,书中存在不足和疏漏之处在所难免,恳请读者批评指正.

编　者

2023 年 11 月

目　录

第1章 极 限 与 连 续

万丈高楼平地起,打好基础最要紧.

——陈景润

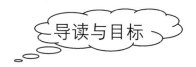

【导读】 高等数学是以极限为基本工具,以变量及变量间的依赖关系,即函数关系为研究对象的一门数学课程.极限是研究微积分学的重要工具,是高等数学中最重要的概念之一,微积分学中的许多重要概念,如导数、定积分等,均通过极限来定义.掌握极限的思想和方法是学好微积分学的基础.本章讲述函数、极限和连续等基本概念及相关知识.

【目标】 理解函数概念,了解函数的几何特性,知道极限概念与连续概念,掌握将初等函数按基本初等函数的四则运算进行复合的过程,掌握极限的四则运算法则和两个重要极限公式.

1.1 函 数

1.1.1 常量与变量

在研究实际问题时,人们会遇到各种各样的量,如长度、面积、体积、时间、距离、速度等.这些量可分为两种:一种是在某种过程中保持不变的量,这种量称为**常量**;还有一种是在某种过程中不断改变的量,这种量称为**变量**.

注意:一个量是常量还是变量,要视具体情况而定,如在自由落体运动中,处于一定高度内的重力加速度可作常量处理,但超出一定高度时,重力加速度则应视为变量.

常用字母 a,b,c 等表示常量,用字母 x,y,z 等表示变量.对某一问题,变量只能在一定范围内取值. 为简便起见, 变量的取值范围常用区间表示. 常用区间列于表 1.1, 应该说明的是, 表中 $a, b \in \mathbf{R}, a < b$.

表 1.1

名　　称	记　　号	集合表示法	图　　示
闭区间	$[a, b]$	$\{x \mid a \leqslant x \leqslant b\}$	
开区间	(a, b)	$\{x \mid a < x < b\}$	
半开半闭区间	$(a, b]$	$\{x \mid a < x \leqslant b\}$	
	$[a, b)$	$\{x \mid a \leqslant x < b\}$	
无穷区间	$(a, +\infty)$	$\{x \mid a < x < +\infty\}$	
	$[a, +\infty)$	$\{x \mid a \leqslant x < +\infty\}$	
	$(-\infty, b)$	$\{x \mid -\infty < x < b\}$	
	$(-\infty, b]$	$\{x \mid -\infty < x \leqslant b\}$	
	$(-\infty, +\infty)$	$\{x \mid -\infty < x < +\infty\}$	

特别地, $(a - \delta, a + \delta)$ 称为点 a 的 δ **邻域**(其中 a, δ 是实数, 且 $\delta > 0$), 记作 $U(a, \delta)$, 点 a 叫作这个邻域的中心, δ 叫作这个邻域的半径, 如图 1.1 所示. 即

$$U(a, \delta) = \{x \mid \mid x - a \mid < \delta\}$$

点 a 的 δ 邻域去掉中心 a 后, 称为 a 的空心 δ 邻域, 记作 $\mathring{U}(a, \delta)$, 如图 1.2 所示. 即

$$\mathring{U}(a, \delta) = \{x \mid 0 < \mid x - a \mid < \delta\}$$

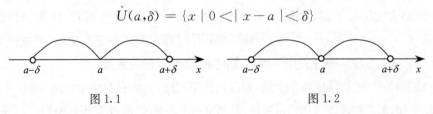

图 1.1　　　　　　　　　　　图 1.2

1.1.2　函数的概念

1.1.2.1　函数的定义

定义　设有两个非空实数集 D、M,如果对于数集 D 中的每一个数 x,按照确定的法则 f,在数集 M 中有唯一的一个数 y 与之对应,则称 y 是在对应法则 f 作用下关于 x 的在数集 D 上的函数.记作 $y=f(x)$,x 称为自变量,y 称为因变量.

数集 D 称为函数的**定义域**,数集 $W=\{y|y=f(x),x\in D\}$ 称为函数的**值域**,显然 $W\subseteq M$,与 x 对应的 y 的数值称为函数 f 在 x 处的**函数值**.

函数 $y=f(x)$ 中表示对应法则的记号 f 也可改用其他字母,例如 φ,F 等.这时函数就记作 $y=\varphi(x),y=F(x)$ 等.在研究同一问题时出现的不同函数,应该用不同的记号.

如果对自变量 x 的某一个值 x_0 有确定的 y 值 $f(x_0)$ 与之对应,就说函数 $y=f(x)$ 在 x_0 有定义.函数的定义域是自变量的取值范围.

定义域和对应关系是函数的两个基本要素.两个函数只有在定义域和对应关系完全相同时,才被认为是相同的.

例如,函数 $y=\sin^2x+\cos^2x$ 与 $y=1$,它们的定义域和对应关系都相同,所以是相同的函数.又如,函数 $y=\dfrac{x^2-1}{x-1}$ 与 $y=x+1$,它们的定义域不同,所以是不同的函数.

如果自变量在定义域内取某些数值时,对应多个 y 值,就称这个对应规则为**多值函数**,而一个 x 有唯一的 y 值与之对应的情形,又称为**单值函数**.以后若无特别说明,函数都是指单值函数.函数可以用公式法、图形法、表格法等给出.

在实际问题中,还会遇到一个函数在定义域的不同范围内,用不同的解析式表示的情况,如电子技术中的矩形脉冲

$$u=\begin{cases} E, & 0\leqslant t<\dfrac{T}{2} \\ -E, & \dfrac{T}{2}\leqslant t<T \end{cases}$$

这种函数称为**分段函数**.

注意:分段函数在整个定义域上是一个函数,而不是几个函数,求分段函数值时,应把自变量的值代入相应取值范围的表达式中计算.

1.1.2.2　函数的定义域

研究函数必须注意函数的定义域.在实际问题中,函数的定义域是根据问题的实际意义来确定的.若不涉及实际问题,其定义域就是使函数表达式本身有意义的自变量的取值范围.例如:

(1) 在分式中,分母不能为零.

(2) 在实数范围内,负数不能开偶数次方.

(3) 在对数式中,真数要大于零.

(4) 在三角函数和反三角函数中,要使三角函数和反三角函数有意义.

(5) 如果函数表达式中同时含有分式、根式、对数式、三角函数式或反三角函数式等,则应取各部分定义域的交集.

【例 1.1.1】 求下列函数的定义域:

(1) $y=\dfrac{1}{4-x^2}+\sqrt{x+2}$ (2) $y=\lg\dfrac{x}{x-1}$ (3) $y=\arcsin\dfrac{x+1}{3}$

解 (1) 使 $y=\dfrac{1}{4-x^2}+\sqrt{x+2}$ 有意义,须

$$\begin{cases} 4-x^2 \neq 0 \\ x+2 \geqslant 0 \end{cases} \quad 即 \quad \begin{cases} x \neq \pm 2 \\ x \geqslant -2 \end{cases}$$

故所求函数的定义域为 $(-2,2)\bigcup(2,+\infty)$.

(2) 使 $y=\lg\dfrac{x}{x-1}$ 有意义,须

$$\frac{x}{x-1} > 0$$

即 $x > 1$ 或 $x < 0$

故所求函数的定义域为 $(-\infty,0)\bigcup(1,+\infty)$.

(3) 使 $y=\arcsin\dfrac{x+1}{3}$ 有意义,须

$$-1 \leqslant \frac{x+1}{3} \leqslant 1$$

即 $-3 \leqslant x+1 \leqslant 3 \Rightarrow -4 \leqslant x \leqslant 2$

故所求函数的定义域为 $[-4,2]$.

1.1.3　函数的几种特性

函数的几种特性在初等数学中已作了详细介绍,在此将定义和几何意义列于

表 1.2,供复习之用(表中 D 为函数 $f(x)$ 的定义域).

表 1.2

特　性	定　义	图　像	几何意义
有界性	设区间 $I\subseteq D$. 对于任一 $x\in I$,存在正数 M,使 $\|f(x)\|\leqslant M$,则 $f(x)$ 在 I 上有界		有界函数的图像夹在直线 $y=\pm M$ 之间
单调性	设区间 $I\subseteq D$. 对于任意 $x_1,x_2\in I$,当 $x_1<x_2$ 时,恒有 $f(x_1)<f(x_2)$,则 $f(x)$ 在 I 上单调增加,反之, $f(x)$ 在 I 上单调减少		单调增函数图像沿 x 轴正向上升,单调减函数图像沿 x 轴正向下降
奇偶性	设函数的定义域 D 关于原点对称.若对任一 $x\in D$,有 $f(-x)=f(x)$,则 $f(x)$ 为偶函数;若有 $f(-x)=-f(x)$,则 $f(x)$ 为奇函数		偶函数的图像关于 y 轴对称,奇函数的图像关于坐标原点对称
周期性	若存在常数 $T\neq0$,使得对任一 $x\in D$,有 $x\pm T\in D$,且 $f(x+T)=f(x)$,则 $f(x)$ 为周期函数.周期常指最小正周期		以 T 为周期的周期函数其图像在定义域内每隔长度为 T 的区间上有相同的形状

1.1.4　初等函数

1.1.4.1　基本初等函数

所谓基本初等函数,是指以下这些函数:幂函数、指数函数、对数函数、三角函数和反三角函数.现将这些常用的基本初等函数及其定义域与值域、图像、特性列于表 1.3.

表 1.3

	函 数	定义域与值域	图 像	特 性
幂函数	$y = x$	$x \in (-\infty, +\infty)$ $y \in (-\infty, +\infty)$		奇函数,单调增加
	$y = x^2$	$x \in (-\infty, +\infty)$ $y \in [0, +\infty)$		偶函数,在 $(-\infty, 0)$ 内单调减少,在 $(0, +\infty)$ 内单调增加
	$y = x^3$	$x \in (-\infty, +\infty)$ $y \in (-\infty, +\infty)$		奇函数,单调增加
	$y = \dfrac{1}{x} = x^{-1}$	$x \in (-\infty, 0)$ $\cup (0, +\infty)$ $y \in (-\infty, 0)$ $\cup (0, +\infty)$		奇函数,单调减少
	$y = \sqrt{x} = x^{\frac{1}{2}}$	$x \in [0, +\infty)$ $y \in [0, +\infty)$		单调增加
指数函数	$y = a^x$ $(a > 1)$	$x \in (-\infty, +\infty)$ $y \in (0, +\infty)$		单调增加
	$y = a^x$ $(0 < a < 1)$	$x \in (-\infty, +\infty)$ $y \in (0, +\infty)$		单调减少

(续)表 1.3

	函 数	定义域与值域	图 像	特 性
对数函数	$y=\log_a x$ $(a>1)$	$x\in(0,+\infty)$ $y\in(-\infty,+\infty)$	$y=\log_a x$ $(a>1)$ $(1,0)$	单调增加
	$y=\log_a x$ $(0<a<1)$	$x\in(0,+\infty)$ $y\in(-\infty,+\infty)$	$(1,0)$ $y=\log_a x$ $(0<a<1)$	单调减少
三角函数	$y=\sin x$	$x\in(-\infty,+\infty)$ $y\in[-1,1]$	$y=\sin x$	奇函数,周期 2π,有界. 在 $\left(2k\pi-\dfrac{\pi}{2}, 2k\pi+\dfrac{\pi}{2}\right)$ 单调增加, $\left(2k\pi+\dfrac{\pi}{2}, 2k\pi+\dfrac{3\pi}{2}\right)$ 单调减少
	$y=\cos x$	$x\in(-\infty,+\infty)$ $y\in[-1,1]$	$y=\cos x$	偶函数,周期 2π,有界. 在 $(2k\pi,2k\pi+\pi)$ 单调减少,$(2k\pi+\pi,2k\pi+2\pi)$ 单调增加
	$y=\tan x$	$x\neq k\pi+\dfrac{\pi}{2}$ $(k\in\mathbf{Z})$ $y\in(-\infty,+\infty)$	$y=\tan x$	奇函数,周期 π,无界. 在 $\left(k\pi-\dfrac{\pi}{2}, k\pi+\dfrac{\pi}{2}\right)$ 单调增加
	$y=\cot x$	$x\neq k\pi$ $(k\in\mathbf{Z})$ $y\in(-\infty,+\infty)$	$y=\cot x$	奇函数,周期 π,无界. 在 $(k\pi,k\pi+\pi)$ 单调减少

函　数	定义域与值域	图　像	特　性
反三角函数 $y=\arcsin x$	$x\in[-1,1]$ $y\in\left[-\dfrac{\pi}{2},\dfrac{\pi}{2}\right]$		奇函数,有界,单调增加
$y=\arccos x$	$x\in[-1,1]$ $y\in[0,\pi]$		有界,单调减少
$y=\arctan x$	$x\in(-\infty,+\infty)$ $y\in\left(-\dfrac{\pi}{2},\dfrac{\pi}{2}\right)$		奇函数,有界,单调增加
$y=\operatorname{arccot}x$	$x\in(-\infty,+\infty)$ $y\in(0,\pi)$		有界,单调减少

1.1.4.2　复合函数

以后我们经常会遇到由几个函数复合起来而得到的函数,例如,$y=u^2$,而 $u=\sin x$,则 y 通过 u 而成为 x 的函数 $y=\sin^2 x$,这时称 $y=\sin^2 x$ 由 $y=u^2$ 和 $u=\sin x$ 复合而成.

定义　如果 y 是 u 的函数 $y=f(u)$,而 u 又是 x 的函数 $u=\varphi(x)$,且 $\varphi(x)$ 的值域与 $y=f(u)$ 的定义域的交集非空,则 y 通过中间变量 u 成为 x 的函数,把 $y=f[\varphi(x)]$ 称为 x 的复合函数,u 称为中间变量.

注意:(1) 并非任何两个函数都可以复合. 如 $y=\sqrt{1-u^2}$,$u=x^2+2$,就不能复合.

(2) 复合函数也可以由两个以上的函数复合而成,复合的方法就是代入. 如 $y=\ln u$,$u=\sin v$,$v=\dfrac{x}{2}$,则 $y=\ln\sin\dfrac{x}{2}$,这里 u,v 都是中间变量.

【例 1.1.2】　指出下列各复合函数的复合过程和定义域.

(1) $y=\sqrt{1+x^2}$ (2) $y=\lg(1-x)$

解 (1) $y=\sqrt{1+x^2}$ 是由 $y=\sqrt{u}$ 与 $u=1+x^2$ 复合而成的,它的定义域为 $(-\infty,+\infty)=\mathbf{R}$.

(2) $y=\lg(1-x)$ 是由 $y=\lg u$ 与 $u=1-x$ 复合而成的,它的定义域是 $x\in(-\infty,1)$.

1.1.4.3 初等函数

由基本初等函数和常数经过有限次四则运算与有限次的函数复合得到的且可用一个式子表示的函数,称为初等函数. 例如:

$$y=1+\sqrt{x},\quad y=2\sin\frac{x}{2},\quad y=x\ln x$$

$$y=a^{x^2},\quad y=\arcsin\frac{1}{x},\quad y=\sqrt{\cot\frac{x}{2}}$$

等都是初等函数.

注意:分段函数一般不是初等函数. 但是,由于分段函数在其定义域的各个子区间上都由初等函数表示,故仍可通过初等函数来研究.

某些分段函数仍是初等函数,如:

$$y=\begin{cases}x,&x\geqslant 0\\-x,&x<0\end{cases}$$

能化为 $y=\sqrt{x^2}$,而 $y=\sqrt{x^2}$ 是由 $y=\sqrt{u}$ 与 $u=x^2$ 复合而成的,所以这个分段函数是一个初等函数.

*1.1.5 经济学中常用的函数

1.1.5.1 需求与供给函数

1. 需求函数

需求是指消费者在一定价格下对某种商品愿意购买并且有支付能力的有效需求,需求价格是指消费者对所需要的一定量商品所愿意支付的价格.

商品的需求量 Q 可看成是商品价格 p 的函数,称为需求函数. 记为

$$Q=\varphi(p),\quad p\geqslant 0$$

一般来说,当商品价格增加时,商品需求量将减少. 因此需求函数是递减函数. 需求函数的图像称为需求曲线,需求曲线如图 1.3 所示.

需求函数的反函数

$$p = \varphi^{-1}(Q)$$

在经济学中也称为需求函数或价格函数.

2. 供给函数

供给是指在某一时期内,生产者在一定条件下,愿意并可能出售的产品. 供给价格是指生产者为提供一定量商品所愿意接受的价格.

商品的供给量 Q 可以看成是商品价格 p 的函数,称为供给函数. 记为

$$Q = f(p), \quad p > 0$$

一般来说,当商品价格增加时,商品供给量将增加. 因此供给函数是递增函数. 供给函数的图像称为供给曲线,如图 1.4 所示.

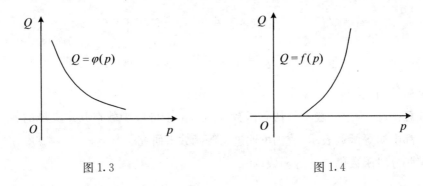

图 1.3　　　　　　　　　　　　图 1.4

局部市场均衡:商品的需求价格与供给价格相一致时的价格,称为均衡价格,市场的需求量与供给量一致时的商品数量称为均衡数量,需求函数 $Q_d = \varphi(p)$,供给函数 $Q_s = f(p)$,则

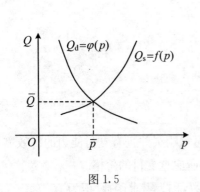

图 1.5

$$\begin{cases} Q_d = \varphi(p) \\ Q_s = f(p) \\ Q_d = Q_s \end{cases}$$

其函数图像如图 1.5 所示。

1.1.5.2　收益、成本与利润函数

1. 收益函数

收益是指生产者出售商品的收入. 总收益是指将一定量产品出售后所得到的全部收入.

总收益记为 R. 总收益 R 为销售价格 p 与销售量 Q 的乘积. 若以销售量 Q 为自变量,总收益 R 为因变量,则 R 与 Q 之间的函数关系称为总收益函数.

在已知需求函数 $Q = \varphi(p)$ 时,有

$$R = R(Q) = pQ = \varphi^{-1}(Q) \cdot Q$$

平均收益函数为

$$R_A = \frac{\text{总收益}}{\text{销量}} = \frac{R(Q)}{Q} = \varphi^{-1}(Q) = p$$

2. 成本函数与利润函数

总成本是指生产特定产量的产品所需的成本总额. 它包括两部分: 固定成本和可变成本. 二者之和即为总成本.

$$C = C(Q) = C_0 + V(Q)$$

平均成本函数为

$$C_A = \frac{\text{总成本}}{\text{销量}} = \frac{C(Q)}{Q}$$

利润函数是指在假设产量与销量一致的情况下, 将总利润函数定义为总收益函数与总成本函数之差. 即

$$L(Q) = R(Q) - C(Q)$$

习　题　1.1

1. 下列各题中, 函数 $f(x)$ 与 $g(x)$ 是否相同? 为什么?

    (1) $f(x) = \ln x^2$ $g(x) = 2\ln x$

    (2) $f(x) = x$ $g(x) = \sqrt{x^2}$

    (3) $f(x) = \sqrt[3]{x^4 - x^3}$ $g(x) = x\sqrt[3]{x-1}$

2. 求下列函数的定义域.

    (1) $y = \dfrac{1}{1-x^2} + \sqrt{x+2}$ (2) $y = \dfrac{1}{x} - \sqrt{1-x^2}$

    (3) $y = \dfrac{1}{\sqrt{4-x^2}}$ (4) $y = \dfrac{2x}{x^2 - 3x + 2}$

3. 设 $\varphi(x) = \begin{cases} |\sin x|, & |x| < \dfrac{\pi}{3} \\ 0, & |x| \geqslant \dfrac{\pi}{3} \end{cases}$, 求 $\varphi\left(\dfrac{\pi}{6}\right), \varphi\left(\dfrac{\pi}{4}\right), \varphi\left(-\dfrac{\pi}{4}\right), \varphi(-2)$, 并

作出函数的图像.

4. 下列函数中哪些是奇函数? 哪些是偶函数? 哪些是非奇非偶函数?

    (1) $f(x) = x^2 \cos x$ (2) $f(x) = \dfrac{1}{2}(e^x + e^{-x})$

    (3) $f(x) = \dfrac{1}{2}(e^x - e^{-x})$ (4) $f(x) = \ln\dfrac{1-x}{1+x}$

5. 指出下列各复合函数的复合过程.

(1) $y=\sqrt{1-x^2}$　　　　　　　　(2) $y=e^{x+1}$

(3) $y=\sin\dfrac{3x}{2}$　　　　　　　　(4) $y=\cos^2(3x+1)$

(5) $y=\ln\sqrt{1+x}$　　　　　　　　(6) $y=\arccos(1-x^2)$

6. 设 $f(x)$ 的定义域是 $[0,1]$. 问:(1) $f(x^2)$；(2) $f(\sin x)$；(3) $f(x+a)$ $(a>0)$；(4) $f(x+a)+f(x-a)$ $(a>0)$的定义域各是什么?

7. 设 $f(x)=\begin{cases}1, & |x|<1 \\ 0, & |x|=1 \\ -1, & |x|>1\end{cases}$,$g(x)=e^x$,求 $f[g(x)]$ 和 $g[f(x)]$,并作出这两个函数的图像.

8. 有等腰梯形(图1.6),当垂直于 x 轴的直线扫过该梯形时,若直线与 x 轴的交点坐标为$(x,0)$,求直线扫过的面积 S 与变量 x 间的函数关系,指明定义域,并求 $S(1),S(3),S(4),S(6)$ 的值.

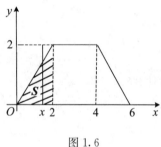

图 1.6

9. 设某商品的需求关系是

$$2Q+p=40$$

其中,Q 是商品量,p 是该商品的价格,求销售 10 件时的总收入.

1.2　函 数 的 极 限

1.2.1　函数极限的概念

1.2.1.1　自变量趋于有限值时函数的极限

先来考察 $f(x)=x+1$ 与 $g(x)=\dfrac{x^2-1}{x-1}$ 这两个不同的函数,从图1.7和图1.8可以看出,当 x 无限趋近于 1 时,$f(x)=x+1$ 与 $g(x)=\dfrac{x^2-1}{x-1}$ 都无限趋近于 2.

$f(x)=x+1$ 在 $x=1$ 处有定义,$g(x)=\dfrac{x^2-1}{x-1}$ 在 $x=1$ 处无定义. 即是说,当 x 无限趋近于 1 时,$f(x)$ 与 $g(x)$ 的极限是否存在与其在 $x=1$ 处是否有定义无关.

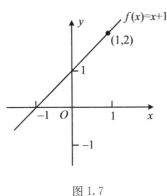

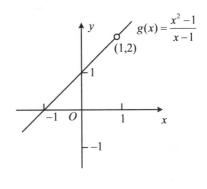

图 1.7　　　　　　　　　　　　　　　图 1.8

一般说来,为使 $x \to x_0$ 时函数 $f(x)$ 的极限定义适用范围更广泛,不必要求 $f(x)$ 在 x_0 点有定义,只需要求 $f(x)$ 在点 x_0 的空心邻域内有定义.故给出如下定义:

定义 1　设函数 $y = f(x)$ 在点 x_0 的空心邻域 $\mathring{U}(x_0, \delta)$ 内有定义,如果自变量 x 在 $\mathring{U}(x_0, \delta)$ 内无限趋近于 x_0 时,相应的函数值 $f(x)$ 无限趋近于某一个固定的常数 A,则称常数 A 为函数 $f(x)$ 当 $x \to x_0$ 时的极限.记为

$$\lim_{x \to x_0} f(x) = A \quad \text{或} \quad f(x) \to A \, (x \to x_0)$$

注意:(1) 定义中只要求在 x_0 的空心邻域 $\mathring{U}(x_0, \delta)$ 内有定义,而与在 x_0 是否有定义无关.

(2) $x \to x_0$,意思是指 x 从 x_0 的左、右两侧趋于 x_0 的两种情形.

有时为了研究问题的需要,变量 x 的变化趋势仅需考察从 x_0 的单侧方向趋近的情形,我们给出以下定义:

定义 2　设函数 $y = f(x)$ 在点 x_0 的右半空心邻域 $(x_0, x_0 + \delta)$ 内有定义,如果自变量 x 在此半邻域内从 x_0 右侧无限趋近于 x_0 时,相应的函数值 $f(x)$ 无限趋近于某个固定的常数 A,则称常数 A 为 $f(x)$ 在 x_0 处的右极限.记为

$$\lim_{x \to x_0^+} f(x) = A$$

或简记为

$$f(x_0 + 0) = A \quad \text{或} \quad f(x) \to A (x \to x_0^+)$$

定义 3　设函数 $y = f(x)$ 在点 x_0 的左半空心邻域 $(x_0 - \delta, x_0)$ 内有定义,如果自变量 x 在此半邻域内从 x_0 左侧无限趋近于 x_0 时,相应的函数值 $f(x)$ 无限趋近于某个固定的常数 A,则称常数 A 为 $f(x)$ 在 x_0 处的左极限.记为

$$\lim_{x \to x_0^-} f(x) = A$$

或简记为

$$f(x_0 - 0) = A \quad \text{或} \quad f(x) \to A(x \to x_0^-)$$

函数的左极限和右极限统称单侧极限或单边极限.

【例1.2.1】 设

$$f(x) = \begin{cases} -x, & x < 0 \\ 1, & x = 0 \\ x, & x > 0 \end{cases}$$

画出该函数的图像,并讨论 $\lim\limits_{x \to 0^-} f(x)$, $\lim\limits_{x \to 0^+} f(x)$, $\lim\limits_{x \to 0} f(x)$ 是否存在.

解 $f(x)$ 的图像如图1.9所示,由图不难看出:

$$\lim_{x \to 0^-} f(x) = 0, \quad \lim_{x \to 0^+} f(x) = 0, \quad \lim_{x \to 0} f(x) = 0$$

【例1.2.2】 设

$$f(x) = \begin{cases} 1 - x, & x < 0 \\ x^2, & x \geqslant 0 \end{cases}$$

画出该函数的图像,并讨论 $\lim\limits_{x \to 0^-} f(x)$, $\lim\limits_{x \to 0^+} f(x)$, $\lim\limits_{x \to 0} f(x)$ 是否存在.

解 $f(x)$ 的图像如图1.10所示,由图不难看出:

$$\lim_{x \to 0^-} f(x) = 1, \quad \lim_{x \to 0^+} f(x) = 0, \quad \lim_{x \to 0} f(x) \text{ 不存在}$$

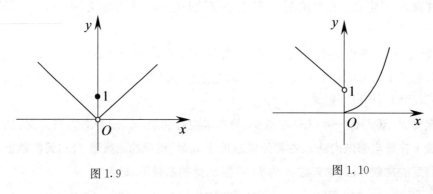

图1.9   图1.10

由左、右极限的定义及上述两个例子不难看出,左、右极限存在如下关系:

定理1 函数 $f(x)$ 在 x_0 处的极限为 A 的充分必要条件是 $f(x)$ 在 x_0 处的左、右极限均存在且都为 A. 即

$$\lim_{x \to x_0^+} f(x) = \lim_{x \to x_0^-} f(x) = A$$

1.2.1.2 自变量趋向无穷大时函数的极限

定义4 设函数 $y = f(x)$ 在 $|x| > a$(a 为大于 0 的某个实数)时有定义,如果自变量 x 的绝对值无限增大时,相应的函数值 $f(x)$ 无限趋近于同一个固定的常数 A,

则称 A 为 $x\to\infty$ 时函数 $f(x)$ 的极限. 记为

$$\lim_{x\to\infty}f(x)=A \quad 或 \quad f(x)\to A\,(x\to\infty)$$

由图 1.11 可知:

$$\lim_{x\to\infty}\frac{1}{x}=0$$

注意: $x\to\infty$ 表示 x 取正值而无限增大 ($x\to+\infty$), 以及 x 也取负值而绝对值无限增大 ($x\to-\infty$) 两种情形.

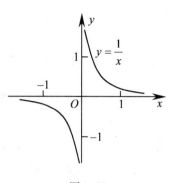

图 1.11

但有时 x 的变化趋势只有一种情形, 我们给出以下定义:

定义 5 设函数 $y=f(x)$ 在 $(a,+\infty)$ (a 为某个实数) 上有定义, 如果 $|x|$ 无限增大且 $x>0$ 时, 相应的函数值 $f(x)$ 无限趋近于某一个固定的常数 A, 则称 A 为 $x\to+\infty$ 时 $f(x)$ 的极限. 记为

$$\lim_{x\to+\infty}f(x)=A$$

由图 1.12 可知:

$$\lim_{x\to+\infty}\mathrm{e}^{-x}=0$$

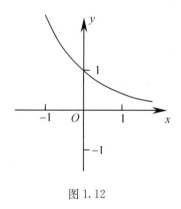

图 1.12

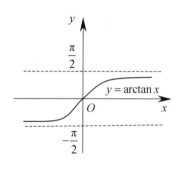

图 1.13

定义 6 设函数 $y=f(x)$ 在 $(-\infty,a)$ (a 为某个实数) 上有定义, 如果 $|x|$ 无限增大且 $x<0$ 时, 相应的函数值 $f(x)$ 无限趋近于某一个固定的常数 A, 则称 A 为 $x\to-\infty$ 时 $f(x)$ 的极限. 记为

$$\lim_{x\to-\infty}f(x)=A$$

易得出下面的与定理 1 相同的结果.

定理 2 $\lim\limits_{x\to\infty}f(x)=A$ 的充分必要条件为

$$\lim_{x\to+\infty}f(x)=\lim_{x\to-\infty}f(x)=A$$

由图 1.13 可知 $\lim\limits_{x\to+\infty}\arctan x=\dfrac{\pi}{2}$，$\lim\limits_{x\to-\infty}\arctan x=-\dfrac{\pi}{2}$，故 $\lim\limits_{x\to\infty}\arctan x$ 不存在.

1.2.2　数列的极限

定义 7　考虑定义域为自然数集的函数 $f(n)$. 如果记

$$a_n=f(n),\quad n=1,2,3,\cdots$$

则数串 $a_1,a_2,a_3,\cdots,a_n,\cdots$ 称为数列或序列，简记为 $\{a_n\}$. 其中的每个数称为数列的项，第 n 项 a_n 称为数列的通项或一般项.

若对于每一个正整数 n，都有 $a_n\leqslant a_{n+1}$，则称数列 $\{a_n\}$ 是单调递增数列；若对于每一个正整数 n，都有 $a_n\geqslant a_{n+1}$，则称数列 $\{a_n\}$ 是单调递减数列.

定义 8　设有数列 $\{a_n\}$. 若当 n 无限增大时，a_n 无限趋近于某一固定的常数 A，则称数列 a_n 当 n 无限增大时以常数 A 为极限，记为

$$\lim_{n\to\infty}a_n=A\quad\text{或}\quad a_n\to A\,(n\to\infty)$$

这时也称当 $n\to\infty$ 时，数列 $\{a_n\}$ 收敛于 A. 如果当 $n\to\infty$ 时，数列 $\{a_n\}$ 不趋近于某一固定常数 A，则称当 $n\to\infty$ 时，数列 $\{a_n\}$ 发散.

【**例 1.2.3**】　讨论下列数列的极限：

(1) $a_n=\dfrac{1}{n}$　　　　　(2) $a_n=2-\dfrac{1}{n^2}$

(3) $a_n=\left(-\dfrac{1}{2}\right)^n$　　　　(4) $a_n=8$

解　计算出各数列的前几项，列于表 1.4，考察当 $n\to\infty$ 时各数列的变化趋势.

表 1.4

n	1	2	3	4	5	$\cdots$	$\to\infty$
$\dfrac{1}{n}$	1	$\dfrac{1}{2}$	$\dfrac{1}{3}$	$\dfrac{1}{4}$	$\dfrac{1}{5}$	$\cdots$	$\to 0$
$2-\dfrac{1}{n^2}$	$2-\dfrac{1}{1}$	$2-\dfrac{1}{4}$	$2-\dfrac{1}{9}$	$2-\dfrac{1}{16}$	$2-\dfrac{1}{25}$	$\cdots$	$\to 2$
$\left(-\dfrac{1}{2}\right)^n$	$-\dfrac{1}{2}$	$\dfrac{1}{4}$	$-\dfrac{1}{8}$	$\dfrac{1}{16}$	$-\dfrac{1}{32}$	$\cdots$	$\to 0$
8	8	8	8	8	8	$\cdots$	$\to 8$

从表 1.4 可以看出，它们的极限分别是：

(1) $\lim\limits_{n\to\infty}a_n=\lim\limits_{n\to\infty}\dfrac{1}{n}=0$　　　　(2) $\lim\limits_{n\to\infty}a_n=\lim\limits_{n\to\infty}\left(2-\dfrac{1}{n^2}\right)=2$

(3) $\lim\limits_{n\to\infty}a_n=\lim\limits_{n\to\infty}\left(-\dfrac{1}{2}\right)^n=0$　　　　(4) $\lim\limits_{n\to\infty}a_n=\lim\limits_{n\to\infty}8=8$

一般地,有下列结论:

(1) $\lim\limits_{n\to\infty}\dfrac{1}{n^{a}}=0\ (\alpha>0)$;　　(2) $\lim\limits_{n\to\infty}q^{n}=0\ (|q|<1)$;　　(3) $\lim\limits_{n\to\infty}C=C$.

注意:上述关于函数与数列极限的定义都是一种描述性的定义,从某种角度讲,这种叙述不够严密.“无限趋近”,不是一个纯粹的数学概念,其精确化的严密定义有 $\varepsilon-\delta,\varepsilon-N$ 等定义,有兴趣的读者可以参看其他书籍,这里略去.

1.2.3　极限的性质

定理 3(局部保号性)　若 $\lim\limits_{x\to x_{0}}f(x)=A$,且 $A>0$(或 $A<0$),则存在点 x_{0} 的某一空心邻域,当 x 在该邻域内时,就有 $f(x)>0$(或 $f(x)<0$).

定理 4　如果在 x_{0} 的某一空心邻域内 $f(x)\geqslant0$(或 $f(x)\leqslant0$),而且 $\lim\limits_{x\to x_{0}}f(x)=A$,则

$$A\geqslant0\qquad(\text{或 }A\leqslant0)$$

定理 5(局部有界性)　如果 $\lim\limits_{x\to x_{0}}f(x)=A$ 存在,则 $f(x)$ 必在 x_{0} 的某空心邻域内有界.

定理 6(唯一性)　若 $\lim\limits_{x\to x_{0}}f(x)=A$ 存在,则极限值是唯一的.

说明:(1) 上述定理中把 $x\to x_{0}$ 改为 $x\to\infty$,相应结论仍成立.

(2) 收敛数列也具有与上述相类似的性质.

习　题　1.2

1. 观察并写出下列极限.

(1) $\lim\limits_{x\to\infty}\dfrac{1+x^{3}}{2x^{3}}$ 　　　　　　(2) $\lim\limits_{x\to+\infty}\dfrac{\sin x}{\sqrt{x}}$

(3) $\lim\limits_{x\to-2}\dfrac{x^{2}-4}{x+2}$ 　　　　　　(4) $\lim\limits_{x\to2}(5x+2)$

2. 求 $f(x)=\dfrac{x}{x}$,$\varphi(x)=\dfrac{|x|}{x}$,当 $x\to0$ 时的左、右极限,并说明它们在 $x\to0$ 时的极限是否存在.

3. 证明函数

$$f(x)=\begin{cases}x^{2}+1, & x<1 \\ 1, & x=1 \\ 1-x, & x>1\end{cases}$$

在 $x\to1$ 时极限不存在.

4. 观察并写出下列极限.

(1) $\lim\limits_{n\to\infty}\dfrac{1}{n^2}$

(2) $\lim\limits_{n\to\infty}\dfrac{3n+1}{2n+1}$

(3) $\lim\limits_{n\to\infty}\dfrac{\sqrt{a^2+n^2}}{n}$

(4) $\lim\limits_{n\to\infty}0.\underbrace{999\cdots9}_{n\text{个}}$

1.3 无穷小量和无穷大量 极限运算法则

1.3.1 无穷小量与无穷大量

1.3.1.1 无穷小量的概念与性质

定义 1 如果一个变量在某一变化过程中以 **0** 为极限,则称它为无穷小量,简称无穷小.

【**例 1.3.1**】 因为 $\lim\limits_{x\to1}(x-1)=0$,所以函数 $x-1$ 当 $x\to1$ 时为无穷小.

因为 $\lim\limits_{x\to\infty}\dfrac{1}{x}=0$,所以函数 $\dfrac{1}{x}$ 当 $x\to\infty$ 时为无穷小.

注意:(1) 一个函数 $f(x)$ 是无穷小,必须指明自变量 x 的变化趋势.

(2) 不要把一个绝对值很小的常数(如 0.0000001)说成是无穷小,因它的极限不为 0.

(3) 数"0"可以看成无穷小.

无穷小量有下列性质:

性质 1 两个无穷小量的代数和仍为无穷小量.

注意:本性质作为定理可以推广为有限个无穷小量的代数和仍为无穷小量,但无限个无穷小量的代数和就不一定是无穷小量了.例如:

$$\lim\limits_{n\to\infty}\left(\dfrac{1}{n^2}+\dfrac{2}{n^2}+\dfrac{3}{n^2}+\cdots+\dfrac{n}{n^2}\right)=\lim\limits_{n\to\infty}\dfrac{n(n+1)}{2n^2}=\lim\limits_{n\to\infty}\left(\dfrac{1}{2}+\dfrac{1}{2n}\right)=\dfrac{1}{2}$$

性质 2 有界变量与无穷小量的乘积为无穷小量.

推论 常数与无穷小量的乘积为无穷小量,有限个无穷小量的乘积也为无穷小量.

不难推出,函数与其极限、无穷小三者间存在如下关系:

定理 1 具有极限的函数等于它的极限与一个无穷小之和;反之,如果函数可以表示为常数与无穷小之和,则该常数就是该函数的极限. 即

$$\lim_{x \to x_0} f(x) = A \Leftrightarrow f(x) = A + \alpha \quad (\alpha \text{ 是 } x \to x_0 \text{ 时的无穷小})$$

1.3.1.2　无穷大量的概念　无穷大量与无穷小量的关系

定义 2　如果一个变量在某个变化过程中,绝对值无限增大,我们就把这类变量称为无穷大量,简称无穷大.

例如,变量 $f(x)$ 为 $x \to x_0$ 时的无穷大量,记作 $\lim\limits_{x \to x_0} f(x) = \infty$;变量 $f(x)$ 为 $x \to x_0$ 时的正无穷大量,记作 $\lim\limits_{x \to x_0} f(x) = +\infty$;变量 $f(x)$ 为 $x \to x_0$ 时的负无穷大量,记作 $\lim\limits_{x \to x_0} f(x) = -\infty$. 对于自变量 x 的其他变化过程中的无穷大量、正无穷大量、负无穷大量可以用类似方法描述.

当 $x \to x_0$(或 $x \to \infty$)时为无穷大的函数 $f(x)$,按函数极限定义来说,极限是不存在的. 但为了便于叙述函数的这一形态,也说"函数的极限是无穷大". 不难知道:

$$\lim_{x \to 1} \frac{1}{x-1} = \infty, \qquad \lim_{x \to 0^-} \frac{1}{x} = -\infty$$

注意:(1) 一个函数 $f(x)$ 是无穷大,必须指明自变量 x 的变化趋势.

(2) 不要把一个绝对值很大的常数(如 1000000)说成是无穷大,因为它的极限为其本身,其绝对值不能无限增大.

易知,无穷大与无穷小存在如下关系:

定理 2　在自变量的同一变化过程中,如果 $f(x)$ 是无穷大,则 $\dfrac{1}{f(x)}$ 为无穷小;反之,如果 $f(x)$ 是无穷小,且 $f(x) \neq 0$,则 $\dfrac{1}{f(x)}$ 为无穷大.

1.3.2　无穷小的比较

虽然无穷小量都以 0 为极限,但是它们趋向于 0 的过程有"快、慢"之别,这种趋向于 0 的"快、慢"就是无穷小量的比较. 我们用两个无穷小量之比的极限来衡量.

定义 3　设 $\alpha(x), \beta(x)$ 是同一个变化过程中的两个无穷小量.

如果 $\lim \dfrac{\alpha(x)}{\beta(x)} = 0$,就说 $\alpha(x)$ 是比 $\beta(x)$ 高阶的无穷小量,记作 $\alpha(x) = o[\beta(x)]$;

如果 $\lim \dfrac{\alpha(x)}{\beta(x)} = \infty$,就说 $\alpha(x)$ 是比 $\beta(x)$ 低阶的无穷小量;

如果 $\lim \dfrac{\alpha(x)}{\beta(x)} = C \neq 0$;就说 $\alpha(x)$ 与 $\beta(x)$ 是同阶的无穷小量;

如果 $\lim \dfrac{\alpha(x)}{\beta(x)}=1$，就说 $\alpha(x)$ 与 $\beta(x)$ 是等价无穷小量，记作 $\alpha(x) \sim \beta(x)$.

显然，等价无穷小是同阶无穷小的特殊情形.

我们可推出一些重要的等价无穷小，记住这些对求某些函数的极限非常有益.

当 $x \rightarrow 0$ 时，有以下常见的等价无穷小：

$\sin x \sim x$，$\tan x \sim x$，$\arcsin x \sim x$，$\arctan x \sim x$，$(1-\cos x) \sim \dfrac{1}{2}x^2$，$(\mathrm{e}^x-1)$ $\sim x$，$\ln(1+x) \sim x$.

定理 3 设 $\alpha(x) \sim \alpha'(x)$，$\beta(x) \sim \beta'(x)$，且 $\lim \dfrac{\alpha'(x)}{\beta'(x)}$ 存在，则

$$\lim \dfrac{\alpha(x)}{\beta(x)} = \lim \dfrac{\alpha'(x)}{\beta'(x)}$$

注意：本定理说明可以利用等价无穷小求积商问题的极限，若不是积商情形要进行必要转化，切记不得胡乱套用.

【例 1.3.2】 比较下列无穷小阶的高低.

(1) $x \rightarrow \infty$ 时，无穷小 $\dfrac{1}{x^2}$ 与 $\dfrac{3}{x}$； (2) $x \rightarrow 1$ 时，无穷小 $1-x$ 与 $1-x^2$.

解 (1) 因 $\lim\limits_{x \rightarrow \infty} \dfrac{\frac{1}{x^2}}{\frac{3}{x}} = \dfrac{1}{3} \lim\limits_{x \rightarrow \infty} \dfrac{1}{x} = 0$，所以 $\dfrac{1}{x^2}$ 是比 $\dfrac{3}{x}$ 高阶的无穷小，即 $\dfrac{1}{x^2} = o\left(\dfrac{3}{x}\right)$.

(2) 因 $\lim\limits_{x \rightarrow 1} \dfrac{1-x^2}{1-x} = \lim\limits_{x \rightarrow 1}(1+x) = 2$，所以 $1-x$ 与 $1-x^2$ 是同阶无穷小.

【例 1.3.3】 求 $\lim\limits_{x \rightarrow 0} \dfrac{\tan 2x}{\sin 5x}$.

解 当 $x \rightarrow 0$ 时，$\tan 2x \sim 2x$，$\sin 5x \sim 5x$，所以

$$\lim\limits_{x \rightarrow 0} \dfrac{\tan 2x}{\sin 5x} = \lim\limits_{x \rightarrow 0} \dfrac{2x}{5x} = \dfrac{2}{5}$$

【例 1.3.4】 求 $\lim\limits_{x \rightarrow 1} \dfrac{\sin(x-1)}{x^2+2x-3}$.

解 当 $x \rightarrow 1$ 时，$\sin(x-1) \sim x-1$，x^2+2x-3 与其本身是等价无穷小，所以

$$\lim\limits_{x \rightarrow 1} \dfrac{\sin(x-1)}{x^2+2x-3} = \lim\limits_{x \rightarrow 1} \dfrac{x-1}{x^2+2x-3} = \lim\limits_{x \rightarrow 1} \dfrac{x-1}{(x-1)(x+3)} = \lim\limits_{x \rightarrow 1} \dfrac{1}{x+3} = \dfrac{1}{4}$$

1.3.3 极限运算法则

在下面的讨论中，记号"lim"下面没有标明自变量的变化过程，是指 $x \rightarrow x_0$（或 $x \rightarrow \infty$）的同一个变化过程，以后如遇到这种记号均这样理解. 实际上，下面的定理

对于 $x \to x_0$ 及 $x \to \infty$ 都成立.

定理 4　设 u, v 是同一个自变量的函数,并且在同一个极限过程中都有极限: $\lim u = A, \lim v = B.$ 则有:

(1) $\lim(u \pm v) = \lim u \pm \lim v = A \pm B$;

(2) $\lim(u \cdot v) = \lim u \cdot \lim v = A \cdot B$;

(3) 如果 $B \neq 0$,则 $\lim \dfrac{u}{v} = \dfrac{\lim u}{\lim v} = \dfrac{A}{B}$.

定理 4 中结论(2)的一个特例是当 $u = C$(C 为常数),$v = f(x)$ 时,得

$$\lim_{x \to x_0} \left[Cf(x) \right] = C \cdot \lim_{x \to x_0} f(x)$$

上述定理可推广到有限函数四则运算的情形.

对任意正整数 n,有

$$\lim_{x \to x_0} \left[f(x) \right]^n = \left[\lim_{x \to x_0} f(x) \right]^n$$

不难证明,对于任意有理函数

$$R(x) = \frac{P(x)}{Q(x)}$$

其中,$P(x), Q(x)$ 为多项式,只要 $Q(x_0) \neq 0$,就有

$$\lim_{x \to x_0} R(x) = \frac{P(x_0)}{Q(x_0)} = R(x_0)$$

【例 1.3.5】　求 $\lim\limits_{x \to 1}(2x - 1)$.

解　$\lim\limits_{x \to 1}(2x - 1) = \lim\limits_{x \to 1} 2x - \lim\limits_{x \to 1} 1 = 2\lim\limits_{x \to 1} x - \lim\limits_{x \to 1} 1 = 2 \times 1 - 1 = 1$

【例 1.3.6】　求 $\lim\limits_{x \to 2} \dfrac{x^3 - 1}{x^2 - 5x + 3}$.

解　这里分母的极限不为 0,故

$$\lim_{x \to 2} \frac{x^3 - 1}{x^2 - 5x + 3} = \frac{\lim\limits_{x \to 2}(x^3 - 1)}{\lim\limits_{x \to 2}(x^2 - 5x + 3)} = \frac{\lim\limits_{x \to 2} x^3 - \lim\limits_{x \to 2} 1}{\lim\limits_{x \to 2} x^2 - 5\lim\limits_{x \to 2} x + \lim\limits_{x \to 2} 3}$$

$$= \frac{(\lim\limits_{x \to 2} x)^3 - 1}{(\lim\limits_{x \to 2} x)^2 - 5 \cdot 2 + 3} = \frac{2^3 - 1}{2^2 - 10 + 3} = -\frac{7}{3}$$

【例 1.3.7】　求 $\lim\limits_{x \to 3} \dfrac{x - 3}{x^2 - 9}$.

解　当 $x \to 3$ 时,分子及分母的极限都是 0,于是分子、分母不能分别取极限. 因分子及分母有公因子 $x - 3$,而 $x \to 3$ 时,$x \neq 3$,$x - 3 \neq 0$,可约去这个不为 0 的公因子. 所以

$$\lim_{x\to 3}\frac{x-3}{x^2-9}=\lim_{x\to 3}\frac{1}{x+3}=\frac{\lim_{x\to 3}1}{\lim_{x\to 3}x+\lim_{x\to 3}3}=\frac{1}{6}$$

【例 1.3.8】 求 $\lim\limits_{x\to 1}\dfrac{2x-3}{x^2-5x+4}$.

解 因为分母的极限 $\lim\limits_{x\to 1}(x^2-5x+4)=1^2-5\cdot 1+4=0$,不能应用商的极限的运算法则. 但是因

$$\lim_{x\to 1}\frac{x^2-5x+4}{2x-3}=\frac{1^2-5\cdot 1+4}{2\cdot 1-3}=0$$

故

$$\lim_{x\to 1}\frac{2x-3}{x^2-5x+4}=\infty$$

【例 1.3.9】 求 $\lim\limits_{x\to\infty}\dfrac{3x^3+4x^2+2}{7x^3+5x^2-3}$.

解 先用 x^3 去除分母及分子,然后取极限.

$$\lim_{x\to\infty}\frac{3x^3+4x^2+2}{7x^3+5x^2-3}=\lim_{x\to\infty}\frac{3+\dfrac{4}{x}+\dfrac{2}{x^3}}{7+\dfrac{5}{x}-\dfrac{3}{x^3}}=\frac{3}{7}$$

【例 1.3.10】 求 $\lim\limits_{x\to\infty}\dfrac{3x^2-2x-1}{2x^3-x^2+5}$.

解 先用 x^3 去除分母及分子,然后求极限,得

$$\lim_{x\to\infty}\frac{3x^2-2x-1}{2x^3-x^2+5}=\lim_{x\to\infty}\frac{\dfrac{3}{x}-\dfrac{2}{x^2}-\dfrac{1}{x^3}}{2-\dfrac{1}{x}+\dfrac{5}{x^3}}=0$$

【例 1.3.11】 求 $\lim\limits_{x\to\infty}\dfrac{2x^3-x^2+5}{3x^2-2x-1}$.

解 应用例 1.3.10 的结果并根据 1.3.1 节定理 2,即得

$$\lim_{x\to\infty}\frac{2x^3-x^2+5}{3x^2-2x-1}=\infty$$

一般地,当 $a_0\neq 0,b_0\neq 0,m$ 和 n 为非负整数时,有

$$\lim_{x\to\infty}\frac{a_0x^m+a_1x^{m-1}+\cdots+a_m}{b_0x^n+b_1x^{n-1}+\cdots+b_n}=\begin{cases}\dfrac{a_0}{b_0}, & n=m \\[2mm] 0, & n>m \\[2mm] \infty, & n<m\end{cases}$$

【例 1.3.12】 求 $\lim\limits_{x\to\infty}\dfrac{\sin x}{x}$.

解 当 $x\to\infty$ 时,分子及分母的极限都不存在,故关于商的极限的运算法则不能

应用,如果把 $\dfrac{\sin x}{x}$ 看作 $\sin x$ 与 $\dfrac{1}{x}$ 的乘积,由于 $\dfrac{1}{x}$ 当 $x\to\infty$ 时为无穷小,而 $\sin x$ 是有界函数,由无穷小的性质有

$$\lim_{x\to\infty}\frac{\sin x}{x}=0$$

习 题 1.3

1. 两个无穷小的商是否是无穷小? 举例说明之.

2. 求下列极限并说明理由.

(1) $\lim\limits_{x\to\infty}\dfrac{2x+1}{x}$ 　　　　　(2) $\lim\limits_{x\to 0}\dfrac{1-x^2}{1-x}$

3. 求下列极限.

(1) $\lim\limits_{x\to 0}x^2\sin\dfrac{1}{x}$ 　　　　　(2) $\lim\limits_{x\to\infty}\dfrac{\arctan x}{x}$

4. 当 $x\to 0$ 时,$2x-x^2$ 与 x^2-x^3 相比,哪一个是高阶无穷小.

5. 当 $x\to 1$ 时,无穷小 $1-x$ 和 $1-x^2$ 及 $\dfrac{1-x^2}{2}$ 是否同阶? 是否等价?

6. 求下列极限.

(1) $\lim\limits_{x\to 2}\dfrac{x^2+5}{x-3}$ 　　　　　(2) $\lim\limits_{x\to 4}\dfrac{x^2-6x+8}{x^2-5x+4}$

(3) $\lim\limits_{h\to 0}\dfrac{(x+h)^2-x^2}{h}$ 　　　　　(4) $\lim\limits_{x\to\infty}\dfrac{(2x-1)^{30}(3x-2)^{20}}{(2x+1)^{50}}$

(5) $\lim\limits_{n\to\infty}\dfrac{\sqrt{n^2-n}+n}{7n+3}$ 　　　　　(6) $\lim\limits_{x\to 1}\left(\dfrac{1}{1-x}-\dfrac{3}{1-x^3}\right)$

(7) $\lim\limits_{n\to\infty}\left(1+\dfrac{1}{2}+\dfrac{1}{4}+\cdots+\dfrac{1}{2^n}\right)$ 　　　　　(8) $\lim\limits_{n\to\infty}\dfrac{1+2+3+\cdots+(n-1)}{n^2}$

7. 利用等价无穷小的性质求下列极限.

(1) $\lim\limits_{x\to 0}\dfrac{\tan 3x}{2x}$ 　　　　　(2) $\lim\limits_{x\to 0}\dfrac{\sin(x^n)}{(\sin x)^m}$

(3) $\lim\limits_{x\to 0}\dfrac{\tan x-\sin x}{\sin^3 x}$ 　　　　　(4) $\lim\limits_{x\to 1}\dfrac{\sin(x^2-1)}{x^2+x-2}$

1.4 极限存在准则 两个重要极限

1.4.1 极限存在准则

准则 I 设 x_0 的某个空心邻域内有 $g(x)\leqslant f(x)\leqslant h(x)$ 成立,并且 $\lim\limits_{x\to x_0}g(x)=$

$\lim\limits_{x \to x_0} h(x) = A$, 则有 $\lim\limits_{x \to x_0} f(x) = A$.

准则 I 又称为夹边定理或夹逼定理, 对于 $x \to \infty$ 和数列也都成立.

准则 II 单调有界数列必有极限.

准则 II 的另一种表述为: 单调增加且有上界的数列和单调减少且有下界的数列一定有极限.

1.4.2 两个重要极限

应用极限存在准则 I 和准则 II, 可以证明下列两个重要极限, 这两个极限在微分学中起着重要作用. 它们是:

$$\lim_{x \to 0} \frac{\sin x}{x} = 1 \quad 和 \quad \lim_{x \to \infty} \left(1 + \frac{1}{x}\right)^x = e$$

1. 重要极限 $\lim\limits_{x \to 0} \dfrac{\sin x}{x} = 1$

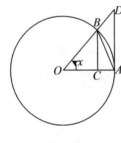

图 1.14

作如图 1.14 所示的单位圆, 设圆心角 $\angle AOB = x$ $(0 < x < \dfrac{\pi}{2})$, 得 $\sin x = CB$, $x = \overparen{AB}$, $\tan x = AD$. 因为

$$\triangle AOB \text{ 面积} < \text{扇形 } AOB \text{ 面积} < \triangle AOD \text{ 面积}$$

所以

$$\frac{1}{2}\sin x < \frac{1}{2}x < \frac{1}{2}\tan x$$

即

$$\sin x < x < \tan x$$

当 $0 < x < \dfrac{\pi}{2}$ 时, 有

$$\cos x < \frac{\sin x}{x} < 1$$

又 $\lim\limits_{x \to 0^+} \cos x = 1$, $\lim\limits_{x \to 0^+} 1 = 1$, 由夹逼定理, 得

$$\lim_{x \to 0^+} \frac{\sin x}{x} = 1$$

对于 $\lim\limits_{x \to 0^-} \dfrac{\sin x}{x}$ 作变换, 令 $x = -t$, 则有

$$\lim_{x \to 0^-} \frac{\sin x}{x} = \lim_{t \to 0^+} \frac{\sin(-t)}{-t} = \lim_{t \to 0^+} \frac{-\sin t}{-t} = \lim_{t \to 0^+} \frac{\sin t}{t} = 1$$

即有

$$\lim_{x \to 0^-} \frac{\sin x}{x} = 1$$

因 $\lim\limits_{x\to 0^+}\dfrac{\sin x}{x}=\lim\limits_{x\to 0^-}\dfrac{\sin x}{x}=1$，于是得重要极限公式

$$\lim_{x\to 0}\frac{\sin x}{x}=1$$

正确使用 $\lim\limits_{x\to 0}\dfrac{\sin x}{x}=1$ 公式，要特别注意它的两个特征：

（1）角度一定趋于 0；

（2）分子是角度的正弦函数，分母是这个角度本身.

其变量代换形式是，当 $\lim\limits_{x\to x_0}\varphi(x)=0$ 时，有

$$\lim_{x\to x_0}\frac{\sin[\varphi(x)]}{\varphi(x)}=1$$

【例 1.4.1】　求 $\lim\limits_{x\to 0}\dfrac{\tan x}{x}$.

解　$\lim\limits_{x\to 0}\dfrac{\tan x}{x}=\lim\limits_{x\to 0}\left(\dfrac{\sin x}{x}\cdot\dfrac{1}{\cos x}\right)=\lim\limits_{x\to 0}\dfrac{\sin x}{x}\cdot\lim\limits_{x\to 0}\dfrac{1}{\cos x}=1$

【例 1.4.2】　求 $\lim\limits_{x\to 0}\dfrac{1-\cos x}{x^2}$.

解　$\lim\limits_{x\to 0}\dfrac{1-\cos x}{x^2}=\lim\limits_{x\to 0}\dfrac{2\sin^2\dfrac{x}{2}}{x^2}=\lim\limits_{x\to 0}\dfrac{2}{4}\dfrac{\left(\sin\dfrac{x}{2}\right)^2}{\left(\dfrac{x}{2}\right)^2}$

$$=\frac{1}{2}\left[\lim_{x\to 0}\frac{\sin\dfrac{x}{2}}{\dfrac{x}{2}}\right]^2=\frac{1}{2}\cdot 1^2=\frac{1}{2}$$

【例 1.4.3】　求 $\lim\limits_{x\to 0}\dfrac{\sin(\sin x)}{\sin x}$.

解　设 $\sin x=u$，则

$$\lim_{x\to 0}\frac{\sin(\sin x)}{\sin x}=\lim_{u\to 0}\frac{\sin u}{u}=1$$

【例 1.4.4】　求 $\lim\limits_{x\to\frac{\pi}{2}}\dfrac{\cos x}{\dfrac{\pi}{2}-x}$.

解　因为 $\cos x=\sin\left(\dfrac{\pi}{2}-x\right)$，所以

$$\lim_{x\to\frac{\pi}{2}}\frac{\cos x}{\dfrac{\pi}{2}-x}=\lim_{x\to\frac{\pi}{2}}\frac{\sin\left(\dfrac{\pi}{2}-x\right)}{\dfrac{\pi}{2}-x}$$

设 $u=\dfrac{\pi}{2}-x$,则当 $x\to\dfrac{\pi}{2}$ 时,$u\to0$. 所以

$$\lim_{x\to\frac{\pi}{2}}\frac{\cos x}{\dfrac{\pi}{2}-x}=\lim_{u\to0}\frac{\sin u}{u}=1$$

2. 重要极限 $\lim\limits_{x\to\infty}\left(1+\dfrac{1}{x}\right)^{x}=\mathrm{e}$

由表 1.4 可观察出 x 取实数且趋向 $+\infty$ 或 $-\infty$ 时,函数 $\left(1+\dfrac{1}{x}\right)^{x}$ 的变化趋势.

表 1.4

x	1000	10000	100000	1000000
$\left(1+\dfrac{1}{x}\right)^{x}$	2.716924	2.718159	2.718268	2.718280
x	-1000	-10000	-100000	-1000000
$\left(1+\dfrac{1}{x}\right)^{x}$	2.719642	2.718418	2.718295	2.718283

从上表可看出,当 $x\to\infty$ 时,$\left(1+\dfrac{1}{x}\right)^{x}$ 的值无限趋近于无理数 $\mathrm{e}=2.71828\cdots$,可以证明:

$$\lim_{x\to\infty}\left(1+\frac{1}{x}\right)^{x}=\mathrm{e}$$

如果作代换 $t=\dfrac{1}{x}$,则 $x\to\infty$ 时,有 $t\to0$,则上式又可写成

$$\lim_{t\to0}(1+t)^{\frac{1}{t}}=\mathrm{e}$$

即

$$\boldsymbol{\lim_{x\to0}(1+x)^{\frac{1}{x}}=\mathrm{e}}$$

正确使用上述公式,要特别注意它的两个特征:

(1) 底是数 1 加上无穷小;

(2) 指数是底中无穷小的倒数.

其变量代换形式是,当 $\lim\limits_{x\to x_{0}}\varphi(x)=\infty$ 时,$\lim\limits_{x\to x_{0}}\left[1+\dfrac{1}{\varphi(x)}\right]^{\varphi(x)}=\mathrm{e}$.

【例 1.4.5】 求 $\lim\limits_{x\to\infty}\left(1+\dfrac{2}{x}\right)^{x}$.

解 令 $t=\dfrac{x}{2}$,由于当 $x\to\infty$ 时,$t\to\infty$,从而

$$\lim_{x\to\infty}\left(1+\frac{2}{x}\right)^x=\lim_{t\to\infty}\left[\left(1+\frac{1}{t}\right)^t\right]^2=\left[\lim_{t\to\infty}\left(1+\frac{1}{t}\right)^t\right]^2=e^2$$

【例 1.4.6】 求 $\lim\limits_{x\to\infty}\left(1-\dfrac{1}{x}\right)^x$.

解 令 $t=-x$,则 $x=-t$,由于当 $x\to\infty$ 时,$t\to\infty$,从而

$$\lim_{x\to\infty}\left(1-\frac{1}{x}\right)^x=\lim_{t\to\infty}\left(1+\frac{1}{t}\right)^{-t}=\lim_{t\to\infty}\frac{1}{\left(1+\dfrac{1}{t}\right)^t}=\frac{1}{e}$$

【例 1.4.7】 求 $\lim\limits_{x\to\infty}\left(\dfrac{2x-1}{2x+1}\right)^{x+\frac{3}{2}}$.

解 $\lim\limits_{x\to\infty}\left(\dfrac{2x-1}{2x+1}\right)^{x+\frac{3}{2}}=\lim\limits_{x\to\infty}\left(1-\dfrac{2}{2x+1}\right)^{x+\frac{3}{2}}=\lim\limits_{x\to\infty}\left(1+\dfrac{1}{-\dfrac{2x+1}{2}}\right)^{x+\frac{3}{2}}$

令 $t=-\dfrac{2x+1}{2}$,即 $x=-t-\dfrac{1}{2}$. 由于当 $x\to\infty$ 时,$t\to\infty$,从而

$$\lim_{x\to\infty}\left(\frac{2x-1}{2x+1}\right)^{x+\frac{3}{2}}=\lim_{t\to\infty}\left(1+\frac{1}{t}\right)^{-t-\frac{1}{2}+\frac{3}{2}}=\lim_{t\to\infty}\left(1+\frac{1}{t}\right)^{-t+1}$$

$$=\lim_{t\to\infty}\left[\left(1+\frac{1}{t}\right)^{-t}\cdot\left(1+\frac{1}{t}\right)\right]=\lim_{t\to\infty}\left(1+\frac{1}{t}\right)^{-t}\cdot\lim_{t\to\infty}\left(1+\frac{1}{t}\right)$$

$$=\frac{1}{\lim\limits_{t\to\infty}\left(1+\dfrac{1}{t}\right)^t}\cdot\lim_{t\to\infty}\left(1+\frac{1}{t}\right)=\frac{1}{e}$$

需要说明的是:以上几例均使用了变量代换,当解题熟练时,这种变量代换的过程可省略. 例如上例可省略如下:

$$\lim_{x\to\infty}\left(\frac{2x-1}{2x+1}\right)^{x+\frac{3}{2}}=\lim_{x\to\infty}\left(1+\frac{-2}{2x+1}\right)^{x+\frac{3}{2}}=\lim_{x\to\infty}\left(1+\frac{-2}{2x+1}\right)^{\left(\frac{2x+1}{-2}\right)\left(\frac{-2}{2x+1}\right)\left(\frac{2x+3}{2}\right)}=e^{-1}$$

习 题 1.4

1. 求下列极限.

(1) $\lim\limits_{x\to0}\dfrac{\sin\omega x}{x}$

(2) $\lim\limits_{x\to0}\dfrac{\sin2x}{\sin5x}$

(3) $\lim\limits_{x\to0}x\cot x$

(4) $\lim\limits_{x\to0}\dfrac{1-\cos2x}{x\sin x}$

(5) $\lim\limits_{x\to\infty}x^2\sin^2\dfrac{1}{x}$

(6) $\lim\limits_{x\to+0}\dfrac{x}{\sqrt{1-\cos x}}$

(7) $\lim\limits_{x\to0}(1-x)^{\frac{1}{x}}$

(8) $\lim\limits_{x\to0}(1+2x)^{\frac{1}{x}}$

(9) $\lim\limits_{x\to\infty}\left(\dfrac{1+x}{x}\right)^{2x}$

(10) $\lim\limits_{x\to\infty}\left(\dfrac{2x+3}{2x+1}\right)^{x+\frac{1}{2}}$

2. 利用极限准则证明：

$$\lim_{n\to\infty}\Big(\frac{1}{\sqrt{n^2+1}}+\frac{1}{\sqrt{n^2+2}}+\cdots+\frac{1}{\sqrt{n^2+n}}\Big)=1$$

1.5 函数的连续性与性质

1.5.1 函数的连续性

如果自变量从初值 x_0 变到终值 x，对应的函数值由 $f(x_0)$ 变为 $f(x)$，则称 $x-x_0$ 为自变量的增量（也称改变量），$f(x)-f(x_0)$ 为函数的对应增量（改变量），分别记作 $\Delta x,\Delta y$，即

$$\Delta x=x-x_0,\quad \Delta y=f(x)-f(x_0)$$

若记 $x=x_0+\Delta x$，则函数增量又可表示为

$$\Delta y=f(x_0+\Delta x)-f(x_0)$$

注意：(1) Δy 是一个整体记号，不能看作 Δ 与 y 的乘积；

(2) Δy 可正可负，不一定是"增加的"量.

定义 1 如果函数 $y=f(x)$ 在 x_0 的某一个邻域内有定义，且

$$\lim_{\Delta x\to 0}\big[f(x_0+\Delta x)-f(x_0)\big]=0$$

即 $\lim\limits_{\Delta x\to 0}\Delta y=0$，则称函数 $y=f(x)$ 在 x_0 点处连续.

设 $x=x_0+\Delta x$，则当 $\Delta x\to 0$ 时，有 $x\to x_0$，所以在 x_0 处连续也可写为

$$\lim_{x\to x_0}\big[f(x)-f(x_0)\big]=0$$

即 $\lim\limits_{x\to x_0}f(x)=f(x_0)$.

于是函数在一点处连续又可以有如下定义：

定义 2 如果函数 $y=f(x)$ 在 x_0 及其一个邻域内有定义，且

$$\lim_{x\to x_0}f(x)=f(x_0)$$

则称函数 $f(x)$ 在点 x_0 处连续.

由上可见，函数 $f(x)$ 在点 x_0 处连续，必须满足下列三个条件：

(1) 函数 $f(x)$ 在点 x_0 处有定义；

(2) 当 $x\to x_0$ 时，函数 $f(x)$ 的极限存在；

(3) 这个极限值等于函数在该点的函数值，即 $\lim\limits_{x\to x_0}f(x)=f(x_0)$.

如果上述条件有一个不满足，那么函数在 x_0 处就不连续.

定义 3　如果 $\lim\limits_{x \to x_0^+} f(x) = f(x_0 + 0) = f(x_0)$，则称函数 $y = f(x)$ 在点 x_0 右连续，如 $\lim\limits_{x \to x_0^-} f(x) = f(x_0 - 0) = f(x_0)$，则称函数 $y = f(x)$ 在点 x_0 左连续.

因此，函数 $y = f(x)$ 在点 x_0 连续的充分必要条件是在 x_0 处既要左连续又要右连续，即

$$f(x_0 + 0) = f(x_0 - 0) = f(x_0)$$

定义 4　如果函数 $y = f(x)$ 在开区间 (a, b) 内每一点都连续，则称函数 $y = f(x)$ 在开区间 (a, b) 内连续，如果 $f(x)$ 在开区间 (a, b) 内连续，且在左端点处右连续，在右端点处左连续，则称 $y = f(x)$ 在闭区间 $[a, b]$ 上连续.

在一个区间上连续的函数的图形是一条连续且不间断的曲线. 例如，设 $p(x)$ 是有理整函数（多项式），则对任意实数 x_0，都有 $\lim\limits_{x \to x_0} P(x) = P(x_0)$，故有理数函数在 $(-\infty, +\infty)$ 内是连续的. 对于有理分式函数 $F(x) = \dfrac{P(x)}{Q(x)}$，只要 $Q(x_0) \neq 0$，就有 $\lim\limits_{x \to x_0} F(x) = F(x_0)$，因此有理分式函数在其定义域内的每一点都是连续的.

1.5.2　函数的间断点

定义 5　如果函数 $y = f(x)$ 在 x_0 处不连续，则称点 x_0 为函数 $f(x)$ 的间断点.

因此，点 x_0 为函数的间断点应为下述三种情形之一：

(1) 在 $x = x_0$ 处函数无定义；

(2) $f(x)$ 在 x_0 处有定义，但 $\lim\limits_{x \to x_0} f(x)$ 不存在；

(3) 虽然在 $x = x_0$ 处 $f(x)$ 有定义，且 $\lim\limits_{x \to x_0} f(x)$ 存在，但是 $\lim\limits_{x \to x_0} f(x) \neq f(x_0)$.

设 $f(x)$ 在 x_0 处间断，若 $f(x)$ 在点 x_0 处左、右极限 $f(x_0 - 0)$ 和 $f(x_0 + 0)$ 都存在，则称点 x_0 为 $f(x)$ 的**第一类间断点**；若 $f(x)$ 在点 x_0 的左、右极限至少有一个不存在，则称点 x_0 为 $f(x)$ 的**第二类间断点**.

在第一类间断点中，如果左、右极限存在，但不相等，又称为**跳跃型间断点**，如果左、右极限存在，且相等，此时极限 $\lim\limits_{x \to x_0} f(x)$ 存在，x_0 又称为**可去间断点**.

【例 1.5.1】　正切函数 $y = \tan x$ 在 $x = \dfrac{\pi}{2}$ 处没有定义，所以点 $x = \dfrac{\pi}{2}$ 是函数 $y = \tan x$ 的间断点，又因 $\lim\limits_{x \to \frac{\pi}{2}} \tan x = \infty$，故称 $x = \dfrac{\pi}{2}$ 为函数 $y = \tan x$ 的**无穷间断点**.

【例 1.5.2】　函数 $y = \dfrac{x^2 - 1}{x - 1}$ 在点 $x = 1$ 没有定义，所以函数在点 $x = 1$ 处不连续. 由于

$$\lim_{x \to 1} \frac{x^2 - 1}{x - 1} = \lim_{x \to 1} (x + 1) = 2$$

如果补充定义:令 $x=1$ 时,$y=2$,则所给函数在 $x=1$ 成为连续,所以 $x=1$ 称为可去间断点.

【例 1.5.3】 讨论函数 $y = f(x) = \begin{cases} x, & x \neq 1 \\ \dfrac{1}{2}, & x = 1 \end{cases}$ 的间断点.

这里 $\lim\limits_{x \to 1} f(x) = \lim\limits_{x \to 1} x = 1$,但 $f(1) = \dfrac{1}{2}$,所以 $\lim\limits_{x \to 1} f(x) \neq f(1)$. 因此,点 $x=1$ 是函数 $f(x)$ 的间断点. 但是,如果改变函数 $f(x)$ 在 $x=1$ 处的定义,令 $f(1)=1$,则 $f(x)$ 在 $x=1$ 成为连续,所以 $x=1$ 也称为该函数的可去间断点.

【例 1.5.4】 讨论函数 $f(x) = \begin{cases} x-1, & x < 0 \\ 0, & x = 0 \\ x+1, & x > 0 \end{cases}$ 的间断点.

这里,当 $x \to 0$ 时,有

$$\lim_{x \to 0^-} f(x) = \lim_{x \to 0^-} (x - 1) = -1$$

$$\lim_{x \to 0^+} f(x) = \lim_{x \to 0^+} (x + 1) = 1$$

故 $\lim\limits_{x \to 0} f(x)$ 不存在,所以点 $x=0$ 是函数 $f(x)$ 的间断点. 因为 $y=f(x)$ 的图像在 $x=0$ 处产生跳跃现象,所以 $x=0$ 称为函数 $f(x)$ 的跳跃间断点.

1.5.3　连续函数的性质和初等函数的连续性

1.5.3.1　连续函数的和、差、积、商的连续性

由极限的四则运算,容易推出连续函数经过四则运算后,连续性保持不变.

定理 1 如果 $f(x)$、$g(x)$ 在点 x_0 处连续,则它们的和、差、积都在点 x_0 处连续;如果 $g(x_0) \neq 0$,则它们的商 $\dfrac{f(x)}{g(x)}$ 也在点 x_0 处连续.

此定理对有限个函数也成立.

例如,因为 $\sin x$ 和 $\cos x$ 在 $(-\infty, +\infty)$ 上处处连续,所以 $\tan x = \dfrac{\sin x}{\cos x}$ 和 $\cot x = \dfrac{\cos x}{\sin x}$ 在各自的定义域内都是连续的.

1.5.3.2　反函数和复合函数的连续性

定理 2　如果函数 $y=f(x)$ 在区间 I_x 上单调增加(或减少)且连续,那么它的反函数 $x=\varphi(y)$ 也在对应的区间 $I_y=\{y\mid y=f(x),x\in I_x\}$ 上单调增加(或减少)且连续.

例如,由于 $y=\sin x$ 在 $\left[-\dfrac{\pi}{2},\dfrac{\pi}{2}\right]$ 上单调增加并且连续,所以它的反函数 $y=\arcsin x$ 在 $[-1,1]$ 上也是单调增加的连续函数.

定理 3　两个连续函数的复合函数仍是连续函数.

例如,函数 $y=\sin\dfrac{1}{x}$ 可以看作是由 $y=\sin u$ 以及 $u=\dfrac{1}{x}$ 复合而成. $y=\sin u$ 当 $-\infty<u<+\infty$ 时是连续的,$\dfrac{1}{x}$ 当 $-\infty<x<0$ 和 $0<x<+\infty$ 时是连续的,所以函数 $y=\sin\dfrac{1}{x}$ 在 $(-\infty,0)\bigcup(0,+\infty)$ 内是连续的.

1.5.3.3　初等函数的连续性

基本初等函数在它们的定义域内是连续的. 由初等函数的定义及本节定理,我们有如下重要结论:

定理 4　所有的初等函数在其定义区间内都是连续函数.

所谓定义区间,就是包含在定义域内的区间.

另外,下述定理对计算某些极限是方便的.

定理 5　设 $\lim\varphi(x)=a$,且 $f(u)$ 在 $u=a$ 处连续,则有
$$\lim f[\varphi(x)]=f(a)=f[\lim\varphi(x)]$$

定理 5 说明,在定理 5 的条件下,求复合函数 $f[\varphi(x)]$ 的极限时,lim 与 f 可交换次序. 但定理 5 与定理 3 不同,这里可以是 $x\to x_0$,也可以是 $x\to\infty$ 等其他趋向,且不需 $\varphi(x)$ 在 x_0 连续,只需 $\lim\limits_{x\to x_0}\varphi(x)$ 存在即可.

【例 1.5.5】　求 $\lim\limits_{x\to\frac{\pi}{2}}\ln\sin x$.

解　$\lim\limits_{x\to\frac{\pi}{2}}\ln\sin x=\ln\sin\dfrac{\pi}{2}=\ln 1=0$

【例 1.5.6】　求 $\lim\limits_{x\to 0}\cos(1+x)^{\frac{1}{x}}$.

解　$\lim\limits_{x\to 0}\cos(1+x)^{\frac{1}{x}}=\cos[\lim\limits_{x\to 0}(1+x)^{\frac{1}{x}}]=\cos e$

【例 1.5.7】 求 $\lim\limits_{x\to 4}\dfrac{\sqrt{x+5}-3}{x-4}$.

解 $\lim\limits_{x\to 4}\dfrac{\sqrt{x+5}-3}{x-4}=\lim\limits_{x\to 4}\dfrac{(\sqrt{x+5}-3)(\sqrt{x+5}+3)}{(x-4)(\sqrt{x+5}+3)}$

$$=\lim\limits_{x\to 4}\dfrac{1}{\sqrt{x+5}+3}=\dfrac{1}{\sqrt{4+5}+3}=\dfrac{1}{6}$$

【例 1.5.8】 求 $\lim\limits_{x\to 0}\dfrac{\sqrt{1+x^2}-1}{x^2}$.

解 $\lim\limits_{x\to 0}\dfrac{\sqrt{1+x^2}-1}{x^2}=\lim\limits_{x\to 0}\dfrac{(\sqrt{1+x^2}-1)(\sqrt{1+x^2}+1)}{x^2(\sqrt{1+x^2}+1)}=\lim\limits_{x\to 0}\dfrac{1}{\sqrt{1+x^2}+1}=\dfrac{1}{2}$

【例 1.5.9】 求 $\lim\limits_{x\to 0}\dfrac{\sqrt{x+4}-2}{\sin 5x}$.

解 $\lim\limits_{x\to 0}\dfrac{\sqrt{x+4}-2}{\sin 5x}=\lim\limits_{x\to 0}\dfrac{(\sqrt{x+4}-2)(\sqrt{x+4}+2)}{\sin 5x(\sqrt{x+4}+2)}=\lim\limits_{x\to 0}\dfrac{x}{\sin 5x(\sqrt{x+4}+2)}$

$$=\lim\limits_{x\to 0}\dfrac{5x}{5\sin 5x}\lim\limits_{x\to 0}\dfrac{1}{(\sqrt{x+4}+2)}=\dfrac{1}{5}\cdot\dfrac{1}{\sqrt{4}+2}=\dfrac{1}{20}$$

【例 1.5.10】 求 $\lim\limits_{x\to 0}\dfrac{\log_a(1+x)}{x}$.

解 $\lim\limits_{x\to 0}\dfrac{\log_a(1+x)}{x}=\lim\limits_{x\to 0}\log_a(1+x)^{\frac{1}{x}}=\log_a[\lim\limits_{x\to 0}(1+x)^{\frac{1}{x}}]=\log_a\mathrm{e}=\dfrac{1}{\ln a}$

1.5.4 闭区间上连续函数的性质

定理 6（最大值和最小值定理） 如果 $f(x)$ 在闭区间 $[a,b]$ 上连续，则 $f(x)$ 在 $[a,b]$ 上必有最大值和最小值.（如图 1.15 所示.）

注意：定理给出了函数最大值和最小值存在的充分条件，定理中"闭区间"和"连续"两个条件必须都被满足，否则结论未必成立. 例如，函数 $y=\dfrac{1}{x}$ 在开区间 $(0,1)$ 内连续，但在 $(0,1)$ 内并不取到最大值和最小值.

又如，函数

$$f(x)=\begin{cases}-x+1, & 0\leqslant x<1\\ 1, & x=1\\ -x+3, & 1<x\leqslant 2\end{cases}$$

也属于此种情形，如图 1.16 所示.

定理 7（介值定理） 若函数 $f(x)$ 在闭区间 $[a,b]$ 上连续，$f(a)=A,f(b)=B$，

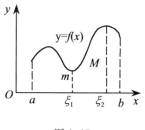

图 1.15

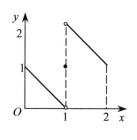

图 1.16

且 $A\neq B$，C 是 $f(a)$ 与 $f(b)$ 之间的任何一个数，则在开区间 (a,b) 内至少存在一点 ξ，使得

$$f(\xi) = C$$

推论（零点定理）　设函数 $f(x)$ 在闭区间 $[a,b]$ 上连续，且 $f(a)\cdot f(b)<0$，则在开区间 (a,b) 内至少存在一点 ξ，使得

$$f(\xi) = 0$$

ξ 称为函数 $y=f(x)$ 的零点.

上述定理和推论从几何上看是显而易见的，如图 1.17 和图 1.18 所示.

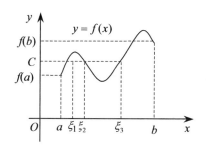

图 1.17

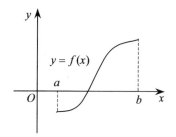

图 1.18

【例 1.5.11】　证明方程 $x^5+3x-1=0$ 至少有一个根介于 0 和 1 之间.

证明　设 $f(x)=x^5+3x-1$，则 $f(x)$ 在闭区间 $[0,1]$ 上连续.

又因

$$f(0) = -1 < 0, \quad f(1) = 3 > 0$$

根据零点定理，在开区间 $(0,1)$ 内至少有一点 ξ，使得

$$f(\xi) = 0$$

即方程 $f(x)$ 至少有一个根介于 0 和 1 之间.

习 题 1.5

1. 研究下列函数的连续性,并画出函数的图形.

$$(1)\ f(x)=\begin{cases} x^2, & 0\leqslant x\leqslant 1 \\ 2-x, & 1<x\leqslant 2 \end{cases}$$

$$(2)\ f(x)=\begin{cases} x, & -1\leqslant x\leqslant 1 \\ 1, & x<-1\ \text{或}\ x>1 \end{cases}$$

2. 下列函数在指定的点处间断,说明这些间断点属于哪一类间断点. 如果是可去间断点,则补充或改变函数的定义使其连续.

(1) $y=\dfrac{x^2-1}{x^2-3x+2}$, $x=1$, $x=2$

(2) $y=\dfrac{x}{\tan x}$, $x=k\pi$, $x=k\pi+\dfrac{\pi}{2}$ $(k=0,\pm1,\pm2,\cdots)$

(3) $y=\cos^2\dfrac{1}{x}$, $x=0$

(4) $y=\begin{cases} x-1, & x\leqslant 1 \\ 3-x, & x>1 \end{cases}$, $x=1$

3. 讨论函数 $f(x)=\lim\limits_{n\to\infty}\dfrac{1-x^{2n}}{1+x^{2n}}\cdot x$ 的连续性. 若有间断点,判别其类型.

4. 求函数 $f(x)=\dfrac{x^3+3x^2-x-3}{x^2+x-6}$ 的连续区间,并求极限 $\lim\limits_{x\to 0}f(x)$, $\lim\limits_{x\to -3}f(x)$, $\lim\limits_{x\to 2}f(x)$.

5. 求下列极限.

(1) $\lim\limits_{x\to 0}\sqrt{x^2-2x+5}$

(2) $\lim\limits_{x\to\frac{\pi}{6}}\ln(2\cos 2x)$

(3) $\lim\limits_{x\to\frac{\pi}{4}}\dfrac{\sin x-\cos x}{\cos 2x}$

(4) $\lim\limits_{x\to 0}\dfrac{\sqrt{1+x}-1}{x}$

(5) $\lim\limits_{x\to 1}\dfrac{\sqrt{5x-4}-\sqrt{x}}{x-1}$

(6) $\lim\limits_{x\to a}\dfrac{\sin x-\sin a}{x-a}$

(7) $\lim\limits_{x\to +\infty}(\sqrt{x^2+x}-\sqrt{x^2-x})$

(8) $\lim\limits_{x\to +\infty}\sqrt{x}(\sqrt{x+a}-\sqrt{x})$

6. 求下列极限.

(1) $\lim\limits_{x\to\infty}e^{\frac{1}{x}}$

(2) $\lim\limits_{x\to 0}\ln\dfrac{\sin x}{x}$

(3) $\lim\limits_{x\to 0}(1+3\tan^2 x)^{\cot^2 x}$

(4) $\lim\limits_{x\to\frac{\pi}{2}}(1+\cos x)^{3\sec x}$

7. 设函数

$$f(x) = \begin{cases} e^x, & x < 0 \\ a + x, & x \geqslant 0 \end{cases}$$

当 a 为何值时,$f(x)$ 在 $(-\infty, +\infty)$ 内连续?

8. 设函数

$$f(x) = \begin{cases} \dfrac{\cos x}{x+2}, & x \geqslant 0 \\ \dfrac{\sqrt{a} - \sqrt{a-x}}{x}, & x < 0 \ (a > 0) \end{cases}$$

当 a 为何值时,$x = 0$ 是 $f(x)$ 的间断点? 是何类间断点?

9. 证明方程 $x = a\sin x + b$,其中 $a > 0, b > 0$,至少有一个正根,并且它不超过 $a + b$.

本章内容精要

1. 本章的主要内容为:函数的定义,基本初等函数,复合函数与初等函数的概念,数列极限与函数极限的定义,极限的运算法则,无穷小与无穷大的概念,两个重要的极限,函数的点连续与区间连续的概念,闭区间上连续函数的性质.

2. 图 1.19 画出了当 $x \to \infty$ 和 $x \to x_0$ 时函数的极限与由此引申出来的有关概念之间的联系.

3. 几个常用的基本极限:

(1) $\lim\limits_{\substack{x \to x_0 \\ (x \to \infty)}} C = C$ （C 为常数）　　　　(2) $\lim\limits_{x \to x_0} x = x_0$

(3) $\lim\limits_{x \to \infty} \dfrac{1}{x^a} = 0$ （$\alpha > 0$ 的常数）　　　(4) $\lim\limits_{x \to 0} \dfrac{\sin x}{x} = 1$

(5) $\lim\limits_{x \to \infty} \left(1 + \dfrac{1}{x}\right)^x = e$

(6) $\lim\limits_{x \to \infty} \dfrac{a_0 x^m + a_1 x^{m-1} + \cdots + a_m}{b_0 x^n + b_1 x^{n-1} + \cdots + b_n} = \begin{cases} \dfrac{a_0}{b_0}, & n = m \\ 0, & n > m \\ \infty, & n < m \end{cases}$

其中,$a_0, a_1, \cdots, a_m$ 和 $b_0, b_1, \cdots, b_n$ 都是常数,且 $a_0 \neq 0, b_0 \neq 0$.

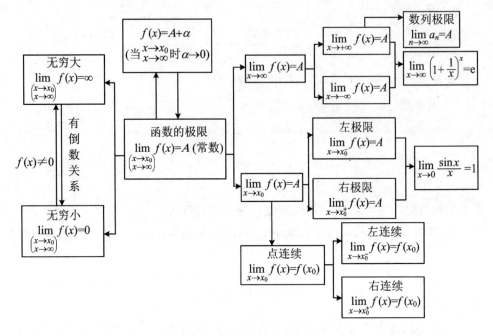

图 1.19

自 我 测 试 题

一、单项选择题

1. 下列函数中既是奇函数,又是单调增加的是( ).

    A. $\sin^3 x$ B. $x^3 + 1$

    C. $x^3 + x$ D. $x^3 - x$

2. 从 $\lim\limits_{x \to x_0} f(x) = 1$ 不能推出( ).

    A. $\lim\limits_{x \to x_0^+} f(x) = 1$ B. $f(x_0 - 0) = 1$

    C. $f(x_0) = 1$ D. $\lim\limits_{x \to x_0} [f(x) - 1] = 0$

3. $f(x)$ 在 $x = x_0$ 处有定义是 $\lim\limits_{x \to x_0} f(x)$ 存在的( ).

    A. 充分条件但非必要条件   B. 必要条件但非充分条件

    C. 充分必要条件   D. 既不是充分条件也不是必要条件

4. 下列命题错误的是( ).

    A. $f(x)$ 在 $[a, b]$ 上连续,则存在 $x_1, x_2 \in [a, b]$,使 $f(x_1) \leqslant f(x) \leqslant f(x_2)$

    B. $f(x)$ 在 $[a, b]$ 上连续,则存在常数 M,使得对任意 $x \in [a, b]$,都有

$$|f(x)| \leqslant M$$

C. $f(x)$ 在 (a,b) 内连续,则在 (a,b) 内必定没有最大值

D. $f(x)$ 在 (a,b) 内连续,则在 (a,b) 内可能既没有最大值也没有最小值

5. 函数 $f(x)$ 在 $[a,b]$ 上有最大值和最小值是 $f(x)$ 在 $[a,b]$ 上连续的(　　).

　　A. 必要条件而非充分条件　　　　B. 充分条件而非必要条件

　　C. 充分必要条件　　　　　　　　D. 既非充分条件又非必要条件

6. $\lim\limits_{x \to x_0} f(x) = f(x_0)$ 是 $f(x)$ 在 $x = x_0$ 连续的(　　).

　　A. 必要条件而非充分条件　　　　B. 充分条件而非必要条件

　　C. 充分必要条件　　　　　　　　D. 无关条件

7. $x = 0$ 是 $f(x) = \sin x \cdot \sin \dfrac{1}{x}$ 的(　　).

　　A. 可去间断点　　　　　　　　　B. 跳跃间断点

　　C. 无穷间断点　　　　　　　　　D. 前三者均不是

8. 下列极限中,极限值不为 0 的是(　　).

　　A. $\lim\limits_{x \to \infty} \dfrac{\arctan x}{x}$　　　　　　　B. $\lim\limits_{x \to \infty} \dfrac{2\sin x + 3\cos x}{x}$

　　C. $\lim\limits_{x \to 0} x^2 \sin \dfrac{1}{x}$　　　　　　　D. $\lim\limits_{x \to 0} \dfrac{x^2}{x^4 + x^2}$

二、填空题

1. 已知 $\lim\limits_{x \to \infty} \dfrac{ax+5}{x-1} = 6$,则常数 a 等于 _____.

2. 已知 $\lim\limits_{x \to 3} \dfrac{x^2 - x + a}{x - 3}$ 存在,则常数 a 等于 _____.

3. 已知 $\lim\limits_{x \to 1} \dfrac{x^2 + ax + b}{1 - x} = 1$,则常数 a 等于 _____, b 等于 _____.

4. 当 $x \to 0$ 时,$\tan 2x$ 与 x 是 _____ 无穷小.

5. 设 $x \to 0$ 时,$1 - \cos 2x$ 与 $ax \sin x$ 是等价无穷小,则常数 a 等于 _____.

6. 已知 $\lim\limits_{x \to \infty} \left(1 + \dfrac{k}{x}\right)^x = \sqrt{e}$,则常数 k 等于 _____.

7. $x = 0$ 是 $f(x) = \dfrac{\sin x}{x}$ 的 _____ 间断点.

8. 设 $f(x) = \begin{cases} e^x, & x < 0 \\ 3a - x, & x \geqslant 0 \end{cases}$ 在 $(-\infty, +\infty)$ 内连续,则常数 a 等于 _____.

三、计算下列极限

　　(1) $\lim\limits_{x \to 2} \dfrac{x^3 - 2x^2}{x^2 - 4}$　　　　　　(2) $\lim\limits_{x \to +\infty} x(\sqrt{x^2 + 1} - x)$

(3) $\lim\limits_{x\to\infty}\left(\dfrac{x-3}{x}\right)^{2x}$

(4) $\lim\limits_{x\to0}\dfrac{2x-\sin x}{2x+\sin x}$

(5) $\lim\limits_{n\to\infty}\dfrac{2n^2-3}{n^4+4n-5}$

(6) $\lim\limits_{x\to1}\dfrac{\sqrt{3-x}-\sqrt{x+1}}{x^2-1}$

(7) $\lim\limits_{x\to+\infty}e^{-x}\arctan x$

(8) $\lim\limits_{x\to0}\dfrac{\sin 2x}{\ln(1+x)}$

四、解答题

1. 设函数 $f(x)=\begin{cases}x\sin\dfrac{1}{x}, & x>0 \\ a+x^2, & x\leqslant0\end{cases}$，问 a 为何值时 $f(x)$ 在 $(-\infty,+\infty)$ 内连续.

2. 设函数 $f(x)=\begin{cases}\dfrac{1}{e^{x-1}}, & x>0 \\ \ln(x+1), & -1<x\leqslant0\end{cases}$，求 $f(x)$ 的间断点，并说明类型.

五、证明题

证明方程 $\sin x+x+1=0$ 在开区间 $\left(-\dfrac{\pi}{2},\dfrac{\pi}{2}\right)$ 内至少有一个根.

刘徽与割圆术

刘徽生于公元 250 年左右，是中国数学史上一位非常伟大的数学家，在世界数学史上也占有重要的地位. 他的杰作《九章算术注》和《海岛算经》是我国古代最宝贵的数学遗产.

《九章算术》约成书于东汉之初，共有 246 个问题的解法.《海岛算经》一书中，刘徽精心选编了九个测量问题，这些题目的创造性、复杂性和代表性，在当时为西方所瞩目.

在代数方面，他正确地提出了正负数的概念及其加减运算的法则，改进了线性方程组的解法；在几何方面，提出了"割圆术"，即将圆周用内接或外切正多边形穷竭的一种求圆面积和圆周长的方法. 他利用割圆术科学地求出了圆周率 $\pi=3.14$ 的结果. 刘徽在割圆术中提出的"割之弥细，所失弥少，割之又割以至于不可割，则与圆合体而无所失矣"，可视为中国古人对极限观念的朴素认识和精辟论述.

刘徽思想敏锐，方法灵活，既提倡推理又主张直观. 他是我国最早明确主张用逻辑推理的方式来论证数学命题的人.

刘徽的一生是为数学刻苦探求的一生. 他虽然地位低下, 但人格高尚. 他不是沽名钓誉的庸人, 而是学而不厌的伟人, 他给中华民族留下了宝贵的财富.

数学实验 1　MATLAB 求函数的极限

【实验目的】

熟悉 MATLAB 软件及利用软件求极限的方法.

【实验内容】

极限是微积分的重要基础, 是解决微积分学的重要手段. 我们将利用 MATLAB 学会求极限.

1. 初识软件

MATLAB (MATrix LABoratory) 即矩阵实验室, 是由美国 The MathWorks 公司开发, 于 1984 年推出的一套数值计算软件, 分为总包和若干个工具箱, 可以实现数值分析、优化、统计、偏微分方程数值解、自动控制、信号处理、图像处理等若干领域的计算和图形显示功能, 并且能够利用符号工具得出各种数学问题的解析解. MATLAB 具有简单易学, 代码短小高效, 计算功能强大, 绘图方便, 可扩展性强等特点.

MATLAB 安装成功后, 双击 Windows 桌面 MATLAB 的快捷图标或选择开始/程序/MATLAB 菜单项即可打开 MATLAB 界面 (图 M 1. 1). 图中第一栏为标题栏, 第二栏为菜单栏, 第三栏为工具栏. 工具栏中, 除了一般的 Windows 程序通用按钮外, 还有一个仿真程序启动按钮. 另外, 在最右端还有一个当前目录窗口. 下面有多个窗口, 右边最大为命令窗口 (Command Windows), ≫代表命令提示符, 用户在此键入指令, 左边一列分别为历史命令 (Command History) 窗口、工作空间 (Work Space) 窗口和路径编辑器窗口, 窗口可通过 View 菜单打开或关闭. 历史命令窗口保留了运行过的所有命令以及操作时间, 双击历史命令窗口中的某一命令, 则可在命令窗口再次运行命令. 工作空间窗口显示当前 MATLAB 工作空间所有的变量名和占用内存情况, 并可对变量及其赋值进行修改.

若要退出, 单击右上角关闭按钮即可.

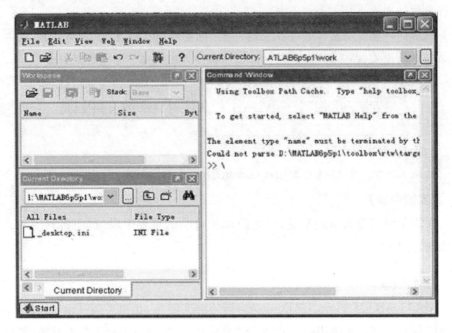

图 M1.1

【例 M1.1】 计算：$1-\dfrac{1}{2}-\dfrac{1}{3}-\dfrac{1}{4}-\dfrac{1}{5}-\dfrac{1}{6}-\dfrac{1}{7}-\dfrac{1}{8}.$

解 $>>1-1/2-1/3-1/4-1/5-1/6-1/7-1/8\swarrow$

ans＝

    -0.7179

说明 （1）符号"$\swarrow$"表示回车. 每输入一条指令或语句必须按回车键后指令才被执行. 即 MATLAB 命令窗口是一个命令行编辑器. 为了简便，以后回车符"$\swarrow$"不再标出.

（2）当某行指令太长时，在行尾可用符号"…".

（3）输入一条指令或语句后打上分号"；"，打回车键后，则不显示运行结果，可输入下一条指令或语句.

（4）利用↑或↓键可寻找已执行过的各条指令，若单纯使用光标移动定位到某行指令再执行它，则动作无效！

2. 求极限的命令格式

利用 MATLAB 求极限的命令格式如表 M1.1 所示.

表 M1.1

命令格式	含　义
LIMIT(F,x,a)	求函数 F 当 $x{\to}a$ 时的极限
LIMIT(F,a)	求 F 中的自变量(默认为 x)趋于 a 时的极限
LIMIT(F)	求 F 中的自变量趋于 0 时的极限
LIMIT(F,x,a,$'$right$'$)	求 F 当 $x{\to}a^+$ 时的右极限
LIMIT(F,x,a,$'$left$'$)	求 F 当 $x{\to}a^-$ 时的左极限

3. 求极限举例

【例 M1.2】 求下列极限.

(1) $\lim\limits_{x\to 0}\dfrac{\sin 2x}{x}$　　　(2) $\lim\limits_{x\to\infty}\left(1+\dfrac{t}{x}\right)^{3x}$　　　(3) $\lim\limits_{x\to 0^+}\dfrac{1}{x}$　　　(4) $\lim\limits_{x\to 0}\dfrac{1}{\sin x}$

解　>>syms x t;

>>limit(sin(2 * x)/x,x,0)

ans=

　　2

>>y=$'$(1+t/x)^(3 * x)$'$;

>>limit(y,x,inf)

ans=

　　exp(3 * t)

>>limit(1/x,x,0,$'$right$'$)

ans=

　　Inf

>>limit(1/sin(x))

ans=

　　NaN

说明　(1) syms 是符号变量的说明函数."syms x t"意为 x 和 t 是符号变量. 进行符号运算时,须先对符号变量进行说明.

(2) 将符号表达式赋给另一变量时,要用单引号. 如 y=$'$(1+t/x)^(3 * x)$'$, 意为将符号表达式赋给变量 y. 不显示结果时后缀分号,否则将显示运算结果.

(3) ans 意为"答案",它是系统设定的变量名,存放最近一次无赋值语句的运算结果.

(4) inf 意为"$+\infty$",NaN 意为"不存在",它们也是系统设定的几个变量名.此外,还有 $-$inf 意为"$-\infty$",Pi 意为"π",i 为虚数单位等.

【例 M1.3】 求下列极限.

(1) $\lim\limits_{x \to 1}\left(\dfrac{1}{x-1}-\dfrac{3}{x^3-1}\right)$ (2) $\lim\limits_{x \to +\infty} x(\sqrt{x^2+1}-x)$ (3) $\lim\limits_{x \to 0}\dfrac{e^{3x}-1}{x}$

解 $>>$syms x

$>>$limit(1/(x$-$1)$-$3/(x^3$-$1),x,1)

ans$=$

   1

$>>$limit(x $*$ (sqrt(x^2$+$1)$-$x),x,inf)

ans$=$

   1/2

$>>$limit((exp(3 $*$ x)$-$1)/x,x,0)

ans$=$

   3

4. 上机实验

(1) 验算上述例题结果.

(2) 自选某些函数极限上机练习.

第 2 章　导数与微分

哪里没有兴趣，哪里就没有记忆.

——歌 德

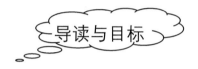

【导读】　物体的运动具有"瞬时"性，那么"瞬时速度"是何概念呢？如果物体作加速运动，其瞬间的加速度又如何反映呢？任意曲线的切线又将怎样定义和表达呢？为此我们要学习"导数"，它是微分学的最基本概念，它的几何意义就是曲线之切线的斜率，它的物理意义就是"速度"，或"变化率".在导数概念的基础上，将学习另一概念——"微分"，它是描述当自变量有微小改变时，函数改变量的近似值."导数"与"微分"我们统称为"微分学"，它是微积分的重要组成部分.本章讲述这两个概念及其运算.

【目标】　理解导数概念及其几何意义，掌握基本初等函数的导数公式、导数的运算法则，能熟练地求函数的一阶导数、二阶导数；了解微分概念，会求函数的微分.

2.1　导数的概念

2.1.1　引例

为了引出微分学的基本概念——导数，先讨论下面两个问题：速度问题和切线问题.

2.1.1.1　变速直线运动的速度

对于匀速运动，我们有速度公式：

$$速度 = \frac{距离}{时间}$$

对非匀速运动,如何反映物体运动中某时刻的瞬时速度呢? 可作如下讨论:

设一物体作变速直线运动,以它的运动直线为数轴,则在物体运动过程中,对于每一时刻 t,物体的相应位置可以用数轴上的一个坐标 s 表示,即 s 与 t 之间存在函数关系: $s = s(t)$,下面来考察物体在 t_0 时刻的瞬时速度.

如图 2.1 所示,设在 t_0 时刻物体的位置为 $s(t_0)$,当经过 Δt 这样一个时间间隔至 $t_0 + \Delta t$ 时,物体移动的路程为

$$\Delta s = s(t_0 + \Delta t) - s(t_0)$$

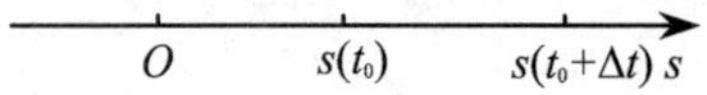

而比值

图 2.1

$$\frac{\Delta s}{\Delta t} = \frac{s(t_0 + \Delta t) - s(t_0)}{\Delta t}$$

为物体在时间间隔 $[t_0, t_0 + \Delta t]$ 内的平均速度,即

$$\bar{v} = \frac{\Delta s}{\Delta t}$$

这个平均速度只能近似地描述物体在时刻 t_0 的速度,但时间间隔 Δt 越小,在这段时间间隔内的运动就越接近于匀速运动,而平均速度 $\bar{v}$ 就越接近于 t_0 时刻的瞬时速度 $v(t_0)$,因此我们用极限的手段去处理,即

$$v(t_0) = \lim_{\Delta t \to 0} \frac{\Delta s}{\Delta t} = \lim_{\Delta t \to 0} \frac{s(t_0 + \Delta t) - s(t_0)}{\Delta t}$$

该极限值即是 t_0 时刻的瞬时速度 $v(t_0)$.

2.1.1.2 平面曲线的切线斜率

对一般曲线来说,不能把与曲线只有一个交点的直线定义为曲线的切线,我们给出一般曲线的切线严格定义:在曲线 L 上点 $M_0(x_0, y_0)$ 附近,再取一点 $M(x, y)$ 作割线 $M_0 M$,当点 M 沿曲线 L 移动而趋近于 M_0 时,割线 $M_0 M$ 的极限位置 $M_0 T$ 就定义为曲线 L 在点 M_0 处的切线. 设函数 $y = f(x)$ 的图像为曲线 L(见图 2.2), $M_0(x_0, y_0)$ 和 $M(x, y)$ 为曲线上的两点,它们到 x 轴的垂足分别为 P 和 Q,作 $M_0 N$ 垂直于 MQ 交 MQ 于 N,则

$$M_0 N = \Delta x = x - x_0, \qquad MN = \Delta y = f(x) - f(x_0)$$

而比值

$$\frac{\Delta y}{\Delta x} = \frac{f(x) - f(x_0)}{x - x_0} = \frac{f(x_0 + \Delta x) - f(x_0)}{\Delta x}$$

便是割线 $M_0 M$ 的斜率 $\tan\varphi$. 当 $\Delta x \to 0$ 时,点 M 沿曲线 L 趋于 M_0,从而得到切线 $M_0 T$ 的斜率:

$$\tan\alpha = \lim_{\Delta x \to 0} \tan\varphi = \lim_{\Delta x \to 0} \frac{\Delta y}{\Delta x}$$

$$= \lim_{\Delta x \to 0} \frac{f(x_0 + \Delta x) - f(x_0)}{\Delta x}$$

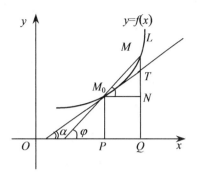

图 2.2

2.1.2 导数的定义

以上两例的实际意义不同,但其数学方法却相同,都是对于自变量的增量计算出相应的函数增量;写出函数增量与自变量增量的比;最后求出这个比值的极限. 抛开具体的实际意义,把握其共性,将这种形式的极限定义为函数的导数.

2.1.2.1 导数的定义

定义 设函数 $y = f(x)$ 在点 x_0 的某一邻域内有定义,当自变量 x 在 x_0 处有增量 Δx 时,相应函数的增量 $\Delta y = f(x_0 + \Delta x) - f(x_0)$,若有

$$\lim_{\Delta x \to 0} \frac{\Delta y}{\Delta x} = \lim_{\Delta x \to 0} \frac{f(x_0 + \Delta x) - f(x_0)}{\Delta x}$$

存在,则称该极限值为 $y = f(x)$ 在点 x_0 的导数,记为

$$y'|_{x=x_0}, \quad f'(x_0) \quad \text{或} \quad \frac{\mathrm{d}y}{\mathrm{d}x}\bigg|_{x=x_0}, \quad \frac{\mathrm{d}f(x)}{\mathrm{d}x}\bigg|_{x=x_0}$$

关于导数定义有两点需要说明:

(1) 导数定义的其他形式,常见的有

$$f(x_0) = \lim_{h \to 0} \frac{f(x_0 + h) - f(x_0)}{h} \quad \text{和} \quad f'(x_0) = \lim_{x \to x_0} \frac{f(x) - f(x_0)}{x - x_0}$$

(2) 导函数简称导数. 若函数 $y = f(x)$ 在区间 (a,b) 内每一点都可导,就称函数在区间 (a,b) 内都可导,对于每一个 x,对应一个确定的导数,即构成一个新函数,称为函数 $y = f(x)$ 的导函数,记为

$$y', \quad f'(x), \quad \frac{\mathrm{d}y}{\mathrm{d}x} \quad \text{或} \quad \frac{\mathrm{d}f(x)}{\mathrm{d}x}$$

在不至于发生混淆的情况下,导函数简称导数.

任意点 x 的导数的定义式为

$$y' = \lim_{\Delta x \to 0} \frac{f(x + \Delta x) - f(x)}{\Delta x} \quad \text{或} \quad f'(x) = \lim_{h \to 0} \frac{f(x + h) - f(x)}{h}$$

显然,函数 $f(x)$ 在点 x_0 处的导数 $f'(x_0)$ 就是导函数 $f'(x)$ 在点 $x=x_0$ 处的函数值,即

$$f'(x_0) = f'(x)\big|_{x=x_0}$$

单侧导数:

定义 (1) 设函数 $y=f(x)$ 在点 x_0 的某个右邻域 $U_+(x_0,\delta) = \{x\,|\,x_0 \leqslant x < x_0 +\delta\}$ 上有定义,若右极限 $\lim\limits_{\Delta x \to 0^+}\dfrac{\Delta y}{\Delta x} = \lim\limits_{\Delta x \to 0^+}\dfrac{f(x_0+\Delta x) - f(x_0)}{\Delta x}$ 存在,则称这极限值为 $f(x)$ 在 x_0 的右导数. 记作:$f'_+(x_0)$.

(2) 设函数 $y=f(x)$ 在点 x_0 的某个左邻域 $U_-(x_0,\delta) = \{x\,|\,x_0 -\delta < x \leqslant x_0\}$ 上有定义,若左极限 $\lim\limits_{\Delta x \to 0^-}\dfrac{\Delta y}{\Delta x} = \lim\limits_{\Delta x \to 0^-}\dfrac{f(x_0+\Delta x) - f(x_0)}{\Delta x}$ 存在,则称这极限值为 $f(x)$ 在 x_0 的左导数. 记作:$f'_-(x_0)$.

左导数与右导数统称为单侧导数.

定理 若函数 $y=f(x)$ 在 x_0 的某个邻域内有定义,则函数 $f(x)$ 在 x_0 处可导的充要条件是左导数 $f'_-(x_0)$ 和 $f'_+(x_0)$ 都存在且相等.

【例 2.1.1】 求函数 $f(x)=C$(C 为常数)的导数.

解
$$f'(x) = \lim\limits_{\Delta x \to 0}\frac{f(x+\Delta x) - f(x)}{\Delta x} = \lim\limits_{\Delta x \to 0}\frac{C-C}{\Delta x} = 0$$

即
$$(C)' = 0$$

【例 2.1.2】 求函数 $y=x^2$ 在 $x_0=1$ 处的导数.

解 x 由 1 变到 $1+\Delta x$,对应的函数增量
$$\Delta y = (1+\Delta x)^2 - 1^2 = 2\Delta x + (\Delta x)^2$$

于是,得
$$y'\big|_{x=1} = \lim\limits_{\Delta x \to 0}\frac{2\Delta x + (\Delta x)^2}{\Delta x} = 2$$

2.1.2.2 导数的几何意义

由前面的讨论可知,函数 $y=f(x)$ 在点 x_0 的导数等于函数所表示的曲线 L 在相应点 (x_0,y_0) 处的切线的斜率,这就是导数的几何意义.

由几何意义,可得曲线 $y=f(x)$ 在 $M_0(x_0,y_0)$ 点处的切线方程和法线方程.

切线方程为
$$y-y_0 = f'(x_0)(x-x_0)$$

法线方程为

$$y-y_0=-\frac{1}{f'(x_0)}(x-x_0)\quad(f'(x_0)\neq0)$$

【例 2.1.3】 在如图 2.3 所示的抛物线 $y=x^2$ 上,求过点 $(1,1)$ 处的切线方程和法线方程.

解 根据导数的几何意义,在 $(1,1)$ 点处的切线的斜率为

$$k=y'|_{x=1}=2x|_{x=1}=2$$

所求切线方程为

$$y-1=2(x-1)$$

即

$$2x-y-1=0$$

所求法线方程为

$$y-1=-\frac{1}{2}(x-1)$$

即

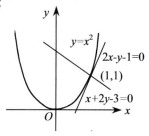

图 2.3

$$x+2y-3=0$$

【例 2.1.4】 求双曲线 $y=\frac{1}{x}$ 在点 $(\frac{1}{2},2)$ 处的切线的斜率,并写出在该点处的切线方程和法线方程.

解 根据导数的几何意义知道,所求切线的斜率为

$$k_1=y'|_{x=\frac{1}{2}}=-\frac{1}{x^2}\bigg|_{x=\frac{1}{2}}=-4$$

所以,所求的切线方程为

$$y-2=-4\left(x-\frac{1}{2}\right)$$

即

$$4x+y-4=0$$

所求法线的斜率为

$$k_2=-\frac{1}{k_1}=\frac{1}{4}$$

于是所求法线方程为

$$y-2=\frac{1}{4}\left(x-\frac{1}{2}\right)$$

即

$$2x - 8y + 15 = 0$$

*2.1.2.3 导数的经济意义

在经济分析中,经常用到边际与弹性. 一般地,设函数 $y = f(x)$ 可导,则导数 $f'(x)$ 称为边际函数. 而将在点 x 处函数 y 的相对变化率,即 $\eta = \dfrac{x}{f(x)} f'(x)$,称为函数的弹性. 其意义是:当自变量变化 1% 时,函数变化的百分数为 $|\eta| \%$.

成本函数 $C = C(Q)$ 的导数 $C'(Q)$ 称为边际成本,记为 MC;收益函数 $R = R(Q)$ 的导数 $R'(Q)$ 称为边际收益,记为 MR;利润函数 $L = L(Q)$ 的导数 $L'(Q)$ 称为边际利润,记为 ML.

需求函数 $Q = Q(P)$ 对应的需求价格弹性为: $\eta = \dfrac{P}{Q(P)} Q'(P)$,其中 P 为商品的价格.

【例 2.1.5】 某产品生产 Q 个单位的总成本函数为
$$C(Q) = 2000 + 0.026Q^2 (元)$$
求生产 1000 件产品时的边际成本.

解 对总成本函数求导得
$$C'(Q) = 0.052Q$$
因此,生产 1000 件产品时的边际成本为
$$C'(1000) = 0.052 \times 1000 = 52 (元 / 件)$$

【例 2.1.6】 某部门对市场上某种商品的需求量 Q 与价格 P 间关系为
$$Q = P(8 - 3P) \qquad (0 < P < 3)$$
试求:在 $P = 2(元)$ 价格水平下,需求的价格弹性.

解 因为,$Q'(P) = (8P - 3P^2)' = 8 - 6P$,则需求价格弹性为
$$\eta = \frac{P}{Q(P)} Q'(P) = \frac{P}{P(8 - 3P)} (8 - 6P)$$
$$\eta \big|_{P=2} = \frac{(8 - 6 \times 2)}{(8 - 3 \times 2)} = -2$$

$\eta \big|_{P=2} = -2$ 表明,在 2 元的价格水平下,价格增加 1% 时,该商品的需求量将下降 2%.

2.1.3 函数的可导性与连续性的关系

设函数 $y = f(x)$ 在点 x 处可导,即 $\lim\limits_{\Delta x \to 0} \dfrac{\Delta y}{\Delta x} = f'(x)$ 存在. 由具有极限的函数与

无穷小之间的关系,可知

$$\frac{\Delta y}{\Delta x} = f'(x) + \alpha$$

其中,α 是当 $\Delta x \to 0$ 时的无穷小. 此式两边同乘以 Δx,于是有

$$\Delta y = f'(x)\Delta x + \alpha\Delta x$$

两边取极限得

$$\lim_{\Delta x \to 0}\Delta y = \lim_{\Delta x \to 0}f'(x)\Delta x + \lim_{\Delta x \to 0}\alpha\Delta x = 0$$

所以,若函数 $y = f(x)$ 在点 x 处可导,则函数在该点必连续;反之,一个函数在某点连续,但未必可导. 即:**可导是连续的充分条件,而连续则是可导的必要条件.**

例如,函数

$$y = |x| = \begin{cases} x, & x \geqslant 0 \\ -x, & x < 0 \end{cases}$$

由于

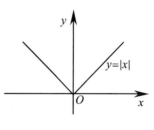

图 2.4

$$\lim_{x \to 0^+}\frac{f(x) - f(0)}{x - 0} = \lim_{x \to 0^+}\frac{x - 0}{x - 0} = 1$$

$$\lim_{x \to 0^-}\frac{f(x) - f(0)}{x - 0} = \lim_{x \to 0^-}\frac{-x - 0}{x - 0} = -1$$

显然,在 $x = 0$ 点该函数不可导,但是连续(如图 2.4 所示).

习 题 2.1

1. 当物体的温度高于周围介质的温度时,物体就不断冷却,若物体的温度 T 与时间 t 的函数关系为 $T = T(t)$,应怎样确定该物体在时刻 t 的冷却速度?

2. 设某厂每月生产 Q(百件)产品的总成本 C(千元)的函数关系是

$$C(Q) = Q^2 + 2Q + 100$$

如果每百件的销售价格为 4 万元,试写出利润函数,并求当边际利润为 0 时的每月产量.

3. 下列各题中,假定 $f'(x_0)$ 存在,根据导数定义,指出 A 表示什么?

(1) $\lim\limits_{x \to x_0}\dfrac{f(x) - f(x_0)}{x - x_0} = A$

(2) $\lim\limits_{\Delta x \to 0}\dfrac{f(x_0 - \Delta x) - f(x_0)}{\Delta x} = A$

(3) $\lim\limits_{h \to 0}\dfrac{f(x_0 + h) - f(x_0)}{h} = A$

(4) $\lim\limits_{x \to 0} \dfrac{f(x)}{x} = A$,其中,$f(0) = 0$,且 $f'(0)$ 存在

4. 已知物体的运动规律为 $S(t) = t^3$(米),求物体在 $t = 2$(秒)时的速度.

5. 已知

$$f(x) = \begin{cases} x^2, & x \geqslant 0 \\ -x, & x < 0 \end{cases}$$

问:$f'(0)$ 是否存在?

2.2 基本初等函数的导数公式

根据导数的定义,求函数的导数可分以下三个步骤:

(1) 求函数的增量

$$\Delta y = f(x + \Delta x) - f(x)$$

(2) 求函数的增量与自变量增量的比值

$$\frac{\Delta y}{\Delta x} = \frac{f(x + \Delta x) - f(x)}{\Delta x}$$

(3) 求极限

$$\lim_{\Delta x \to 0} \frac{\Delta y}{\Delta x} = \lim_{\Delta x \to 0} \frac{f(x + \Delta x) - f(x)}{\Delta x}$$

即

$$y' = \lim_{\Delta x \to 0} \frac{\Delta y}{\Delta x}$$

利用上述步骤可以得到一些基本初等函数的导数公式,作为公式必须熟记它们.

1. 常数的导数

常数的导数为 0. 即对任意常数 C,恒有

$$(C)' = 0$$

因为

$$\Delta y = C - C = 0$$

$$\frac{\Delta y}{\Delta x} = 0$$

$$\lim_{\Delta x \to 0} \frac{\Delta y}{\Delta x} = 0$$

所以

$$(C)' = 0$$

2. 幂函数的导数公式

对于幂函数 x^n(n 为正整数),我们有$(x^n)' = nx^{n-1}$(n 为正整数).

因为

$$\Delta y = (x + \Delta x)^n - x^n = x^n + nx^{n-1}\Delta x + \frac{n(n-1)}{2!}x^{n-2}(\Delta x)^2$$

$$+ \cdots + (\Delta x)^n - x^n$$

$$\frac{\Delta y}{\Delta x} = nx^{n-1} + \frac{n(n-1)}{2!}x^{n-2}\Delta x + \cdots + (\Delta x)^{n-1}$$

$$\lim_{\Delta x \to 0} \frac{\Delta y}{\Delta x} = nx^{n-1}$$

所以,对任意实数 μ,都有

$$(x^\mu)' = \mu x^{\mu-1}$$

3. 三角函数的导数公式

(1) $(\sin x)' = \cos x$　　(2) $(\cos x)' = -\sin x$　　(3) $(\tan x)' = \sec^2 x$

(4) $(\cot x)' = -\csc^2 x$　(5) $(\sec x)' = \sec x \tan x$　(6) $(\csc x)' = -\csc x \cot x$

下面我们来推导$(\sin x)' = \cos x$.

(1) $\Delta y = \sin(x + \Delta x) - \sin x = 2\cos\left(x + \frac{\Delta x}{2}\right)\sin\frac{\Delta x}{2}$;

(2) $\dfrac{\Delta y}{\Delta x} = 2\cos\left(x + \dfrac{\Delta x}{2}\right) \cdot \dfrac{\sin\dfrac{\Delta x}{2}}{\Delta x} = \cos\left(x + \dfrac{\Delta x}{2}\right) \cdot \dfrac{\sin\dfrac{\Delta x}{2}}{\dfrac{\Delta x}{2}}$;

(3) $\lim\limits_{\Delta x \to 0} \dfrac{\Delta y}{\Delta x} = \cos x$.

于是

$$(\sin x)' = \cos x$$

类似地,可推出$(\cos x)' = -\sin x$,其他几个公式的推导,将在下一节给出.

4. 对数函数的导数公式

$$(\log_a x)' = \frac{1}{x\ln a} \quad (a > 0, a \neq 1)$$

因为

$$\Delta y = \log_a(x + \Delta x) - \log_a x = \log_a\left(1 + \frac{\Delta x}{x}\right)$$

$$\frac{\Delta y}{\Delta x} = \frac{1}{\Delta x}\log_a\left(1+\frac{\Delta x}{x}\right) = \log_a\left(1+\frac{\Delta x}{x}\right)^{\frac{1}{\Delta x}}$$

$$\lim_{\Delta x \to 0}\frac{\Delta y}{\Delta x} = \frac{1}{x}\left[\lim_{\Delta x \to 0}\log_a\left(1+\frac{\Delta x}{x}\right)^{\frac{x}{\Delta x}}\right] = \frac{1}{x\ln a}$$

所以

$$(\log_a x)' = \frac{1}{x\ln a} \qquad (a>0,\ a\neq1)$$

特别地,当 $a=e$ 时,有

$$(\ln x)' = \frac{1}{x}$$

5. 指数函数的导数公式

$$(a^x)' = a^x\ln a \qquad (a>0, a\neq1)$$

特别地

$$(e^x)' = e^x$$

推导过程留给读者自己完成.

6. 反三角函数的导数公式

(1) $(\arcsin x)' = \dfrac{1}{\sqrt{1-x^2}}$ (2) $(\arccos x)' = -\dfrac{1}{\sqrt{1-x^2}}$

(3) $(\arctan x)' = \dfrac{1}{1+x^2}$ (4) $(\text{arccot}\, x)' = -\dfrac{1}{1+x^2}$

以上公式将在后面章节中推导.

习 题 2.2

1. 求下列函数的导数.

    (1) $y=x^{15}$ (2) $y=x^{-3}$ (3) $y=\dfrac{1}{x^2}$ (4) $y=\dfrac{1}{\sqrt[3]{x^2}}$

2. 问曲线 $y=x^{\frac{3}{2}}$ 上哪一点处的切线与直线 $y=3x-1$ 平行?

3. 求曲线 $y=\ln x$ 在点 $M(e,1)$ 处的切线方程和法线方程.

4. 求曲线 $y=\sin x$ 在具有下列横坐标的各点处切线的斜率:

    (1) $x=\dfrac{2}{3}\pi$ (2) $x=\pi$

2.3 函数和、差、积、商的求导法则

前面由导数的定义,求出了几个基本初等函数的导数,但对较复杂的函数,由

定义求导较难,甚至不可行,为此本节和下一节将介绍求导法则.

2.3.1　函数和差的求导法则

法则 1　两个可导函数和(差)的导数等于这两个函数的导数的和(差).

设 $y=u(x)+v(x)$,由导数的定义,有

$$y'=\lim_{\Delta x\to 0}\frac{[u(x+\Delta x)+v(x+\Delta x)]-[u(x)+v(x)]}{\Delta x}$$

$$=\lim_{\Delta x\to 0}\left[\frac{u(x+\Delta x)-u(x)}{\Delta x}+\frac{v(x+\Delta x)-v(x)}{\Delta x}\right]$$

$$=u'(x)+v'(x)$$

可简记为

$$(u\pm v)'=u'\pm v'$$

此式可推广到任意有限项的情形.

2.3.2　函数乘积的求导法则

法则 2　两个可导函数乘积的导数等于第一个因子的导数乘以第二因子,加上第二个因子的导数乘以第一个因子.

设 $y=u(x)v(x)$,由导数定义,有

$$y'=\lim_{\Delta x\to 0}\frac{u(x+\Delta x)v(x+\Delta x)-u(x)v(x)}{\Delta x}$$

$$=\lim_{\Delta x\to 0}\frac{(\Delta u+u(x))(\Delta v+v(x))-u(x)v(x)}{\Delta x}$$

$$=\lim_{\Delta x\to 0}\frac{\Delta uv(x)+\Delta vu(x)+\Delta u\Delta v}{\Delta x}$$

$$=\lim_{\Delta x\to 0}\left[\frac{\Delta uv(x)}{\Delta x}+\frac{\Delta vu(x)}{\Delta x}+\frac{\Delta u\Delta v}{\Delta x}\right]$$

$$=\lim_{\Delta x\to 0}\frac{\Delta u}{\Delta x}v(x)+\lim_{\Delta x\to 0}\frac{\Delta v}{\Delta x}u(x)+\lim_{\Delta x\to 0}\frac{\Delta u}{\Delta x}\lim_{\Delta x\to 0}\Delta v$$

$$=u'(x)v(x)+v'(x)u(x)$$

其中,由于 $v=v(x)$ 可导,所以利用了可导与连续间的关系 $\lim_{\Delta x\to 0}\Delta v=0$.

上述结果可简记为

$$(uv)'=u'v+uv'$$

特别地

$$[Cu(x)]'=Cu'(x)\quad (C\text{ 为常数})$$

该法则也可推广到任意有限个可导函数之积的情形. 如

$$(uvw)' = u'vw + uv'w + uvw'$$

感兴趣的读者可以自行证明之.

【例 2.3.1】 求 $y = 2x^3 + 5x^2 + 7x - 5$ 的导数.

解
$$y' = (2x^3)' + (5x^2)' + (7x)' - (5)'$$
$$= 2 \cdot 3x^2 + 5 \cdot 2x + 7 - 0 = 6x^2 + 10x + 7$$

【例 2.3.2】 已知 $f(x) = x^3 + 4\cos x - \sin \dfrac{\pi}{2}$，求 $f'(x)$ 及 $f'\left(\dfrac{\pi}{2}\right)$.

解
$$f'(x) = 3x^2 - 4\sin x$$
$$f'\left(\frac{\pi}{2}\right) = \frac{3}{4}\pi^2 - 4$$

【例 2.3.3】 求 $y = \sqrt{x}\sin x$ 的导数.

解
$$y' = (\sqrt{x})'\sin x + \sqrt{x}(\sin x)' = \frac{1}{2\sqrt{x}}\sin x + \sqrt{x}\cos x$$

【例 2.3.4】 求 $y = e^x(\sin x + \cos x)$ 的导数.

解
$$y' = (e^x)'(\sin x + \cos x) + e^x(\sin x + \cos x)'$$
$$= e^x(\sin x + \cos x) + e^x(\cos x - \sin x)$$
$$= 2e^x \cos x$$

【例 2.3.5】 求 $y = x^3 \cos x \ln x$ 的导数.

解
$$y' = (x^3)' \cos x \ln x + x^3 (\cos x)' \ln x + x^3 \cos x (\ln x)'$$
$$= 3x^2 \cos x \ln x + x^3(-\sin x)\ln x + x^3 \cos x \cdot \frac{1}{x}$$
$$= 3x^2 \cos x \ln x - x^3 \sin x \ln x + x^2 \cos x$$

2.3.3 函数商的求导法则

法则 3 两个可导函数之商的导数,等于分子的导数乘以分母减去分母的导数乘以分子,再除以分母的平方.

设 $y = \dfrac{u(x)}{v(x)}(v(x) \neq 0)$，记 $u = u(x)$，$v = v(x)$，其增量分别记为 Δu，Δv，于是有

$$y' = \lim_{\Delta x \to 0} \frac{1}{\Delta x}\left[\frac{u(x+\Delta x)}{v(x+\Delta x)} - \frac{u(x)}{v(x)}\right] = \lim_{\Delta x \to 0} \frac{1}{\Delta x}\left[\frac{u+\Delta u}{v+\Delta v} - \frac{u}{v}\right]$$

$$= \lim_{\Delta x \to 0} \frac{1}{\Delta x}\left[\frac{(u+\Delta u)v - (v+\Delta v)u}{(v+\Delta v)v}\right] = \lim_{\Delta x \to 0} \frac{1}{\Delta x}\left(\frac{\Delta u v - \Delta v u}{v^2 + \Delta v v}\right)$$

$$= \frac{\lim\limits_{\Delta x \to 0} \frac{\Delta u}{\Delta x} v - \lim\limits_{\Delta x \to 0} \frac{\Delta v}{\Delta x} u}{v^2 + v \lim\limits_{\Delta x \to 0} \Delta v} = \frac{u'v - v'u}{v^2} \quad \text{（利用了} \lim\limits_{\Delta x \to 0} \Delta v = 0, \text{道理同上）}$$

上述结果可简记为

$$\left(\frac{u}{v} \right)' = \frac{u'v - v'u}{v^2}$$

【例 2.3.6】 求 $y = \tan x$ 的导数.

解

$$y' = (\tan x)' = \left(\frac{\sin x}{\cos x} \right)' = \frac{(\sin x)' \cos x - (\cos x)' \sin x}{\cos^2 x} = \frac{1}{\cos^2 x} = \sec^2 x$$

即

$$(\tan x)' = \sec^2 x$$

【例 2.3.7】 求 $y = \sec x$ 的导数.

解
$$y' = (\sec x)' = \left(\frac{1}{\cos x} \right)' = \frac{(1)' \cos x - 1 (\cos x)'}{\cos^2 x}$$

$$= \frac{\sin x}{\cos^2 x}$$

$$= \sec x \tan x$$

即

$$(\sec x)' = \sec x \tan x$$

同样方法可得

$$(\cot x)' = -\csc^2 x, \quad (\csc x)' = -\csc x \cot x.$$

习 题 2.3

1. 求下列函数的导数.

(1) $y = 3x^2 - \dfrac{2}{x^2} + 5$

(2) $y = x^2 (2 + \sqrt{x})$

(3) $y = \dfrac{x^5 + \sqrt{x} + 1}{x^3}$

(4) $y = (2x - 1)^2$

(5) $y = x \ln x$

(6) $y = e^x \sin x$

(7) $y = x \tan x - 2 \sec x$

(8) $y = x \sin x \ln x$

(9) $y = \arcsin x + \arctan x$

(10) $y = \dfrac{\cos x}{x^2}$

(11) $y = \dfrac{\ln x}{x^2}$

(12) $y = \dfrac{1 - e^x}{1 + e^x}$

2. 求下列函数在指定点处的导数.

(1) $y=6a^x-3\tan x+5(a>0)$,求 $y'|_{x=0}$.

(2) $y=\dfrac{1-\sqrt{x}}{1+\sqrt{x}}$,求 $y'|_{x=4}$.

3. 把一物体向上抛,经过 t 秒后,上升距离为 $s=12t-\dfrac{1}{2}gt^2$,求:

(1) 速度 $v(t)$;

(2) 物体何时到达最高点.

4. 已知曲线 $y=ax^3$ 和直线 $y=x+b$,在 $x=1$ 处相切,问 a 和 b 应取何值.

2.4 反函数及复合函数求导法 初等函数求导

2.4.1 反函数的导数

为了推导出反三角函数的求导公式,下面我们导出反函数的求导法则.

设 $x=\varphi(y)$ 是一直接函数,$y=f(x)$ 是它的反函数,由前一章的定理知,若 $x=\varphi(y)$ 在某一区间上单调且连续,则其反函数 $y=f(x)$ 在对应的区间上也单调且连续.

现推导 $x=\varphi(y)$ 的导数 $\dfrac{dx}{dy}$ 与 $y=f(x)$ 的导数 $\dfrac{dy}{dx}$ 间的关系.

给 x 以增量 Δx($\Delta x \neq 0$),由 $y=f(x)$ 的单调性可知:$\Delta y=f(x+\Delta x)-f(x)\neq 0$,于是

$$\frac{\Delta y}{\Delta x}=\frac{1}{\dfrac{\Delta x}{\Delta y}}$$

由 $y=f(x)$ 的连续性知,当 $\Delta x \to 0$ 时,必有 $\Delta y \to 0$,现假定 $x=\varphi(y)$,在 y 处可导,且 $\varphi'(y)\neq 0$,即

$$\lim_{\Delta x \to 0}\frac{\Delta x}{\Delta y}\neq 0$$

则

$$\lim_{\Delta x \to 0}\frac{\Delta y}{\Delta x}=\lim_{\Delta x \to 0}\frac{1}{\dfrac{\Delta x}{\Delta y}}=\frac{1}{\varphi'(y)}$$

即

$$f'(x)=\frac{1}{\varphi'(y)}$$

于是我们得出反函数的求导法则:若单调函数 $x=\varphi(y)$ 在区间内可导,且 $\varphi'(y)\neq0$,则它的反函数 $y=f(x)$ 在对应区间内也可导,且有上述公式.

简而言之:反函数的导数等于直接函数的导数的倒数.

由此可得反三角函数的求导公式:

(1) $(\arcsin x)'=\dfrac{1}{\sqrt{1-x^2}}$ (2) $(\arccos x)'=-\dfrac{1}{\sqrt{1-x^2}}$

(3) $(\arctan x)'=\dfrac{1}{1+x^2}$ (4) $(\text{arccot}\, x)'=-\dfrac{1}{1+x^2}$

证明 (1) 因为 $y=\arcsin x$ 是 $x=\sin y$ 的反函数,$x=\sin y$ 在 $I_y\in\left(-\dfrac{\pi}{2},\dfrac{\pi}{2}\right)$ 内单调可导,且

$$(\sin y)'=\cos y>0$$

所以,在 $I_x\in(-1,1)$ 内有

$$(\arcsin x)'=\frac{1}{(\sin y)'}=\frac{1}{\cos y}=\frac{1}{\sqrt{1-\sin^2 y}}=\frac{1}{\sqrt{1-x^2}}$$

上述其他 3 个求导公式的证明并不复杂,有兴趣的读者不妨自己证明试一试.

2.4.2 复合函数的求导法则

虽然我们已经会求一些较简单函数的导数,但是在实际问题中经常会遇到较多的复合函数,如 $\ln\sin x$,$\sqrt{x^2+1}$ 等,它们是否可导? 若可导,如何求出呢? 下面我们将给出解决这类问题的重要法则.

复合函数求导法则:若 $u=\varphi(x)$ 在点 x 处有导数 $\dfrac{\mathrm{d}u}{\mathrm{d}x}=\varphi'(x)$,函数 $y=f(u)$ 在对应点 u 处有导数 $\dfrac{\mathrm{d}y}{\mathrm{d}u}=f'(u)$,则复合函数 $y=f[\varphi(x)]$ 在点 x 处也可导,且

$$\frac{\mathrm{d}y}{\mathrm{d}x}=\frac{\mathrm{d}y}{\mathrm{d}u}\cdot\frac{\mathrm{d}u}{\mathrm{d}x}$$

或写成

$$y'(x)=f'(u)\cdot\varphi'(x),\qquad y'_x=y'_u\cdot u'_x$$

证明 给自变量 x 以增量 Δx,则相应的中间变量 $u=\varphi(x)$ 有增量 Δu,从而 $y=f(u)$ 有增量 Δy,于是有

$$\frac{\Delta y}{\Delta x}=\frac{\Delta y}{\Delta u}\cdot\frac{\Delta u}{\Delta x}$$

因 $u=\varphi(x)$ 连续,可知当 $\Delta x\to0$ 时,必有 $\Delta u\to0$. 我们对上式两端取极限,有

$$\lim_{\Delta x \to 0} \frac{\Delta y}{\Delta x} = \lim_{\Delta x \to 0} \frac{\Delta y}{\Delta u} \cdot \frac{\Delta u}{\Delta x} = \lim_{\Delta u \to 0} \frac{\Delta y}{\Delta u} \lim_{\Delta x \to 0} \frac{\Delta u}{\Delta x}$$

即

$$\frac{dy}{dx} = \frac{dy}{du} \cdot \frac{du}{dx}$$

复合函数的求导法也称为链式求导法,简单地可叙述为:**函数对自变量的导数等于函数对中间变量的导数乘以中间变量对自变量的导数.**

该法则也可推广到多个变量的情形,所以复合函数的求导法,也称为链式求导法. 例如,对于三个中间变量有

$$\frac{dy}{dx} = \frac{dy}{du} \cdot \frac{du}{dv} \cdot \frac{dv}{dw} \cdot \frac{dw}{dx}$$

【例 2.4.1】 $y = \ln \sin x$, 求 $\frac{dy}{dx}$.

解 $y = \ln \sin x$ 可看成由 $y = \ln u, u = \sin x$ 复合而成,因此

$$\frac{dy}{dx} = \frac{dy}{du} \frac{du}{dx} = \frac{1}{u} \cos x = \cot x$$

【例 2.4.2】 $y = e^{x^3}$, 求 $\frac{dy}{dx}$.

解 $y = e^{x^3}$ 可看成由 $y = e^u$, $u = x^3$ 复合而成,因此

$$\frac{dy}{dx} = \frac{dy}{du} \frac{du}{dx} = e^u \cdot 3x^2 = 3x^2 e^{x^3}$$

对复合函数的复合过程比较熟练后,就不必再写出中间变量了.

【例 2.4.3】 $y = \sqrt[3]{1-2x^2}$, 求 $\frac{dy}{dx}$.

解 $\frac{dy}{dx} = (\sqrt[3]{1-2x^2})' = \frac{1}{3}(1-2x^2)^{-\frac{2}{3}}(1-2x^2)' = \frac{-4x}{3\sqrt[3]{(1-2x^2)^2}}$

【例 2.4.4】 $y = \sin \frac{2x}{1+x^2}$,求 $\frac{dy}{dx}$.

解 $\frac{dy}{dx} = \cos \frac{2x}{1+x^2} \left(\frac{2x}{1+x^2}\right)' = \frac{2(1-x^2)}{(1+x^2)^2} \cos \frac{2x}{1+x^2}$

【例 2.4.5】 $y = \tan x^2$,求 $\frac{dy}{dx}$.

解 $\frac{dy}{dx} = \sec^2 x^2 \cdot (x^2)' = 2x \sec^2 x^2$

【例 2.4.6】 $y = \ln \cos(e^x)$,求 $\frac{dy}{dx}$.

解 $\dfrac{\mathrm{d}y}{\mathrm{d}x}=\dfrac{1}{\cos(\mathrm{e}^x)}\cdot\left[-\sin(\mathrm{e}^x)\right]\cdot\mathrm{e}^x=-\mathrm{e}^x\cdot\tan(\mathrm{e}^x)$

【例 2.4.7】 $y=\mathrm{e}^{\sin\frac{1}{x}}$,求 $\dfrac{\mathrm{d}y}{\mathrm{d}x}$.

解 $\dfrac{\mathrm{d}y}{\mathrm{d}x}=\mathrm{e}^{\sin\frac{1}{x}}\cdot\cos\dfrac{1}{x}\cdot\left(\dfrac{1}{x}\right)'=-\dfrac{1}{x^2}\cdot\mathrm{e}^{\sin\frac{1}{x}}\cdot\cos\dfrac{1}{x}$

【例 2.4.8】 设 $x>0$,证明幂函数的导数公式 $(x^\mu)'=\mu x^{\mu-1}$.

证明 因为

$$x^\mu=(\mathrm{e}^{\ln x})\mu=\mathrm{e}^{\mu\ln x}$$

所以

$$(x^\mu)'=(\mathrm{e}^{\mu\ln x})'=\mathrm{e}^{\mu\ln x}\cdot(\mu\ln x)'$$

$$=x^\mu\cdot\mu\cdot\dfrac{1}{x}=\mu x^{\mu-1}.$$

复合函数求导的**关键在于认清复合关系**.可以概括为八个字"**由外及里,逐层求导**".

2.4.3 初等函数求导

因为初等函数是由基本初等函数经过有限次四则运算和复合运算步骤构成的,所以求初等函数的导数,只要运用基本初等函数导数公式及其四则运算求导法则和复合函数求导法则,就可以顺利解决.为此将求导公式和法则汇总如下:

2.4.3.1 基本初等函数的导数公式

(1) $(C)'=0$

(2) $(x^\mu)'=\mu x^{\mu-1}$ $(\mu\neq0)$

(3) $(\sin x)'=\cos x$

(4) $(\cos x)'=-\sin x$

(5) $(\tan x)'=\sec^2 x$

(6) $(\cot x)'=-\csc^2 x$

(7) $(\sec x)'=\sec x\tan x$

(8) $(\csc x)'=-\csc x\cot x$

(9) $(\mathrm{e}^x)'=\mathrm{e}^x$

(10) $(a^x)'=a^x\ln a$ $(a>0)$

(11) $(\ln x)'=\dfrac{1}{x}$

(12) $(\log_a x)'=\dfrac{1}{x\ln a}$ $(a>0)$

(13) $(\arcsin x)'=\dfrac{1}{\sqrt{1-x^2}}$

(14) $(\arccos x)'=-\dfrac{1}{\sqrt{1-x^2}}$

(15) $(\arctan x)'=\dfrac{1}{1+x^2}$

(16) $(\operatorname{arccot} x)'=-\dfrac{1}{1+x^2}$

2.4.3.2 函数和、差、积、商的求导法则

(1) $(u\pm v)'=u'\pm v'$ (2) $(uv)'=u'v+uv'$ (3) $\left(\dfrac{u}{v}\right)'=\dfrac{u'v-v'u}{v^2}$

2.4.3.3 复合函数的求导法则

设 $y=f(u)$，$u=\varphi(x)$，则复合函数 $y=f[\varphi(x)]$ 的导数为：

$$\frac{\mathrm{d}y}{\mathrm{d}x}=\frac{\mathrm{d}y}{\mathrm{d}u}\cdot\frac{\mathrm{d}u}{\mathrm{d}x}$$

习　题　2.4

1. 求下列函数的导数.

    (1) $y=(2x+1)^2$　　　　　　(2) $y=\sqrt{3x-5}$

    (3) $y=\sqrt{\tan\dfrac{x}{2}}$　　　　　　(4) $y=\dfrac{1}{4}\tan^4 x$

    (5) $y=\mathrm{e}^{\sin^2 x}$　　　　　　(6) $y=\ln^3 x^2$

2. 求下列函数的导数.

    (1) $y=\arcsin(1-2x)$　　　　(2) $y=\dfrac{1}{\sqrt{1-x^2}}$

    (3) $y=\mathrm{e}^{-\frac{x}{2}}\cos 3x$　　　　　(4) $y=\arccos\dfrac{1}{x}$

3. 求下列函数的导数.

    (1) $y=\left(\arcsin\dfrac{x}{2}\right)^2$　　　　(2) $y=\ln\tan\dfrac{x}{2}$

    (3) $y=\sqrt{1+\ln^2 x}$　　　　　(4) $y=\mathrm{e}^{\arctan\sqrt{x}}$

4. 求下列函数的导数.

    (1) $y=\ln\dfrac{x+\sqrt{1-x^2}}{x}$　　　　(2) $y=\left(\arctan\dfrac{x}{2}\right)^2$

    (3) $y=\ln\sqrt{\dfrac{1-x}{1+x}}$　　　　(4) $y=\dfrac{\mathrm{e}^x-\mathrm{e}^{-x}}{\mathrm{e}^x+\mathrm{e}^{-x}}$

    (5) $y=\sec^3(\mathrm{e}^{2x})$　　　　　(6) $y=\mathrm{e}^{\sin^2\frac{1}{x}}$

2.5　高　阶　导　数

一般地，函数 $y=f(x)$ 的导数 $y'=f'(x)$ 仍是 x 的一个函数，如果 $y'=f'(x)$

的导数存在,这个导数称为原来函数 $y=f(x)$ 的二阶导数,记作:

$$y'', \quad f''(x), \quad \frac{\mathrm{d}^2 y}{\mathrm{d} x^2}$$

即

$$f''(x)=\left[f'(x)\right]', \qquad \frac{\mathrm{d}^2 y}{\mathrm{d} x^2}=\frac{\mathrm{d}}{\mathrm{d} x}\left(\frac{\mathrm{d} y}{\mathrm{d} x}\right)$$

类似地,二阶导数 $f''(x)$ 的导数,称为 $f(x)$ 的三阶导数,记作:

$$y''', \quad f'''(x), \quad \frac{\mathrm{d}^3 y}{\mathrm{d} x^3}$$

三阶导数 $f'''(x)$ 的导数称为 $f(x)$ 的四阶导数,记作:

$$y^{(4)}, \quad f^{(4)}(x), \quad \frac{\mathrm{d}^4 y}{\mathrm{d} x^4}$$

一般地,$(n-1)$ 阶导数 $f^{(n-1)}(x)$ 的导数,称为 $f(x)$ 的 n 阶导数,记作

$$y^{(n)}, \quad f^{(n)}(x), \quad \frac{\mathrm{d}^n y}{\mathrm{d} x^n}$$

二阶和二阶以上的导数称为高阶导数. 相对于高阶导数来说,称 $f'(x)$ 为 $f(x)$ 的一阶导数.

由定义可知,求高阶导数就是多次连续地求导,所以仍可使用前面已学过的求导方法.

高阶导数在自然科学的许多领域会经常用到,例如,**在变速直线运动中位置函数 $s(t)$ 对时间 t 的一阶导数 $s'(t)$ 即为某时刻的瞬时速度 v,而 $s(t)$ 对时间 t 的二阶导数 $s''(t)$ 即为某时刻的瞬时加速度 a.**

【例 2.5.1】 设 $y=ax+b$,求 y''.

解　$y'=a$,　$y''=0$.

【例 2.5.2】 设 $s=\sin\omega x$ 求 s''.

解　$s'=\omega\cos\omega x$,　$s''=-\omega^2\sin\omega x$.

【例 2.5.3】 求 $y=\sin x$ 的 n 阶导数.

解　$y'=\cos x=\sin\left(x+\dfrac{\pi}{2}\right)$,　　$y''=\cos\left(x+\dfrac{\pi}{2}\right)=\sin\left(x+2\cdot\dfrac{\pi}{2}\right)$

$$y'''=\cos\left(x+2\cdot\frac{\pi}{2}\right)=\sin\left(x+3\cdot\frac{\pi}{2}\right),\cdots$$

$$y^{(n)}=\cos\left[x+(n-1)\frac{\pi}{2}\right]=\sin\left(x+n\cdot\frac{\pi}{2}\right)$$

类似可得

$$(\cos x)^{(n)} = \cos\left(x + n \cdot \frac{\pi}{2}\right)$$

【例 2.5.4】 求 $y = e^x$ 的 n 阶导数.

解 $\because$ $y' = e^x, y'' = e^x, y''' = e^x, \cdots$

  $\therefore$ $y^{(n)} = e^x$

【例 2.5.5】 求 $y = \ln(1+x)$ 的 n 阶导数.

解 $\because$ $y' = \dfrac{1}{1+x}, y'' = -\dfrac{1}{(1+x)^2}, y''' = \dfrac{1 \cdot 2}{(1+x)^3}, y^{(4)} = -\dfrac{1 \cdot 2 \cdot 3}{(1+x)^4}, \cdots$

  $\therefore$ $y^{(n)} = (-1)^{n-1}\dfrac{(n-1)!}{(1+x)^n}$

通常规定 $0! = 1$，所以这个公式 $n = 1$ 时也成立.

习　题　2.5

1. 求下列函数的二阶导数.

  (1) $y = \sqrt{1+x}$ (2) $y = xe^x$

  (3) $y = x\cos x$ (4) $y = \dfrac{x}{\sqrt{1-x^2}}$

2. 求下列函数的 n 阶导数.

  (1) $y = e^{-x}$ (2) $y = x\ln x$ (3) $y = xe^x$

2.6　隐函数的导数及由参数方程
所确定的函数的导数

2.6.1　隐函数的导数

我们常见的函数，一般是把函数 y 用自变量 x 的解析式表示出来，即 $y = f(x)$ 形式，例如 $y = \sin x, y = \ln x$，等等，这种形式的函数常称为显函数，但在实际问题中，有些函数并不是显函数形式，而是由一个二元方程 $F(x, y) = 0$ 来确定 y 为 x 的函数. 例如，方程

$$2x - y^3 + 1 = 0$$

在区间 $(-\infty, +\infty)$ 内任给 x 的一个值，相应地总有满足此方程的 y 值存在，这个方程就确定了 y 是 x 的函数. 通常这种函数被称为**隐函数**.

一般地，若在方程 $F(x, y) = 0$ 中，当 x 取某区间内的任一值时，相应地总有这

方程的 y 值存在,就说 $F(x,y)=0$,在该区间内确定了一个隐函数.

虽然有些隐函数能化为显函数的形式,但是有些隐函数却不易化为显函数的形式,甚至做不到,例如

$$xy - \mathrm{e}^x - \mathrm{e}^y = 0$$

就无法将 y 表示成 x 的显函数.

实际问题中,有时需计算隐函数的导数,因此,我们要求(不管隐函数能否化为显函数)直接由方程计算出它所确定的隐函数的导数,下面通过具体的例题来说明这种方法.

【例 2.6.1】　求由方程 $x^2 + 3xy + y^2 = 1$ 所确定的隐函数 y 的导数 $\dfrac{\mathrm{d}y}{\mathrm{d}x}$.

解　首先,方程两边同时对 x 求导,注意 y 是 x 的函数,于是有

$$2x + 3(y + xy') + 2yy' = 0$$

即有

$$(3x + 2y)y' = -(2x + 3y)$$

所以得

$$y' = \frac{\mathrm{d}y}{\mathrm{d}x} = -\frac{2x + 3y}{3x + 2y}$$

【例 2.6.2】　求由方程 $y^5 + 2y - x - 3x^7 = 0$ 所确定的隐函数 y 在 $x=0$ 处的导数 $\dfrac{\mathrm{d}y}{\mathrm{d}x}\Big|_{x=0}$.

解　方程两边分别对 x 求导,得

$$5y^4 \frac{\mathrm{d}y}{\mathrm{d}x} + 2 \frac{\mathrm{d}y}{\mathrm{d}x} - 1 - 21x^6 = 0$$

整理得

$$\frac{\mathrm{d}y}{\mathrm{d}x} = \frac{1 + 21x^6}{5y^4 + 2}$$

因为把 $x=0$ 代入原方程得 $y=0$,所以

$$\frac{\mathrm{d}y}{\mathrm{d}x}\Big|_{x=0} = \frac{1}{2}$$

【例 2.6.3】　求椭圆 $\dfrac{x^2}{16} + \dfrac{y^2}{9} = 1$ 在点 $\left(2, \dfrac{3}{2}\sqrt{3}\right)$ 处的切线方程.

解　由导数的几何意义知道,所求切线的斜率为

$$k = y'\big|_{x=2}$$

椭圆方程的两边分别对 x 求导得

$$\frac{x}{8} + \frac{2}{9}y \cdot \frac{\mathrm{d}y}{\mathrm{d}x} = 0$$

整理得

$$\frac{\mathrm{d}y}{\mathrm{d}x} = -\frac{9x}{16y}$$

当 $x=2$ 时, $y=\frac{3}{2}\sqrt{3}$,代入上式得

$$\left.\frac{\mathrm{d}y}{\mathrm{d}x}\right|_{x=2} = -\frac{\sqrt{3}}{4}$$

于是所求的切线方程为

$$y - \frac{3}{2}\sqrt{3} = -\frac{\sqrt{3}}{4}(x-2)$$

即

$$\sqrt{3}x + 4y - 8\sqrt{3} = 0$$

【例 2.6.4】 求由方程 $x - y + \frac{1}{2}\sin y = 0$ 所确定的隐函数 y 的二阶导数 $\frac{\mathrm{d}^2 y}{\mathrm{d}x^2}$.

解 方程两边同时对 x 求导,得 $1 - y' + \frac{1}{2}(\cos y) \cdot y' = 0$,即

$$y' = \frac{\mathrm{d}y}{\mathrm{d}x} = \frac{2}{2 - \cos y}$$

该式两边继续对 x 求导,得

$$y'' = \frac{\mathrm{d}^2 y}{\mathrm{d}x^2} = \frac{-2\sin y}{(2-\cos y)^2}y' = \frac{-4\sin y}{(2-\cos y)^3}$$

说明:对隐函数求导还有更简便的方法——**公式法**,第 5 章多元函数微分学中将会学习.

下面介绍**对数求导法**,先看例题.

【例 2.6.5】 求 $y = x^{\sin x}(x > 0)$ 的导数.

解 这种函数既不是幂函数,也不是指数函数,通常我们称之为**幂指函数**,可先对等式两边取自然对数,得

$$\ln y = \ln x^{\sin x} = \sin x \cdot \ln x$$

将该式两边同时对 x 求导,于是有

$$\frac{1}{y}y' = \cos x \ln x + \frac{\sin x}{x}$$

$$y' = \left(\cos x \ln x + \frac{\sin x}{x}\right)x^{\sin x}$$

一般地,对幂指函数的求导,可两边先取自然对数,然后再求导.

【例 2.6.6】　求 $y=\sqrt{\dfrac{(x-1)(x-2)}{(x-3)(x-4)}}(x\neq1,x\neq2,x\neq3,x\neq4)$ 的导数.

解　该函数虽然利用以前学习过的方法可以求解,但是太繁. 我们采取两边取自然对数的方法,得

$$\ln y = \frac{1}{2}\big[\ln(x-1)+\ln(x-2)-\ln(x-3)-\ln(x-4)\big]$$

两边对 x 求导,于是有

$$\frac{1}{y}y' = \frac{1}{2}\left(\frac{1}{x-1}+\frac{1}{x-2}-\frac{1}{x-3}-\frac{1}{x-4}\right)$$

故得

$$y' = \frac{1}{2}\left(\frac{1}{x-1}+\frac{1}{x-2}-\frac{1}{x-3}-\frac{1}{x-4}\right)\sqrt{\frac{(x-1)(x-2)}{(x-3)(x-4)}}$$

2.6.2　由参数方程所确定的函数的求导

前面研究的都是形如 $y=f(x)$ 或 $F(x,y)=0$ 所给出的函数关系,在某些情况下,函数 y 与自变量 x 的函数关系是以参数方程的形式体现出来的,如

$$\begin{cases} x=\varphi(t)\\ y=\Psi(t) \end{cases} (\alpha\leqslant t\leqslant\beta)$$

下面来讨论由参数方程所确定的函数的求导问题. 在参数方程

$$\begin{cases} x=\varphi(t)\\ y=\Psi(t) \end{cases} (\alpha\leqslant t\leqslant\beta)$$

中,如果 $x=\varphi(t)$ 是具有单调连续的反函数,即

$$t=\varphi^{-1}(x)$$

则参数方程所确定的函数 y,可看成是由函数 $y=\Psi(t)$,$t=\varphi^{-1}(x)$ 复合而成的.

$$y=\Psi(t)=\Psi\big[\varphi^{-1}(x)\big]$$

利用复合函数和反函数的求导法则,得

$$\frac{\mathrm{d}y}{\mathrm{d}x}=\frac{\mathrm{d}y}{\mathrm{d}t}\frac{\mathrm{d}t}{\mathrm{d}x}=\frac{\mathrm{d}y/\mathrm{d}t}{\mathrm{d}x/\mathrm{d}t}=\frac{\Psi'(t)}{\varphi'(t)}$$

如果 $x=\varphi(t)$,$y=\Psi(t)$ 还是二阶可导的,从而得

$$\frac{\mathrm{d}^2y}{\mathrm{d}x^2}=\frac{\mathrm{d}}{\mathrm{d}x}\left(\frac{\mathrm{d}y}{\mathrm{d}x}\right)=\frac{\mathrm{d}}{\mathrm{d}t}\left(\frac{\mathrm{d}y}{\mathrm{d}x}\right)\frac{\mathrm{d}t}{\mathrm{d}x}$$

即有

$$\frac{\mathrm{d}^2 y}{\mathrm{d}x^2} = \frac{\Psi''(t)\varphi'(t) - \Psi'(t)\varphi''(t)}{[\varphi'(t)]^3}$$

【例 2.6.7】 求曲线 $\begin{cases} x=\sqrt{1+t} \\ y=\sqrt{1-t} \end{cases}$ 在 $t=0$ 处的切线方程.

解 当 $t=0$ 时,已知曲线上对应的点为 $M(1,1)$,曲线在 M 点处的切线的斜率为

$$\frac{\mathrm{d}y}{\mathrm{d}x}\bigg|_{t=0} = \frac{(\sqrt{1-t})'}{(\sqrt{1+t})'}\bigg|_{t=0} = \frac{\dfrac{-1}{2\sqrt{1-t}}}{\dfrac{1}{2\sqrt{1+t}}}\bigg|_{t=0} = -\frac{\sqrt{1+t}}{\sqrt{1-t}}\bigg|_{t=0} = -1$$

代入点斜式方程,即得所求切线方程为

$$y-1 = -1(x-1)$$

即

$$x+y-2 = 0$$

【例 2.6.8】 求椭圆的参数方程 $\begin{cases} x=a\cos t \\ y=b\sin t \end{cases}$ 在 $t=\dfrac{\pi}{4}$ 处的切线方程.

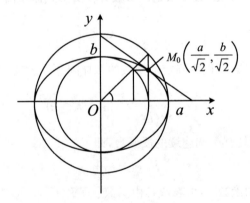

解 当 $t=\dfrac{\pi}{4}$ 时,椭圆上的相应点 M_0 的坐标是

$$x_0 = a\cos\frac{\pi}{4} = \frac{\sqrt{2}}{2}a$$

$$y_0 = b\sin\frac{\pi}{4} = \frac{\sqrt{2}}{2}b$$

曲线在点 M_0 的切线斜率为

$$\frac{dy}{dx}\Big|_{t=\frac{\pi}{4}} = \frac{(b\sin t)'}{(a\cos t)'}\Big|_{t=\frac{\pi}{4}} = \frac{b\cos t}{-a\sin t}\Big|_{t=\frac{\pi}{4}} = -\frac{b}{a}$$

代入点斜式方程，即得椭圆在 M_0 处的切线方程为

$$y - \frac{\sqrt{2}}{2}b = -\frac{b}{a}\left(x - \frac{\sqrt{2}}{2}a\right)$$

化简后得

$$bx + ay - \sqrt{2}ab = 0$$

习 题 2.6

1. 求下列隐函数的导数 $\dfrac{dy}{dx}$.

 (1) $y^3 - 3y - x^2 = 0$ (2) $y = 1 + xe^y$

 (3) $\cos(xy) = x$ (4) $y - \sin x - \cos(x - y) = 0$

2. 利用对数求导法，求下列函数的导数.

 (1) $y = (\ln x)^x$ (2) $y = \dfrac{\sqrt{x+1} \cdot \sin x}{(x^3+1)(x+2)}$

3. 求下列参数方程所确定的函数的导数 $\dfrac{dy}{dx}$.

 (1) $\begin{cases} x = t^2 \\ y = 4t \end{cases}$ (2) $\begin{cases} x = \dfrac{a}{2}\left(t + \dfrac{1}{t}\right) \\ y = \dfrac{b}{2}\left(t - \dfrac{1}{t}\right) \end{cases}$

4. 求出下列曲线在已知点处的切线方程与法线方程.

 (1) $\begin{cases} x = \sin t \\ y = \cos 2t \end{cases}$ 在 $t = \dfrac{\pi}{4}$ 处   (2) $\begin{cases} x = 2e^t \\ y = e^{-t} \end{cases}$ 在 $t = 0$ 处

2.7 　微分的概念及应用

2.7.1 　微分的概念

  我们从一个具体问题来分析函数增量的近似值的计算方法. 一正方形金属薄片，当受冷热影响时，它的边长由 x_0 变到 $x_0 + \Delta x$（如图 2.5 所示），问此薄片的面积改变了多少?

设此薄片的边长为 x,面积为 S,则 $S = x^2$,当 $x = x_0$,边长增加了 Δx 时,其面积的增量为

$$\Delta S = (x_0 + \Delta x)^2 - x_0^2 = 2x_0\Delta x + (\Delta x)^2$$

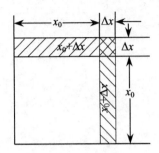

图 2.5

从该式可以看出,ΔS 由两部分构成,一部分 $2x_0\Delta x$,另一部分 $(\Delta x)^2$,当 $\Delta x \to 0$ 时,它是关于较 Δx 的高阶无穷小,即

$$\lim_{\Delta x \to 0} \frac{(\Delta x)^2}{\Delta x} = 0$$

于是当正方形的边长有微小改变时,即 $|\Delta x|$ 很小时,ΔS 近似地可用第一部分代替.

一般地,如果函数 $y = f(x)$ 满足一定条件,则函数的增量 Δy 可以表示为

$$\Delta y = A\Delta x + o(\Delta x)$$

其中,A 是不依赖于 Δx 的常数,因此,$A\Delta x$ 是 Δx 的线性函数,且它与 Δy 之差

$$\Delta y - A\Delta x = o(\Delta x)$$

是比 Δx 的高阶无穷小. 所以当 $A \neq 0$,且 Δx 很小时,可以用 $A\Delta x$ 来近似代替 Δy.

定义 设函数 $y = f(x)$ 在 x_0 的某邻域内有定义,x_0 及 $x_0 + \Delta x$ 为该邻域内的点,如果函数的增量

$$\Delta y = f(x_0 + \Delta x) - f(x_0)$$

可表示为

$$\Delta y = A\Delta x + o(\Delta x)$$

其中,**A 是不依赖于 Δx 的常数,而 $o(\Delta x)$ 是比 Δx 的高阶无穷小,则称函数 $y = f(x)$ 在点 x_0 处可微.**

于是,我们就把 $A\Delta x$ 叫作函数 $y = f(x)$ 在 x_0 相应于自变量增量 Δx 的微分,记为 $\mathrm{d}y$,即

$$\mathrm{d}y = A\Delta x$$

下面讨论函数可微的条件.

设函数 $y = f(x)$ 在点 x_0 处可微,则由微分的定义,得

$$\Delta y = A\Delta x + o(\Delta x)$$

$$\frac{\Delta y}{\Delta x} = A + \frac{o(\Delta x)}{\Delta x}$$

两边取极限有

$$\lim_{\Delta x \to 0} \frac{\Delta y}{\Delta x} = A + \lim_{\Delta x \to 0} \frac{o(\Delta x)}{\Delta x} = A$$

即

$$f'(x_0) = A$$

因此,若函数 $y = f(x)$ 在点 x_0 处可微,则 $f(x)$ 在点 x_0 处一定可导,且 $f'(x_0) = A$. 即有

$$\mathrm{d}y = f'(x_0) \Delta x$$

反之,若函数 $y = f(x)$ 在点 x_0 处可导,即

$$\lim_{\Delta x \to 0} \frac{\Delta y}{\Delta x} = f'(x_0)$$

存在. 那么根据极限与无穷小的关系,有 $\frac{\Delta y}{\Delta x} = f'(x_0) + \alpha$,其中,$\alpha \to 0$ $(\Delta x \to 0)$,于是有

$$\Delta y = f'(x_0) \Delta x + \alpha(\Delta x)$$

因 $\alpha(\Delta x) = o(\Delta x)$,且 $f'(x_0)$ 不依赖于 Δx,故函数 $f(x)$ 在点 x_0 处可微.

于是我们有结论:

定理 函数 $y = f(x)$ 在点 x_0 处可微的充分必要条件是函数 $y = f(x)$ 在点 x_0 处可导,且

$$\mathbf{d}y = f'(x_0) \Delta x$$

函数 $y = f(x)$ 在点 x 处的微分即为 $\mathrm{d}y = f'(x) \Delta x$,通常把自变量的增量 Δx 称为自变量的微分,记为 $\mathrm{d}x$,即 $\mathrm{d}x = \Delta x$,于是就有 $\mathrm{d}y = f'(x) \mathrm{d}x$,从而有

$$\frac{\mathbf{d}y}{\mathbf{d}x} = f'(x)$$

所以,导数可看成是微分之商,简称为"微商".

【例 2.7.1】 求函数 $y = x^2$ 当 $x = 2, \Delta x = 0.02$ 时的微分.

解 先求函数在任意点 x 的微分

$$\mathrm{d}y = (x^2)' \Delta x = 2x \Delta x$$

再求函数当 $x = 2, \Delta x = 0.02$ 时的微分

$$\mathrm{d}y \big|_{\substack{x=2 \\ \Delta x = 0.02}} = 2 \times 2 \times 0.02 = 0.08$$

【例 2.7.2】 求函数 $y = x^3$ 在 $x = 1$ 处的微分.

解 函数 $y = x^3$ 在 $x = 1$ 处的微分为

$$\mathrm{d}y \big|_{x=1} = (x^3)' \big|_{x=1} \mathrm{d}x = 3\mathrm{d}x$$

2.7.2　微分的几何意义

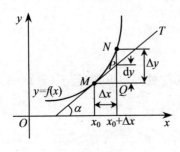

图 2.6

设函数 $y=f(x)$ 的图形是一条曲线,如图 2.6 所示. 当自变量 x 由 x_0 变到 $x_0+\Delta x$ 时,曲线上的对应点 $M(x_0,y_0)$ 变到 $N(x_0+\Delta x,\ y_0+\Delta y)$(见图 2.6),过 M 点作曲线 $y=f(x)$ 的切线 MT,它的倾斜角为 α,由图 2.6 可知

$$QP = MQ \cdot \tan\alpha = \Delta x \cdot f'(x_0)$$

即

$$\mathrm{d}y=QP$$

于是微分的几何意义是:**函数 $y=f(x)$ 在点 x_0 处的微分,就是曲线 $y=f(x)$ 的切线上点的纵坐标的相应增量.**

当 $|\Delta x|$ 很小时, $|\Delta y-\mathrm{d}y|$ 比 $|\Delta x|$ 小得多,因此, $|\overset{\frown}{MN}| \approx |MP|$(当 $|\Delta x|$ 很小时).

2.7.3　基本初等函数的微分公式与微分运算法则

从函数的微分表达式

$$\mathrm{d}y = f'(x)\mathrm{d}x$$

很容易得到微分公式和运算法则.

2.7.3.1　基本初等函数的微分公式

(1) $\mathrm{d}(C)=0$

(2) $\mathrm{d}(x^\mu)=\mu x^{\mu-1}\mathrm{d}x$

(3) $\mathrm{d}(\sin x)=\cos x\mathrm{d}x$

(4) $\mathrm{d}(\cos x)=-\sin x\mathrm{d}x$

(5) $\mathrm{d}(\tan x)=\sec^2 x\mathrm{d}x$

(6) $\mathrm{d}(\cot x)=-\csc^2 x\mathrm{d}x$

(7) $\mathrm{d}(\sec x)=\sec x\tan x\mathrm{d}x$

(8) $\mathrm{d}(\csc x)=-\csc x\cot x\mathrm{d}x$

(9) $\mathrm{d}(\mathrm{e}^x)=\mathrm{e}^x\mathrm{d}x$

(10) $\mathrm{d}(a^x)=a^x\ln a\mathrm{d}x$

(11) $\mathrm{d}(\ln x)=\dfrac{1}{x}\mathrm{d}x$

(12) $\mathrm{d}(\log_a x)=\dfrac{1}{x\ln a}\mathrm{d}x$

(13) $\mathrm{d}(\arcsin x)=\dfrac{1}{\sqrt{1-x^2}}\mathrm{d}x$

(14) $\mathrm{d}(\arccos x)=-\dfrac{1}{\sqrt{1-x^2}}\mathrm{d}x$

(15) $\mathrm{d}(\arctan x)=\dfrac{1}{1+x^2}\mathrm{d}x$

(16) $\mathrm{d}(\mathrm{arccot} x)=-\dfrac{1}{1+x^2}\mathrm{d}x$

2.7.3.2 函数和、差、积、商的微分法则

(1) $\mathrm{d}(u \pm v) = \mathrm{d}u \pm \mathrm{d}v$　　　　(2) $\mathrm{d}(uv) = v\mathrm{d}u + u\mathrm{d}v$

(3) $\mathrm{d}\left(\dfrac{u}{v}\right) = \dfrac{v\mathrm{d}u - u\mathrm{d}v}{v^2}$ $(v \neq 0)$

2.7.3.3 复合函数的微分法则

设 $y = f(u), u = \varphi(x)$，则复合函数 $y = f[\varphi(x)]$ 的微分为

$$\mathrm{d}y = f'(x)\mathrm{d}x = f'(u)\varphi'(x)\mathrm{d}x$$

由于 $\varphi'(x)\mathrm{d}x = \mathrm{d}u$，所以，复合函数 $y = f[\varphi(x)]$ 的微分公式也可写成

$$\mathrm{d}y = f'(u)\mathrm{d}u$$

可见，不论 u 是自变量，还是中间变量，$y = f(u)$ 的微分 $\mathrm{d}y$，总可写成 $f'(u)\mathrm{d}u$ 的形式，这种性质称为一阶微分形式不变性.

【例 2.7.3】 已知 $y = \sin(2x+1)$，求 $\mathrm{d}y$.

解法 1　先对 $y = \sin(2x+1)$ 求导，得

$$y' = 2\cos(2x+1)$$

于是

$$\mathrm{d}y = 2\cos(2x+1)\mathrm{d}x$$

解法 2　利用微分形式的不变性，得

$$\mathrm{d}y = \mathrm{d}\sin(2x+1) = \cos(2x+1)\mathrm{d}(2x+1)$$
$$= 2\cos(2x+1)\mathrm{d}x$$

【例 2.7.4】 已知 $y = \ln(1 + \mathrm{e}^{x^2})$，求 $\mathrm{d}y$.

解　利用微分形式的不变性，得

$$\mathrm{d}y = \mathrm{d}\ln(1 + \mathrm{e}^{x^2}) = \frac{1}{(1 + \mathrm{e}^{x^2})}\mathrm{d}(1 + \mathrm{e}^{x^2}) = \frac{\mathrm{e}^{x^2}}{(1 + \mathrm{e}^{x^2})}\mathrm{d}(x^2) = \frac{2x\mathrm{e}^{x^2}}{(1 + \mathrm{e}^{x^2})}\mathrm{d}x$$

【例 2.7.5】 已知 $y = \mathrm{e}^{-ax} \cdot \sin bx$，求 $\mathrm{d}y$.

解
$$\mathrm{d}y = \mathrm{e}^{-ax}\mathrm{d}(\sin bx) + \sin bx\,\mathrm{d}(\mathrm{e}^{-ax})$$
$$= \mathrm{e}^{-ax} \cdot \cos bx\,\mathrm{d}(bx) + \sin bx \cdot \mathrm{e}^{-ax}\mathrm{d}(-ax)$$
$$= b\mathrm{e}^{-ax} \cdot \cos bx\,\mathrm{d}x - a\sin bx \cdot \mathrm{e}^{-ax}\mathrm{d}x$$
$$= \mathrm{e}^{-ax}(b\cos bx - a\sin bx)\mathrm{d}x$$

【例 2.7.6】 已知 $y = \mathrm{e}^{1-3x}\cos x$，求 $\mathrm{d}y$.

解　$\mathrm{d}y = \mathrm{d}(\mathrm{e}^{1-3x}\cos x) = \cos x\,\mathrm{d}(\mathrm{e}^{1-3x}) + \mathrm{e}^{1-3x}\mathrm{d}(\cos x)$

$$= (\cos x) \mathrm{e}^{1-3x}(-3\mathrm{d}x) + \mathrm{e}^{1-3x}(-\sin x \mathrm{d}x)$$

$$= -\mathrm{e}^{1-3x}(3\cos x + \sin x)\mathrm{d}x$$

【例 2.7.7】 在下列等式左端的括号中填入适当的函数使等式成立.

(1) d(   )$=x\mathrm{d}x$,   (2) d(   )$=\cos \omega x \mathrm{d}x$

解 (1) $\because \mathrm{d}(x^2) = 2x\mathrm{d}x$,

$$\therefore \quad x\mathrm{d}x = \frac{1}{2}\mathrm{d}(x^2) = \mathrm{d}\left(\frac{x^2}{2}\right)$$

即

$$\mathrm{d}\left(\frac{x^2}{2}\right) = x\mathrm{d}x$$

一般地,有

$$\mathrm{d}\left(\frac{x^2}{2} + c\right) = x\mathrm{d}x \quad (c \text{ 为任意常数})$$

(2) $\because \mathrm{d}(\sin \omega x) = \omega \cos \omega x \mathrm{d}x$,

$$\therefore \quad \cos \omega x \mathrm{d}x = \frac{1}{\omega}\mathrm{d}(\sin \omega x) = \mathrm{d}\left(\frac{1}{\omega}\sin \omega x\right)$$

一般地,有

$$\mathrm{d}\left(\frac{1}{\omega}\sin \omega x + c\right) = \cos \omega x \mathrm{d}x$$

2.7.4 微分在近似计算上的应用

如果函数 $y = f(x)$ 在 x_0 处有增量,即

$$\Delta y = f(x_0 + \Delta x) - f(x_0)$$

那么,当 $|\Delta x|$ 很小时,可用函数的微分 $\mathrm{d}y$ 来代替,即

$$\Delta y = f(x_0 + \Delta x) - f(x_0) \approx \mathrm{d}y = f'(x_0)\Delta x$$

一般地,$|\Delta x|$ 越小,其近似的精确度越高. 由于 $\mathrm{d}y$ 较 Δy 容易计算,所以上式很有实用价值.

2.7.4.1 求函数增量的近似计算

如前所述,当 $|\Delta x|$ 很小时,函数 $y = f(x)$ 在 x_0 处的增量 Δy 可以用其微分 $\mathrm{d}y$ 来代替,即有

$$\Delta y \approx \mathrm{d}y = f'(x_0)\Delta x \quad (\text{当} |\Delta x| \text{较小时})$$

【例 2.7.8】 半径为 $10\ \mathrm{cm}$ 的金属圆片加热后,半径伸长了 $0.05\ \mathrm{cm}$,试求面

积的增量.

解 设圆半径为 r,面积为 $S(r)$,则

$$S(r) = \pi r^2$$

$$S' = 2\pi r$$

故

$$dS = 2\pi r \Delta r$$

现 $r_0 = 10 \text{ cm}, \Delta r = 0.05 \text{ cm}$,因 Δr 较小,于是

$$\Delta S \approx dS = 2 \times 3.14 \times 10 \times 0.05 \approx 3.14 \text{ (cm}^2)$$

2.7.4.2 函数值的近似计算

下面我们分两种情形来讨论函数值的近似计算.

1. 计算函数 $f(x)$ 在点 x_0 附近的近似值

由前面所述的结论,我们有:

$$f(x_0 + \Delta x) \approx f(x_0) + f'(x_0)\Delta x \quad (\mid \Delta x \mid \text{ 相对较小})$$

【例 2.7.9】 计算 $\cos 60°30'$ 的近似值.

解 选取函数 $f(x) = \cos x$, $x_0 = 60° = \dfrac{\pi}{3}$,$\Delta x = 30' = \dfrac{\pi}{360}$,$f'(x) = -\sin x$. 因

为 $\mid \Delta x \mid = \dfrac{\pi}{360}$ 很小,所以有

$$\cos 60°30' \approx \cos \frac{\pi}{3} - \left(\sin \frac{\pi}{3} \right) \cdot \frac{\pi}{360}$$

$$\approx \frac{1}{2} - 0.8660 \times \frac{3.14}{360} \approx 0.4924$$

【例 2.7.10】 计算 $\sin 30°30'$ 的近似值.

解 设 $f(x) = \sin x$,$x_0 = 30°$,$\Delta x = 30' = 0.5° = \dfrac{\pi}{360}$

$$f'(x) = \cos x, f'\left(\frac{\pi}{6} \right) = \cos \frac{\pi}{6} = \frac{\sqrt{3}}{2}, \text{并且} \mid \Delta x \mid = \frac{\pi}{360} \text{很小,所以}$$

$$\sin 30°30' = \sin \left(\frac{\pi}{6} + \frac{\pi}{360} \right)$$

$$\approx \sin \frac{\pi}{6} + \left(\cos \frac{\pi}{6} \right) \cdot \frac{\pi}{360}$$

$$= \frac{1}{2} + \frac{\sqrt{3}}{2} \cdot \frac{\pi}{360}$$

$$\approx 0.5000 + 0.0076$$
$$= 0.5076$$

2. 计算函数 $f(x)$ 在点 $x=0$ 附近的近似值

令 $x_0=0, \Delta x=x$, 由 $f(x_0+\Delta x) \approx f(x_0) + f'(x_0) \Delta x$, 得

$$f(x) \approx f(0) + f'(0)x \quad (\text{当} \mid x \mid \text{很小时})$$

由此可以推出,当 $\mid x \mid$ 很小时,有下列近似计算式:

(1) $\sin x \approx x$ (2) $\tan x \approx x$

(3) $\ln(1+x) \approx x$ (4) $e^x \approx 1+x$

(5) $\sqrt[n]{1+x} \approx 1 + \dfrac{1}{n}x$

证明 (5) 设 $f(x) = \sqrt[n]{1+x}, f'(x) = \dfrac{1}{n}(1+x)^{\frac{1}{n}-1}$

$$f(0) = 1, \quad f'(0) = \frac{1}{n},$$

所以

$$f(x) \approx f(0) + f'(0)x = 1 + \frac{1}{n}x$$

【例 2.7.11】 计算 $\sqrt{1.02}$ 的近似值.

解 直接利用上述公式(5),得

$$\sqrt{1.02} = \sqrt{1+0.02} \approx 1 + \frac{1}{2} \times 0.02 = 1.01$$

【例 2.7.12】 计算 $\sqrt[3]{998.5}$ 的近似值.

解

$$\sqrt[3]{998.5} = \sqrt[3]{1000 - 1.5} = \sqrt[3]{1000 \times (1 - \frac{1.5}{1000})} = 10\sqrt[3]{1 - \frac{15}{10000}}$$

$$\approx 10\left(1 - \frac{1}{3} \times \frac{15}{10000}\right) = 9.995$$

【例 2.7.13】 在一个半径为 $1\ \text{cm}$ 的金属球的表面上,镀上一层厚度为 $0.01\ \text{cm}$ 铜,试估计需要多少铜?(铜的密度为 $8.9\ \text{g/cm}^3$)

解 球的体积为 $v = \dfrac{4}{3}\pi R^3, v' = 4\pi R^2, R_0 = 1, \Delta R = 0.01$, 则

$$\Delta v \approx v'_{R_0} \Delta R = 4\pi R_0^2 \Delta R = 4 \times 3.14 \times 1^2 \times 0.01 = 0.13 (\text{cm}^3)$$

所以大约需要 $0.13 \times 8.9 = 1.16(\text{g})$ 的铜.

习 题 2.7

1. 设 x 的值从 $x=1$ 变到 $x=1.01$,试求 $y=2x^2-x$ 的增量 Δy 和微分 $\mathrm{d}y$.

2. 求下列函数的微分.

    (1) $y=\dfrac{1}{x}+2\sqrt{x}$ (2) $y=x\sin 2x$

    (3) $y=\dfrac{x}{\sqrt{x^2+1}}$ (4) $y=\left[\ln(1-x)\right]^2$

3. 将适当的函数填入括号内,使等式成立.

    (1) $\mathrm{d}($ $)=2\mathrm{d}x$ (2) $\mathrm{d}($ $)=3x\mathrm{d}x$

    (3) $\mathrm{d}($ $)=\cos x\mathrm{d}x$ (4) $\mathrm{d}($ $)=\mathrm{e}^{-2x}\mathrm{d}x$

    (5) $\mathrm{d}($ $)=\dfrac{1}{1+x}\mathrm{d}x$ (6) $\mathrm{d}($ $)=\dfrac{1}{\sqrt{x}}\mathrm{d}x$

4. 设扇形的圆心角 $\alpha=60°$,半径 $R=100\ \mathrm{cm}$,如果 R 不变,α 减少 $30'$,那么扇形面积大约改变了多少? 如果 α 不变,R 增加 $1\ \mathrm{cm}$,则扇形的面积大约改变了多少?

5. 计算下列函数值的近似值.

    (1) $\cos 29°$ (2) $\arcsin 0.5002$

6. 计算下列各根式的近似值.

    (1) $\sqrt[3]{996}$ (2) $\sqrt[6]{65}$

本章内容精要

1. 本章主要内容为:导数的定义和导数的几何意义,初等函数的导数公式和求导法则,隐函数的导数,对数求导法,由参数方程所确定的函数的求导,微分的定义和微分的几何意义,微分的基本公式和微分法则.

2. 本章概念和公式较多,图 2.7 列出了主要内容之间的联系.

3. 在学习函数微分时,要注意微分有两个特性:

    (1) 当 $f'(x_0)\Delta x\neq 0$ 时,$\mathrm{d}y=f'(x_0)\Delta x$ 是 Δx 的线性函数,且

$$\Delta y-\mathrm{d}y=o(\Delta x) \quad (\Delta x\to 0)$$

    (2) 一阶微分形式不变性,即

$$\mathrm{d}y=f'(u)\mathrm{d}u$$

求函数导数和微分在计算方法上有着紧密的联系,统称为微分法,但应注意其

区别与联系.

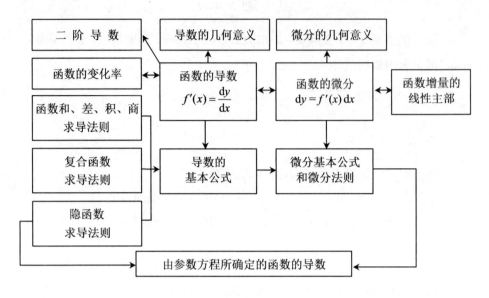

图 2.7

自 我 测 试 题

一、单项选择题

1. 设 $f(0)=0$, 且 $\lim\limits_{x\to 0}\dfrac{f(x)}{x}$ 存在, 则 $\lim\limits_{x\to 0}\dfrac{f(x)}{x}=($).

    A. $f(0)$ B. $f'(0)$ C. $f'(x)$ D. 0

2. 曲线 $y=\mathrm{e}^{x}$ 在点 $(0,1)$ 处的切线方程是(   ).

    A. $y=-x+1$ B. $y=x-1$

    C. $y=x+1$ D. $y=-x-1$

3. 函数 $y=f(x)$ 在点 x_0 处可导是它在该点处连续的(   ).

    A. 必要而非充分条件   B. 充分而非必要条件

    C. 充分必要条件   D. 无关条件

4. 已知 $y=\sin x$, 则 $y^{(999)}=($).

    A. $\sin x$ B. $\cos x$

    C. $-\sin x$ D. $-\cos x$

5. 已知函数 $\varphi(x)$ 可微, 且函数 $y=\dfrac{\varphi(x)}{x}$, 则微分 $\mathrm{d}y=($).

A. $\dfrac{\mathrm{d}\varphi(x)-\varphi(x)\mathrm{d}x}{x^2}$ B. $\dfrac{\mathrm{d}\varphi(x)+\varphi(x)\mathrm{d}x}{x^2}$

C. $\dfrac{x\mathrm{d}\varphi(x)-\varphi(x)\mathrm{d}x}{x^2}$ D. $\dfrac{x\mathrm{d}\varphi(x)+\varphi(x)\mathrm{d}x}{x^2}$

二、填空题

1. 若极限 $\lim\limits_{x\to a}\dfrac{f(x)-f(a)}{x-a}$ 存在，则 $\lim\limits_{x\to a}f(x)=$ ＿＿＿＿＿＿＿＿．

2. 设 $f(x)$ 是可导的偶函数，且 $f'(x_0)=3$，则 $f'(-x_0)=$ ＿＿＿＿＿＿＿＿．

3. 已知 $y^{(n-2)}=\ln\cos x$，则 $y^{(n)}=$ ＿＿＿＿＿＿＿＿．

4. 已知 $f(x)=\begin{cases} a\sin x, & x<0 \\ x\mathrm{e}^x, & x\geqslant 0 \end{cases}$ 在 $x=0$ 处可导，则 $a=$ ＿＿＿＿＿＿＿＿．

5. 设 $\begin{cases} x=t^3+t-1 \\ y=3-2t^2 \end{cases}$，则 $\dfrac{\mathrm{d}y}{\mathrm{d}x}\big|_{t=1}=$ ＿＿＿＿＿＿＿＿．

三、计算题

1. 求下列函数的导数 $\dfrac{\mathrm{d}y}{\mathrm{d}x}$．

(1) $y=\left(2\sqrt{x}-\dfrac{1}{x}\right)\sqrt{x}$ (2) $y=\dfrac{x^2}{\ln x}$

(3) $y=(x\sqrt{x}+3)\mathrm{e}^{2x}$ (4) $y=\sqrt{1+\ln^2 x}$

(5) $\begin{cases} x=a\cos^2 t \\ y=a\sin t \end{cases}$ (6) $2y-x=\sin y$

2. 求下列函数的微分 $\mathrm{d}y$．

(1) $y=\cot x+\csc x$ (2) $y=\arctan\dfrac{x+1}{x-1}$

(3) $y=\ln\cos x$ (4) $y=x+\ln y$

3. 求下列函数的二阶导数．

(1) $y=(1+x^2)\arctan x$ (2) $y=x\ln x$

4. 求曲线 $\begin{cases} x=2\mathrm{e}^t \\ y=\mathrm{e}^{-t} \end{cases}$，在 $t=0$ 相应点处的切线方程与法线方程．

四、证明题

证明曲线 $\sqrt{x}+\sqrt{y}=\sqrt{a}$ 上任意一点处的切线与两坐标轴上的截距之和为一定值．

牛顿与微积分

艾萨克·牛顿(Isaac Newton,1643—1727),英国数学家、物理学家和哲学家. 牛顿在《自然哲学的数学原理》里提出的万有引力定律以及牛顿运动定律是经典力学的基石,他还和莱布尼茨各自独立地发明了微积分,被誉为人类历史上伟大的科学家之一.

微积分的创立是牛顿最卓越的数学成就. 牛顿是为解决运动问题,才创立这种和物理概念直接联系的数学理论的,牛顿称之为"流数术". 它所处理的一些具体问题,如切线问题、求积问题、瞬时速度问题以及函数的极大和极小值问题等,在牛顿前已经得到人们的研究了. 但牛顿超越了前人,他站在更高的角度,对以往分散的努力加以综合,将自古希腊以来求解无限小问题的各种技巧统一为两类普通的算法——微分和积分,并确立了这两类运算的互逆关系,从而完成了微积分发明中最关键的一步,为近代科学发展提供了最有效的工具,开辟了数学上的一个新纪元. 1686 年底,牛顿写成划时代的伟大著作《自然哲学的数学原理》一书. 皇家学会经费不足,出不了这本书,后来靠了哈雷的资助,这部科学史上伟大的著作之一才能够在 1687 年出版. 牛顿在这部书中,从力学的基本概念(质量、动量、惯性、力)和基本定律(运动三定律)出发,运用他所发明的微积分这一锐利的数学工具,不但从数学上论证了万有引力定律,而且把经典力学确立为完整而严密的体系,把天体力学和地面上的物体力学统一起来,实现了物理学史上第一次大的综合.

牛顿没有及时发表微积分的研究成果,他研究微积分可能比莱布尼茨早一些,但是莱布尼茨所采取的表达形式更加合理,而且关于微积分的著作出版时间也比牛顿早. 在牛顿和莱布尼茨之间,为争论谁是这门学科的创立者的时候,竟然引起了一场轩然大波,这种争吵在各自的学生、支持者和数学家中持续了相当长的一段时间,造成了欧洲大陆的数学家和英国数学家的长期对立.

应该说,一门科学的创立绝不是某一个人的业绩,它必定是经过多少人的努力后,在积累了大量成果的基础上,最后由某个人或几个人总结完成的. 微积分也是这样,是牛顿和莱布尼茨在前人的基础上各自独立地建立起来的. 正如牛顿谦逊地说:"如果说我看得远,那是因为我站在巨人的肩上."

数学实验 2　MATLAB 求函数的导数

【实验目的】

熟悉运用 MATLAB 软件求函数的导数.

【实验内容】

导数与微分是微分学的重要内容,学会利用 MATLAB 软件求函数的导数和微分.

1. 求导数的命令格式

利用 MATLAB 求函数导数的命令格式如表 M2.1 所示.

表 M2.1

命令格式	含　义
diff(y)	求函数 y 的导数
diff(y,$'$x$'$)	对函数 y 关于自变量 x 求导
diff(y, N)	求函数 y 的 N 阶导数
diff(z, $'$x$'$, N)	求函数 z 关于 x 的 N 阶偏导数

2. 求导数和微分举例

【例 M2.1】 已知 $y=\dfrac{\ln x}{x^2}$,求 y',y'',$y''(1.5)$.

解　$>>$syms x y;

　　$>>$y$=$(log(x)/x^2);

　　$>>$dydx$=$diff(y)

　　　　dydx$=$

　　　　1/x^3 $-$ (2 $*$ log(x))/x^3

　　$>>$dydx2$=$diff(y,2)

　　　　dydx2$=$

　　　　(6 $*$ log(x))/x^4 $-$ 5/x^4

　　$>>$zhi$=$subs(dydx2,$'$1.5$'$)

　　　　zhi$=$

　　　　$-$0.50710308174834838679149062858546

【例 M2.2】 设 $f(x)=\dfrac{x\sin x}{1-\tan x}$,求 $f'\left(\dfrac{\pi}{3}\right)$.

解　＞＞f＝(x＊sin(x)/(1−tan(x)));

　　＞＞dydx＝diff(f)

　　　dydx＝

　　　(x＊sin(x)＊(tan(x)^2+1))/(tan(x)−1)^2−(x＊cos(x))/(tan(x)−1)−sin(x)/(tan(x)−1)

　　＞＞zhi＝subs(dydx,'pi/3')

　　　zhi＝

　　　(2＊pi＊3^(1/2))/(3＊(3^(1/2)−1)^2)−3^(1/2)/(2＊(3^(1/2)−1))−pi/(6＊(3^(1/2)−1))

　　＞＞eval(zhi)

　　ans＝

　　　4.8709

3. 上机实验

(1) 用 help 命令查询 diff, subs, eval 的用法.

(2) 验算上述例题结果.

(3) 自选某些函数求导上机练习.

第 3 章　中值定理与导数的应用

数学是科学的大门和钥匙.

——培　根

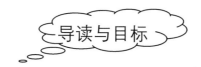

【导读】　导数概念产生于实际,反过来又可以用导数来研究和解决实际问题. 导数在人类生产、生活和科学研究的各个领域都有着广泛的应用. 例如,炮弹的最大射程;行星离开太阳的最近和最远距离;经济问题中的最大效益;怎样设计容器,使其容积最大或所用材料最省等,都是求最大值和最小值问题. 学习本章时一定要认清问题,紧密联系实际,掌握相应的方法和问题的求解步骤.

函数图像是对函数的最直观、最生动的表现,在理论研究和实际应用中,最有效手段之一是将所涉及的函数图像大致描绘出来,甚至借助于各种软件将其在计算机显示屏上显示出来,这将有利于科学决策和分析.

本章将讲述微分学的基本定理,然后利用导数来讨论函数及曲线的变化性态,以便准确地描绘出函数的图像,并利用这些知识来解决一些实际问题.

【目标】　理解罗尔中值定理和拉格朗日中值定理,了解柯西中值定理;理解函数极值、曲线凹凸与拐点的概念;掌握函数单调性、极值、曲线凹凸的判定方法;熟练掌握最大值与最小值在几何等领域的应用.

3.1　中　值　定　理

微分中值定理由特殊到一般可分为罗尔定理、拉格朗日中值定理和柯西中值定理,我们统称为中值定理,**微分中值定理是微分学的基本定理**. 分别讨论如下:

3.1.1 罗尔(Rolle)定理

罗尔定理 如果函数 $y=f(x)$ 满足条件:(i)在闭区间 $[a,b]$ 上连续;(ii)在开区间 (a,b) 内可导;(iii) $f(a)=f(b)$,则在开区间 (a,b) 内至少存在一点 ξ,使得

$$f'(\xi)=0$$

罗尔定理的几何意义:若连续曲线 $y=f(x)$ 上的弧 $\overset{\frown}{AB}$ 除端点外有处处不垂直于 x 轴的切线,则在这段弧上至少存在一点 C,使曲线在 C 点的切线平行于弦 AB. 如图 3.1 所示.

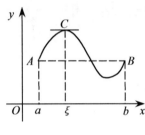

图 3.1

本定理的证明从略. 值得注意的是:**定理中的三个条件缺一不可,否则结论不一定成立.**

图 3.2 直观地说明了其中一个条件不满足时,结论不成立.

【**例 3.1.1**】 $f(x)=x^2-4x+3$ 在 $[1,3]$ 上是否满足罗尔定理? 若满足,找出定理中的 ξ.

解 $f(x)=x^2-4x+3$ 为二次多项式,故连续、可导,且 $f(1)=f(3)$,满足罗尔中值定理的条件,于是 $f'(x)=2x-4=0$,得 $x=2$,该点即为所求,$\xi=2$.

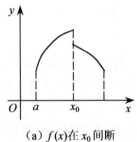

(a) $f(x)$ 在 x_0 间断

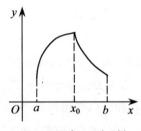

(b) $f(x)$ 在 x_0 不可导

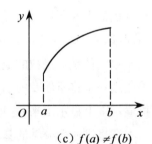

(c) $f(a) \neq f(b)$

图 3.2 有关条件不满足时罗尔定理不成立

3.1.2 拉格朗日(Lagrange)中值定理

拉格朗日中值定理 如果函数 $y=f(x)$ 满足条件:(i)在闭区间 $[a,b]$ 上连续;(ii)在开区间 (a,b) 内可导.则在开区间 (a,b) 内至少存在一点 ξ,使得

$$f'(\xi)=\frac{f(b)-f(a)}{b-a}$$

或写成

$$f(b) - f(a) = f'(\xi)(b-a)$$

拉格朗日中值定理的几何意义:若连续曲线 $y = f(x)$ 上的弧 $\overset{\frown}{AB}$ 除端点外有处处不垂直于 x 轴的切线,则在这段弧上至少存在一点 C,使曲线在 C 点的切线平行于弦 AB,如图 3.3 所示.

该定理的证明要构造一个辅助函数

$$F(x) = f(x) - f(a) - \frac{f(b) - f(a)}{b - a}(x - a)$$

来验证该函数满足罗尔中值定理的条件,由读者自己完成.

拉格朗日中值定理很重要,它建立了函数值的改变量与导数值之间的关系,如果记 $a = x, b = x + \Delta x$,定理的结论就是

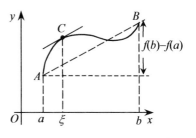

图 3.3

$$f(x + \Delta x) - f(x) = f'(\xi)\Delta x$$

这里,ξ 也可以写成 $x + \theta\Delta x\ (0 < \theta < 1)$,即定理的结论可写成

$$f(x + \Delta x) - f(x) = f'(x + \theta\Delta x)\Delta x \quad (0 < \theta < 1)$$

或
$$\Delta y = f'(x + \theta\Delta x)\Delta x \quad (0 < \theta < 1)$$

在拉格朗日中值定理中,若 $f(a) = f(b)$,则拉格朗日中值定理中的表达式 $f(b) - f(a) = f'(\xi)(b-a)$ 就简化为 $f'(\xi) = 0$,这个定理就成为罗尔定理. 可见,罗尔定理是拉格朗日定理的特殊情况.

推论 1　设函数 $f(x)$ 在 (a,b) 内可导,且 $f'(x) \equiv 0$,则 $f(x)$ 在该区间内是一个常数函数,即

$$f(x) \equiv C \quad (C \text{ 为常数})$$

证明　在 (a,b) 内任取两点 $x_1, x_2(x_1 < x_2)$,则由拉格朗日中值定理知存在点 $\xi \in (a,b)$,使得 $f(x_1) - f(x_2) = f'(\xi)(x_2 - x_1) = 0$,即 $f(x_1) = f(x_2)$,因 x_1, x_2 为 (a,b) 内的任意两点,故 $f(x)$ 在 (a,b) 上函数值是相等的,即 $f(x) \equiv C$ 为常数函数.

推论 2　设函数 $f(x)$ 与 $g(x)$ 在 (a,b) 内可导,且它们的导数相等,即 $f'(x) = g'(x)$,则 $f(x)$ 与 $g(x)$ 仅相差一个常数. 即

$$f(x) = g(x) + C \quad (C \text{ 为常数})$$

该推论由推论 1 易得证,感兴趣的读者可自行证明.

【例 3.1.2】 设函数 $f(x) = \ln x$,在闭区间 $[1, e]$ 上验证拉格朗日中值定理的正确性.

解　函数 $f(x) = \ln x$,在闭区间 $[1, e]$ 上连续,在 $(1, e)$ 内可导,有

$$f(1) = 0, \qquad f(\mathrm{e}) = 1, \qquad f'(x) = \frac{1}{x}$$

设

$$\frac{\ln \mathrm{e} - \ln 1}{\mathrm{e} - 1} = \frac{1}{\xi}$$

从而可得

$$\xi = \mathrm{e} - 1 \qquad \xi \in (1, \mathrm{e})$$

使得

$$\frac{f(\mathrm{e}) - f(1)}{\mathrm{e} - 1} = f'(\xi)$$

成立.

利用拉格朗日中值定理还可以证明某些不等式.

【例 3.1.3】 证明 $|\sin a - \sin b| \leqslant |a - b|$.

证明 令 $f(x) = \sin x$, 则 $f(x)$ 在 $[a, b]$ 上满足拉格朗日中值定理, 于是有

$$\sin a - \sin b = (a - b)\cos \xi, \quad \xi \in (a, b)$$

故

$$|\sin a - \sin b| = |(a - b)\cos \xi| \leqslant |a - b|$$

【例 3.1.4】 证明 $\arcsin x + \arccos x = \dfrac{\pi}{2} \quad (-1 \leqslant x \leqslant 1)$.

证明 设 $f(x) = \arcsin x + \arccos x$, 则

(1) 当 $-1 < x < 1$ 时

$$f'(x) = \frac{1}{\sqrt{1 - x^2}} + \left(-\frac{1}{\sqrt{1 - x^2}}\right) = 0$$

故在 $(-1, 1)$ 内 $f(x)$ 恒为一常数 C, 即 $\arcsin x + \arccos x = C$, 设 $x = 0$, 得 $C = f(0)$ $= \arcsin 0 + \arccos 0 = \dfrac{\pi}{2}$. 即当 $-1 < x < 1$ 时

$$\arcsin x + \arccos x = \frac{\pi}{2}$$

(2) 当 $x = -1$ 时

$$f(-1) = \arcsin(-1) + \arccos(-1) = -\frac{\pi}{2} + \pi = \frac{\pi}{2}$$

当 $x = 1$ 时

$$f(1) = \arcsin 1 + \arccos 1 = \frac{\pi}{2} + 0 = \frac{\pi}{2}$$

$$\arcsin x + \arccos x = \frac{\pi}{2} \qquad (-1 \leqslant x \leqslant 1)$$

3.1.3　柯西(**Cauchy**)中值定理

柯西中值定理　如果函数 $f(x)$ 与 $F(x)$ 满足条件:(i)在闭区间 $[a,b]$ 上连续;(ii)在开区间 (a,b) 内可导;(iii) $F'(x)$ 在开区间 (a,b) 内每一点处均不为 0,则在开区间 (a,b) 内至少存在一点 ξ,使得

$$\frac{f(b)-f(a)}{F(b)-F(a)}=\frac{f'(\xi)}{F'(\xi)}$$

证明从略.

在柯西中值定理中,令 $F(x)=x$,就得到拉格朗日中值定理.通常称拉格朗日中值定理为微分中值定理,柯西中值定理又称为广义中值定理.

习　题　3.1

1. 下列函数在给定区间上是否满足罗尔定理的所有条件? 若满足,则求出使 $f'(\xi)=0$ 成立的点 ξ.

　　(1) $f(x)=x^3-x^2-2x+1$ 　$[-1,0]$

　　(2) $f(x)=x\sqrt{3-x}$ 　　　　$[0,3]$

　　(3) $f(x)=\dfrac{3}{x^2+1}$ 　　　　$[-1,1]$

2. 下列函数在给定区间上是否满足拉格朗日中值定理的所有条件? 如果满足,求出定理中的 ξ.

　　(1) $f(x)=2x^3$ 　$[-1,1]$

　　(2) $f(x)=\arctan x$ 　$[0,1]$

　　(3) $f(x)=x^3-5x^2+x-2$ 　$[-1,0]$

3. 试证明对函数 $y=px^2+qx+r$ 应用拉格朗日中值定理时,所求得的点 ξ 总是位于区间的正中间.

4. 证明下列不等式:

　　(1) 当 $x>0$ 时,$xe^x>e^x-1$ 　　　　(2) $|\arctan a-\arctan b|\leqslant|a-b|$

3.2　洛必达(L'Hospital)法则

我们知道,当 $x\to a$(或 $x\to\infty$)时,两个函数 $f(x)$,$g(x)$ 都趋于 0 或都趋于无穷大,这时极限 $\lim\limits_{x\to a}\dfrac{f(x)}{g(x)}$,$\lim\limits_{x\to\infty}\dfrac{f(x)}{g(x)}$ 可能存在,也可能不存在. 若存在,其极限值也不尽

相同,这种极限称为**未定式**,并分别简记为$\frac{0}{0}$型和$\frac{\infty}{\infty}$型.

下面,我们来利用柯西中值定理推导出这种未定式极限求解的有效方法——洛必达法则.

3.2.1 $\frac{0}{0}$型未定式

定理 如果(i)当$x \to a$时,$f(x)$与$g(x)$都趋于0;(ii)在点a的某一邻域内(点a可除外),$f'(x)$,$g'(x)$都存在,且$g'(x) \neq 0$;(iii)$\lim\limits_{x \to a}\dfrac{f'(x)}{g'(x)}$存在(或为$\infty$),则$\lim\limits_{x \to a}\dfrac{f(x)}{g(x)}$存在(或为$\infty$),且

$$\lim_{x \to a}\frac{f(x)}{g(x)} = \lim_{x \to a}\frac{f'(x)}{g'(x)}$$

证明 因求$\lim\limits_{x \to a}\dfrac{f(x)}{g(x)}$与$f(x)$,$g(x)$在$x = a$点是否有定义无关,假设$f(a) = g(a) = 0$,由定理及假设知:$f(x)$,$g(x)$在点$a$的某邻域内连续,于是在区间$[x,a]$(或$[a,x]$)上应用柯西中值定理,有

$$\frac{f(x) - f(a)}{g(x) - g(a)} = \frac{f'(\xi)}{g'(\xi)}$$

其中,ξ介于x与a之间,因此当$x \to a$时,$\xi \to a$.再考虑到定理的条件(i),于是有

$$\lim_{x \to a}\frac{f(x)}{g(x)} = \lim_{x \to a}\frac{f'(x)}{g'(x)}$$

当$x \to \infty$时,可以按同样的方法来确定$\frac{0}{0}$型未定式的值.

【例 3.2.1】 求$\lim\limits_{x \to 2}\dfrac{x^3 - 2x - 4}{x^3 - 8}$.

解 这是$\frac{0}{0}$型.

$$\lim_{x \to 2}\frac{x^3 - 2x - 4}{x^3 - 8} = \lim_{x \to 2}\frac{3x^2 - 2}{3x^2} = \frac{5}{6}$$

若$\lim\limits_{x \to x_0}\dfrac{f'(x)}{g'(x)}$仍属于$\frac{0}{0}$型,且满足洛必达法则的条件,我们就可以连续使用洛必达法则.请看下面例题:

【例 3.2.2】 求$\lim\limits_{x \to 0}\dfrac{x - x\cos x}{x - \sin x}$.

解　这是 $\dfrac{0}{0}$ 型.

$$\lim_{x \to 0} \frac{x - x\cos x}{x - \sin x} = \lim_{x \to 0} \frac{1 - \cos x + x\sin x}{1 - \cos x}$$

它仍是 $\dfrac{0}{0}$ 型,继续使用洛必达法则,即有

$$原式 = \lim_{x \to 0} \frac{\sin x + \sin x + x\cos x}{\sin x} = \lim_{x \to 0} \left(2 + \frac{x\cos x}{\sin x} \right) = 3$$

3.2.2　$\dfrac{\infty}{\infty}$ 型未定式

定理　如果(i)当 $x \to x_0$ 时,函数 $f(x)$ 与 $g(x)$ 都趋于无穷大;(ii)在 a 的某邻域内 (点 a 可除外),$f'(x)$,$g'(x)$ 都存在,且 $g'(x) \neq 0$;(iii)$\lim\limits_{x \to x_0} \dfrac{f'(x)}{g'(x)}$ 存在(或为 ∞),且

$$\lim_{x \to x_0} \frac{f(x)}{g(x)} = \lim_{x \to x_0} \frac{f'(x)}{g'(x)}$$

当 $x \to \infty$ 时,可以用同样方法来确定 $\dfrac{\infty}{\infty}$ 型未定式的值.

【例 3.2.3】　求 $\lim\limits_{x \to +\infty} \dfrac{\ln^2 x}{x}$.

解

$$原式 = \lim_{x \to +\infty} \frac{2\ln x \cdot \dfrac{1}{x}}{1} = 2 \lim_{x \to +\infty} \frac{\ln x}{x} = 2 \lim_{x \to \infty} \frac{\dfrac{1}{x}}{1} = 0$$

注意:(1) 洛必达法则只适用于求 $\dfrac{0}{0}$ 型或 $\dfrac{\infty}{\infty}$ 型未定式极限,因此每次使用法则 必须检查所求极限是否为 $\dfrac{0}{0}$ 型或 $\dfrac{\infty}{\infty}$ 型.

(2) 若 $\lim\limits_{\substack{x \to a \\ (x \to \infty)}} \dfrac{f'(x)}{g'(x)}$ 不存在,或是 ∞,并不表明 $\lim\limits_{\substack{x \to a \\ (x \to \infty)}} \dfrac{f(x)}{g(x)}$ 不存在,只表明洛必达 法则失效,这时需用其他方法求解.

(3) 除 $\dfrac{0}{0}$ 型或 $\dfrac{\infty}{\infty}$ 型外,还有 $0 \cdot \infty$,$\infty - \infty$,0^0,∞^0,1^∞ 五种类型的未定式,我们

可通过适当变换将其化为 $\dfrac{0}{0}$ 型或 $\dfrac{\infty}{\infty}$ 型,然后再利用洛必达法则计算.

【例 3.2.4】　求 $\lim\limits_{x \to 0^+} x\ln x$.

解　这是 $0 \cdot \infty$ 型未定式,由于 $x\ln x = \dfrac{\ln x}{\dfrac{1}{x}}$,所以它能转化为 $\dfrac{\infty}{\infty}$ 型未定式极

限.应用洛必达法则,得

$$\lim_{x \to 0^+} x \ln x = \lim_{x \to 0^+} \frac{\ln x}{\frac{1}{x}} = \lim_{x \to 0^+} \frac{\frac{1}{x}}{-\frac{1}{x^2}} = \lim_{x \to 0^+} (-x) = 0$$

【例 3.2.5】 求 $\lim\limits_{x \to 0}\left(\dfrac{1}{x} - \dfrac{1}{e^x - 1}\right)$.

解 这是 $\infty - \infty$ 型未定式.

$$\lim_{x \to 0}\left(\frac{1}{x} - \frac{1}{e^x - 1}\right) = \lim_{x \to 0} \frac{e^x - 1 - x}{x(e^x - 1)} = \lim_{x \to 0} \frac{e^x - 1}{e^x - 1 + x e^x}$$

$$= \lim_{x \to 0} \frac{e^x}{2e^x + x e^x} = \lim_{x \to 0} \frac{1}{2 + x} = \frac{1}{2}$$

【例 3.2.6】 求 $\lim\limits_{x \to +\infty} (\ln x)^{\frac{1}{x}}$.

解 这是 ∞^0 型未定式,将其改写成

$$\lim_{x \to +\infty} (\ln x)^{\frac{1}{x}} = \lim_{x \to +\infty} e^{\ln (\ln x)^{\frac{1}{x}}} = \lim_{x \to +\infty} e^{\frac{\ln \ln x}{x}} = e^{\lim\limits_{x \to +\infty} \frac{\ln \ln x}{x}}$$

$$= e^{\lim\limits_{x \to +\infty} \frac{(\ln \ln x)'}{(x)'}} = e^{\lim\limits_{x \to +\infty} \frac{1}{x \ln x}} = e^0 = 1$$

还应注意,洛必达法则求未定式极限并非始终有效,有些未定式利用洛必达法则就求不出. 如 $\lim\limits_{x \to +\infty} \dfrac{\sqrt{x^2 + 1}}{x}$,这是 $\dfrac{\infty}{\infty}$ 型未定式,若使用洛必达法则有

$$\lim_{x \to +\infty} \frac{\sqrt{x^2 + 1}}{x} = \lim_{x \to +\infty} \frac{(\sqrt{x^2 + 1})'}{(x)'} = \lim_{x \to +\infty} \frac{x}{\sqrt{x^2 + 1}}$$

$$= \lim_{x \to +\infty} \frac{(x)'}{(\sqrt{x^2 + 1})'} = \lim_{x \to +\infty} \frac{\sqrt{x^2 + 1}}{x}$$

所以,利用洛必达法则无法求出,但使用前面讲过的方法易知

$$\lim_{x \to +\infty} \frac{\sqrt{x^2 + 1}}{x} = \lim_{x \to +\infty} \sqrt{\frac{x^2 + 1}{x^2}} = \lim_{x \to +\infty} \sqrt{1 + \frac{1}{x^2}} = 1$$

习 题 3.2

1. 利用洛必达法则求下列极限.

(1) $\lim\limits_{x \to 0} \dfrac{\sin 5x}{x}$

(2) $\lim\limits_{x \to \infty} \dfrac{\ln x}{x}$

(3) $\lim\limits_{x \to 0} \dfrac{\ln(1 + x)}{x}$

(4) $\lim\limits_{x \to a} \dfrac{x^n - a^n}{x^m - a^m}$

(5) $\lim\limits_{x \to 0} \dfrac{e^x - e^{-x}}{\sin x}$

(6) $\lim\limits_{x \to 0} \dfrac{e^{x^2} - 1}{\cos x - 1}$

(7) $\lim\limits_{x\to 0}\dfrac{\sqrt{a+x}-\sqrt{a-x}}{x}$　$(a>0)$

(8) $\lim\limits_{x\to 0^{+}}\dfrac{\ln\tan 7x}{\ln\tan 3x}$

(9) $\lim\limits_{x\to 0}\dfrac{\sqrt{x+4}-2}{\sin 5x}$

(10) $\lim\limits_{x\to 1}\left(\dfrac{2}{x^{2}-1}-\dfrac{1}{x-1}\right)$

(11) $\lim\limits_{x\to 0}x\cot 2x$

(12) $\lim\limits_{x\to 0^{+}}x^{\sin x}$

2. 验证极限 $\lim\limits_{x\to 0}\dfrac{x^{2}\sin\dfrac{1}{x}}{\sin x}$ 存在,但不能用洛必达法则求得.

3.3　函数的单调性与极值的判定

3.3.1　函数的单调性

函数的单调性是函数的重要特性. 由前面给出的函数的单调性定义可知,单调增加(减少)函数的图形是一条沿 x 轴正向上升(下降)的曲线. 从图 3.4 可以看出曲线上各点处的切线斜率都是正(都是负),由此可见,函数的单调性与导数的符号有密切的关系.

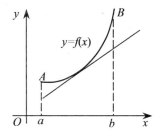 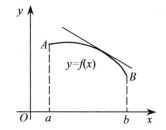

图 3.4

利用导数的正负号可以方便地判断函数的增减性.

定理　设函数 $y=f(x)$ 在 $[a,b]$ 上连续,在 (a,b) 内可导.

(i) 如果在 (a,b) 内,$f'(x)>0$,则函数 $y=f(x)$ 在 $[a,b]$ 上单调增加;

(ii) 如果在 (a,b) 内,$f'(x)<0$,则函数 $y=f(x)$ 在 $[a,b]$ 上单调减少.

本定理可由拉格朗日中值定理加以证明,有兴趣的读者可以自己练习.

【例 3.3.1】　判定函数 $f(x)=2x+\cos x$ 在 $[0,2\pi]$ 上的单调性.

解　在 $(0,2\pi)$ 内,$f'(x)=2-\sin x>0$,由上述定理知:$f(x)=2x+\cos x$ 在 $[0,2\pi]$ 上的单调增加.

【例 3.3.2】 求函数 $f(x)=2x^3-9x^2+12x-3$ 的单调区间.

解 函数的定义域为 $\mathbf{R}$,有

$$f'(x)=6x^2-18x+12$$

令 $f'(x)=0$,得

$$x=1,\quad x=2$$

把函数的定义域重新划分,并列表讨论,如表 3.1 所示.

表 3.1

x	$(-\infty,1)$	1	$(1,2)$	2	$(2,+\infty)$
$f'(x)$	+	0	−	0	+
$f(x)$	↗	2	↘	1	↗

所以,函数 $f(x)$ 在 $(-\infty,1)\bigcup(2,+\infty)$ 上单调增加,在 $(1,2)$ 上单调减少.

【例 3.3.3】 讨论函数 $f(x)=\sqrt[3]{x^2}$ 的单调性.

解 该函数的定义域为 $\mathbf{R}$,其导数

$$f'(x)=\frac{2}{3\sqrt[3]{x}}$$

显然,在 $x=0$ 点,$f'(x)$ 不存在. 故 $f(x)$ 在这一点上不可导. 也就是说,$x=0$ 把原定义域重新划分为 $(-\infty,0]$,$[0,+\infty)$ 两个区间,现列表讨论,如表 3.2 所示.

表 3.2

x	$(-\infty,0)$	0	$(0,+\infty)$
$f'(x)$	−	不存在	+
$f(x)$	↘	0	↗

所以,函数 $f(x)$ 在 $(-\infty,0)$ 上单调减少,在 $(0,+\infty)$ 上单调增加.

综上所述,求函数 $f(x)$ 单调区间的步骤如下:

(1) 确定函数的定义域.

(2) 求出 $f(x)$ 单调区间所有可能的分界点(包括 $f'(x)=0$ 点,$f(x)$ 的间断点,$f'(x)$ 不可导点),根据分界点把原定义域重新划分若干区间.

(3)判断一阶导数 $f'(x)$ 的符号,从而确定单调区间.

利用函数的单调性还可以证明一些不等式.

【例 3.3.4】 证明当 $x>1$ 时,$e^x>e\cdot x$.

证明 设 $f(x)=e^x-e\cdot x$,由于 $x>1$ 时,$f'(x)=e^x-e>0$,所以,$f(x)$ 在 $(1$,

$+\infty)$ 上单调增加，于是有 $f(x)>f(1)=0$，即当 $x>1$ 时，$\mathrm{e}^x>\mathrm{e}\cdot x$.

3.3.2　函数的极值

由图 3.5 可看出，函数 $f(x)$ 在点 x_1,x_3,x_5 的函数值 $f(x_1),f(x_3),f(x_5)$ 比其近旁的函数值都大，而在点 x_2,x_4 的函数值 $f(x_2),f(x_4)$ 比其近旁的函数值都小，对于这种性质的点，在应用上有重要意义，我们对此作一般性的研究.

定义　设函数 $f(x)$ 在点 x_0 处及其附近有定义，若对于 x_0 的某一邻域中的所有 $x(x\neq x_0)$ 有 $f(x_0)>f(x)$，则称 $f(x_0)$ 为函数 $f(x)$ 的极大值，点 x_0 称为函数 $f(x)$ 的极大值点；若对于 x_0 的某

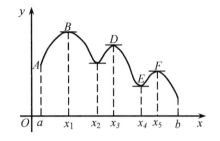

图 3.5

一邻域中的所有 $x(x\neq x_0)$ 有 $f(x_0)<f(x)$，则称 $f(x_0)$ 为函数 $f(x)$ 的极小值，点 x_0 称为函数 $f(x)$ 的极小值点，极大值点与极小值点统称为极值点.

注意：(1) 极值是一个局部性概念，是一个邻域内的最大值与最小值，而不是指整个区间而言.

(2) 极值只能在区间内取得.

从图 3.5 我们还可以看到，函数的极值点处，曲线上的切线是水平的，这给我们以启示，可导函数的极值点可在导数等于零的点中寻找.

下面介绍函数取得极值的必要条件与充分条件.

定理 1(必要条件)　设函数 $f(x)$ 在点 x_0 处的某一邻域内有定义，$f(x)$ 在点 x_0 处可导且在 x_0 取得极值，则 $f'(x_0)=0$.

证明　设 x_0 是 $f(x)$ 的极小值点，则在 x_0 的邻域内恒有 $f(x_0)<f(x_0+\Delta x)$，于是，当 $\Delta x>0$ 时，有

$$\frac{f(x_0+\Delta x)-f(x_0)}{\Delta x}>0$$

因此

$$f'(x_0)=\lim_{\Delta x\to 0}\frac{f(x_0+\Delta x)-f(x_0)}{\Delta x}\geqslant 0$$

当 $\Delta x<0$ 时，有

$$\frac{f(x_0+\Delta x)-f(x_0)}{\Delta x}<0$$

因此
$$f'(x_0)=\lim_{\Delta x\to 0}\frac{f(x_0+\Delta x)-f(x_0)}{\Delta x}\leqslant 0$$

从而知
$$f'(x_0)=0$$

满足 $f'(x_0)=0$ 的点 x_0 称为函数 $f(x)$ 的**驻点**.

上述定理告诉我们,可导函数 $f(x)$ 的极值点必是驻点,反过来,驻点却不一定是 $f(x)$ 的极值点.例如,$x=0$ 点是 $f(x)=x^3$ 的驻点,但不是极值点.

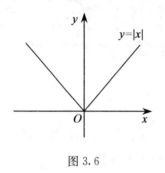

图 3.6

对于一个连续函数,它的极值点还可能是导数不存在的点.

例如,$f(x)=|x|$,在 $x=0$ 点的导数不存在,但 $x=0$ 却是函数的极小值点,如图 3.6 所示.

总之,函数的驻点或导数不存在的点可能是函数的极值点,连续函数仅在这种点上才可能取得极值,这些点是否是极值点,是极大值,还是极小值,需进一步判定.

定理 2(第一充分条件) 设连续函数在点 x_0 的某一邻域内(x_0 点可除外)具有导数,

(i) 当 $x<x_0$ 时,$f'(x)>0$;而当 $x>x_0$ 时,$f'(x)<0$,则 $f(x)$ 在点 x_0 处取得极大值 $f(x_0)$.

(ii) 当 $x<x_0$ 时,$f'(x)<0$;而当 $x>x_0$ 时,$f'(x)>0$,则 $f(x)$ 在点 x_0 处取得极小值 $f(x_0)$.

(iii) 当在 x_0 的左右两侧,$f'(x)$ 不变号,则 $f(x)$ 在 x_0 处不取得极值.

【例 3.3.5】 求函数 $f(x)=x-\frac{3}{2}x^{\frac{2}{3}}$ 的极值.

解
$$f'(x)=1-x^{-\frac{1}{3}}$$
令 $f'(x)=0$,得 $x=1$,当 $x=0$ 时,$f'(x)$ 不存在,列表如表 3.3 所示.

表 3.3

x	$(-\infty,0)$	0	$(0,1)$	1	$(1,+\infty)$
$f'(x)$	$+$	不存在	$-$	0	$+$
$f(x)$	↗	极大值	↘	极小值	↗

所以,极大值为 $f(0)=0$,极小值为 $f(1)=-\dfrac{1}{2}$.

综合以上讨论,可得求函数极值步骤如下:

(1) 求函数的定义域及导数.

(2) 求出函数的驻点及导数不存在的点,把原定义域重新划分为若干个子区间.

(3) 考察每个区间内 $f'(x)$ 的符号,利用上述定理作出判定.

(4) 求出函数的极值.

定理 3(第二充分条件)　设函数 $f(x)$ 在点 x_0 处具有二阶导数,且 $f'(x_0)=0$,$f''(x_0)\neq0$,则(i)当 $f''(x)<0$ 时,$f(x)$ 在 x_0 处取得极大值;(ii)当 $f''(x)>0$ 时,$f(x)$ 在 x_0 处取得极小值.

【例 3.3.6】　求 $f(x)=x^3-3x$ 的极值.

解　$f'(x)=3x^2-3$,由 $f'(x)=0$,得驻点 $x_1=-1,x_2=1$.

$f''(x)=6x$,又 $f''(-1)=-6<0$,由上述定理知,当 $x=-1$ 时,函数取得极大值 2.又因为 $f''(1)=6>0$,由上述定理知,当 $x=1$ 时,函数取得极小值 -2.

习　题　3.3

1. 确定下列函数的单调区间.

　　(1) $f(x)=x^3+x$　　　　　　　　(2) $f(x)=xe^x$

　　(3) $f(x)=2x^3-6x^2-18x-7$　　(4) $f(x)=2x+\dfrac{8}{x}$

　　(5) $f(x)=\ln(x+\sqrt{1+x^2})$

2. 证明下列不等式.

　　(1) $2\sqrt{x}>3-\dfrac{1}{x}$　$(x>1)$　　(2) $x>\ln(1+x)$　$(x>0)$

3. 求下列函数的极值.

　　(1) $y=x+\dfrac{1}{x}$　　　　　　　　(2) $y=x^3-6x^2+9x-4$

　　(3) $y=x-\sin x$　　　　　　　　(4) $y=x^{\frac{1}{3}}(1-x)^{\frac{2}{3}}$

3.4　函数的最值及其应用

在工农业生产、经济管理、工程技术及科学实验中,常需要解决一定条件下,怎样使材料最省、效率最高、成本最低、产品最多、耗时最少等问题,这类问题反映在数学上就是求函数(通常称为目标函数)的最大值和最小值. 函数的最大值与最小值统称为**最值**.

要注意函数的最值与函数的极值概念的区别,最值是指在整个区间上所有函数值中最大(小)者,它是一个全局、整体性概念.

设 $f(x)$ 在闭区间 $[a,b]$ 上连续,则由连续函数性质,$f(x)$ 在 $[a,b]$ 上必存在最大值和最小值. 显然最大值或最小值,可能在闭区间的内点取得,也可在区间的端点取得,当在内点取得时,那么这最大(小)值同时也是极大(小)值;而极值点在驻点或导数不存在的点取得,因此,我们求函数在 $[a,b]$ 上的最值常采取以下步骤:

(1) 求出 $f(x)$ 在 $[a,b]$ 上所有驻点和导数不存在的点.

(2) 求出驻点、导数不存在的点及端点所对应的函数值.

(3) 对上述函数值进行比较,其最大者即为最大值,最小者即为最小值.

【**例 3.4.1**】 求 $f(x)=(x-1)\sqrt[3]{x^2}$ 在 $\left[-1,\dfrac{1}{2}\right]$ 上的最大值和最小值.

解
$$f'(x)=\frac{5x-2}{3\sqrt[3]{x}}$$

由此可知,$f(x)$ 的驻点为 $x=\dfrac{2}{5}$,不可导点为 $x=0$. 计算 $f(x)$ 在 $x=-1,\dfrac{2}{5}$,$0,\dfrac{1}{2}$ 四点的函数值:

$$(-1)=-2, \qquad f(0)=0$$
$$f\left(\frac{2}{5}\right)\approx-0.3257, \quad f\left(\frac{1}{2}\right)\approx-0.3150$$

比较知:$f_{\max}(0)=0,f_{\min}(-1)=-2$,分别为 $f(x)$ 在 $\left[-1,\dfrac{1}{2}\right]$ 上的最大值和最小值.

对于实际问题,需先建立函数关系式,确定自变量的变化范围,再来求最值(最大值或最小值). 在实际问题中,如果在 (a,b) 内 $f(x)$ 只有一个驻点 x_0,而从该问题本身又可知,在 (a,b) 内函数的最值确实存在,则 $f(x_0)$ 即是所要求的最值.

图 3.7

【**例 3.4.2**】 用一块宽为 6m 的长方形铁皮,将宽的两个边缘向上折起,做成一个开口水槽,其横截面为矩形,高为 x,问 x 为何值时水槽流量最大?

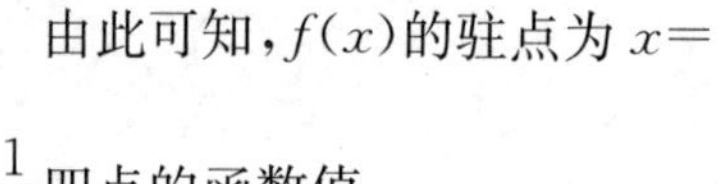

解 设两边各折起 x m,则横截面积为

$$S(x)=x(6-2x) \quad (0<x<3)$$

则
$$s'(x)=6-4x$$

令
$$s'(x)=6-4x=0$$

得唯一驻点 $x=1.5$,而铁皮两边折得过大或过小,其横截面积都会变小,故该实际问题存在最大面积,所以,当 $x=1.5\,\mathrm{m}$ 时,水槽的流量最大.

【例 3.4.3】 横截面为矩形的梁之强度与矩形高的平方和宽的乘积成正比,用直径为 D 的圆木做矩形梁,问高和宽各为多少时梁的强度最大?

解 如图 3.8 所示,设矩形梁的宽为 x,高为 y,则强度 $F=kxy^2$(k 为比例系数).

又
$$y^2=D^2-x^2$$

则
$$F=kx(D^2-x^2),\quad x\in(0,D)$$
$$F'(x)=k(D^2-3x^2)$$

令 $F'(x)=0$,得唯一驻点

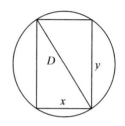

图 3.8

$$x=\frac{\sqrt{3}}{3}D$$

由题设知,当宽度为 $\dfrac{\sqrt{3}}{3}D$,高为 $\dfrac{\sqrt{6}}{3}D$ 时,梁的强度最大.

【例 3.4.4】 设工厂 A 到铁路线的垂直距离为 20 千米,垂足为 B,铁路线上距离 B 为 100 千米处有一原料供应站 C(如图 3.9 所示),现在要从铁路 BC 中间某处 D 修建一个车站,再由车站 D 向工厂 A 修一公路,问 D 应选在何处才能使得从原料供应站 C 运货到工厂 A 所需运费最省.已知 1 千米的铁路运费与公路运费之比为 $3:5$.

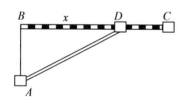

图 3.9

解 设 $BD=x$,则
$$AD=\sqrt{x^2+20^2},\quad CD=100-x$$

又设公路运费为 a 元/千米,则铁路运费为 $\dfrac{3}{5}a$ 元/千米.于是从原料供应站 C 经中转站 D 到工厂 A 所需总费用为

$$y=a\sqrt{x^2+20^2}+\frac{3}{5}a(100-x)\quad(0\leqslant x\leqslant100)$$

$$y'=\frac{ax}{\sqrt{x^2+20^2}}-\frac{3}{5}a$$

令 $y'=0$,得

$$x = \pm 15$$

因此,当车站 D 建于 B,C 之间且与 B 相距 15 千米处运费最省.

【例 3.4.5】 某工厂生产某种商品 Q 个单位的费用为 $C(Q)=5Q+200$(元),所得的收入为 $R(Q)=10Q-0.01Q^2$(元),问生产多少个单位时,才能使利润最大,最大利润为多少?

解 利润函数

$$L(Q)=R(Q)-C(Q)=10Q-0.01Q^2-(5Q+200)$$
$$=-0.01Q^2+5Q-200$$
$$L'(Q)=-0.02Q+5, \quad L''(Q)=-0.02$$

令 $L'(Q)=0$,得 $Q=250$,所以,$L''(250)=-0.02<0$,故在 $Q=250$ 时利润最大,最大利润为

$$L(250)=-0.1\times 250^2+5\times 250-200=425 \text{(元)}$$

【例 3.4.6】 某房地产公司有 50 套公寓要出租. 当月租金定为 4000 元时,公寓会全部租出去. 当月租金每增加 200 元时,就会多一套公寓租不出去,而租出去的公寓每套平均每月需花费 400 元的维修费,试问:每套公寓月租金定为多少时可获最大收入?

解 设每套公寓月租金定为 x 元,则租出去的套数为

$$\left[50-\frac{x-4000}{200}\right]=70-\frac{x}{200}$$

租出的每套公寓获利 $(x-400)$ 元,故总收入为

$$y=\left(70-\frac{x}{200}\right)(x-400)=-\frac{1}{200}x^2+72x-28000$$

$$y'=-\frac{1}{100}x+72$$

令 $y'=0$,得唯一驻点 $x=7200$. 又

$$y''=-\frac{1}{100}<0$$

故每套公寓月租金定为 7200 元时可获最大收入,最大收入为 231200 元.

习 题 3.4

1. 求下列函数在所给区间上的最大值和最小值.

(1) $y=x^5-5x^4+5x^3+1$ $[-1,2]$ (2) $y=x+2\sqrt{x}$ $[0,4]$

(3) $y=\frac{x-1}{x+1}$ $[0,4]$ (4) $y=x+\sqrt{1-x}$ $[-5,1]$

2. 某车间靠墙壁要盖一间长方形小屋,现有存砖只够砌 20 m 的墙,问应围成怎样的长方形才能使这间小屋的面积最大?

3. 如图 3.10 所示,设有一块边长为 a 的正方形铁皮,从它的四角截去同样大小的正方形,做成一个无盖方匣,问截去的小正方形为多大才能使做成的方匣容积最大?

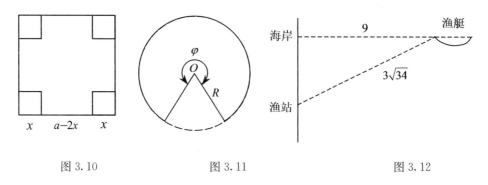

图 3.10　　　　　　　图 3.11　　　　　　　图 3.12

4. 如图 3.11 所示,从一块半径为 R 的圆铁片上挖去一个扇形做成一个漏斗,问留下的扇形的中心角 φ 取多大时,做成的漏斗的容积最大?

5. 如图 3.12 所示,一渔艇停泊在距岸 9km 处,假定海岸线是直线,今派人送信给距艇 $3\sqrt{34}$ km 处的海岸渔站,如果送信人步行每小时 5km,渔艇速度每小时 4km,问应在何处登岸再走,才可使抵达渔站的时间最省?

6. 某工厂生产某产品 Q 件的总成本为 $C(Q)=9\,000+40Q+0.001Q^2$,问:该厂生产多少件产品时,平均成本 $C_A=\dfrac{C(Q)}{Q}$ 最小?

3.5　曲线的凹凸性与函数图形的描绘

3.5.1　曲线的凹凸性与拐点

研究函数的增减性和极值,对于描绘函数的图形很有帮助,但这还不能完全反映函数曲线的变化规律. 为了更为准确地把握函数曲线的变化特征,还需对曲线的弯曲方向进行研究,为此,我们给出以下定义:

定义　设函数 $y=(x)$ 在区间 (a,b) 内可导,若曲线 $y=f(x)$ 在 (a,b) 上每一点的切线都位于该曲线的下(上)方,则称曲线 $y=f(x)$ 在区间 (a,b) 内是凹(凸)的. 如图 3.13 所示.

定理　设 $y=f(x)$ 在区间 (a,b) 内具有二阶导数,(i)如果在 (a,b) 内,$f''(x)>$

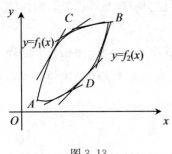

图 3.13

0,则曲线 $y=f(x)$ 在 (a,b) 内是凹的;(ii)如果在 (a,b) 内,$f''(x)<0$,则曲线 $y=f(x)$ 在 (a,b) 内是凸的.

定理中的区间改为无穷区间,结论也成立.曲线凹凸部分的分界点,称为曲线的**拐点**.

若 $(x_0,f(x_0))$ 为曲线 $y=f(x)$ 的拐点,那么当 x 从左到右经过 x_0 时,$f''(x)$ 必变号,这表明 $f'(x)$ 必在 x_0 处取得极值.因而在拐点处 $f''(x_0)$ $=0$ 或 $f''(x_0)$ 不存在.反之,若 $f''(x_0)=0$ 或 $f''(x_0)$ 不存在,则 $(x_0,f(x_0))$ 未必为曲线 $y=f(x)$ 的拐点.例如,$(0,0)$ 就不是 $y=x^4$ 的拐点.

求曲线的凹凸区间及拐点的步骤如下:

(1) 求出 $f(x)$ 的定义域.

(2) 求出 $f''(x)=0$ 和 $f''(x)$ 不存在的点.

(3) 列表考察上述各点邻近两侧 $f''(x)$ 的符号,若异号,则与该点对应的曲线上的点即是拐点;反之则不是.同时即可得出曲线的凹凸区间.

【例 3.5.1】 求曲线 $y=x^4-2x^3+1$ 的凹凸区间及拐点.

解 函数的定义域为 $(-\infty,+\infty)$.
$$y'=4x^3-6x^2, \quad y''=12x^2-12x=12x(x-1)$$
令 $y''=0$,得 $x_1=0,x_2=1$,无二阶不可导点,于是列表考察,如表 3.4 所示.

表 3.4

x	$(-\infty,0)$	0	$(0,1)$	1	$(1,+\infty)$
y''	$+$	0	$-$	0	$+$
y	凹	拐点$(0,1)$	凸	拐点$(1,0)$	凹

由表 3.4 可知,$(-\infty,0)\bigcup(1,+\infty)$ 为凹区间,$(0,1)$ 为凸区间,点 $(0,1)$ 和 $(1,0)$ 为曲线拐点.

【例 3.5.2】 求曲线 $y=2+(x-2)^{\frac{1}{3}}$ 的凹凸区间及拐点.

解 函数的定义域为 $(-\infty,+\infty)$.
$$y'=\frac{1}{3}(x-2)^{-\frac{2}{3}}, \quad y''=-\frac{2}{9}(x-2)^{-\frac{5}{3}}$$
令 $y''=0$;无解,$x=2$ 时,y'' 不存在.列表考察,如表 3.5 所示.

表 3.5

x	$(-\infty,2)$	2	$(2,+\infty)$
y''	$+$	不存在	$-$
y	凹	拐点$(2,2)$	凸

由表 3.5 可知,$(-\infty,2)$为凹区间,$(2,+\infty)$为凸区间,点$(2,2)$为曲线拐点.

3.5.2　函数图形的描绘

通过一阶导数的符号,可确定函数的单调区间和极值点,通过二阶导数的符号,可确定函数的凹凸区间和拐点,这些对准确作出函数图形非常有益. 但为了讨论曲线向无穷远处延伸时的变化规律,还须引出渐近线概念.

定义　**如果曲线上的点沿曲线趋于无穷远时,此点与某一直线的距离趋于零,则称此直线为曲线的渐近线.**

一般地,对于给定函数 $y=f(x)$,如果 $\lim\limits_{x\to\infty}f(x)=A$（$A$ 为常数）,则称 $y=A$ 为曲线 $y=f(x)$ 的**水平渐近线**;如果有常数 a 使得 $\lim\limits_{x\to a}f(x)=\infty$,则称 $x=a$ 为曲线 $y=f(x)$ 的**垂直渐近线**. 关于斜渐近线这里我们就不加以讨论了.

例如:$y=1$ 为 $y=\dfrac{x-1}{x-2}$ 的水平渐近线;$x=2$ 为 $y=\dfrac{x-1}{x-2}$ 的垂直渐近线.

通过以上准备,就可全面掌握函数的变化状态,准确描绘出函数图形.

作图一般步骤如下:

(1) 确定函数的定义区间.

(2) 考察函数的奇偶性、周期性与有界性.

(3) 确定函数的单调区间、极值点、凹凸区间与拐点.

(4) 求曲线的渐近线.

(5) 根据上面讨论并利用曲线与坐标轴交点及相关辅助点,描出函数的图像.

【例 3.5.3】　描绘 $y=\dfrac{x}{x^2-1}$ 的图形.

解　(1) 函数的定义域为 $(-\infty,-1)\bigcup(-1,1)\bigcup(1,+\infty)$.

(2) 函数为奇函数,非周期性,且无界.

(3) $y'=\dfrac{-(x^2+1)}{(x^2-1)^2}$,　　　$y''=\dfrac{2x(x^2+3)}{(x^2-1)^3}$.

令 $y'=0$,无解;$y''=0$,得 $x=0$. 列表讨论如下(见表 3.6):

表 3.6

x	$(-\infty,-1)$	$(-1,0)$	0	$(0,1)$	$(1,+\infty)$
y'	$-$	$-$	$-$	$-$	$-$
y''	$-$	$+$	0	$-$	$+$
y	↘凸	↘凹	拐点$(0,0)$	↘凸	↘凹

(4) 渐近线:因为 $\lim\limits_{x\to\infty}f(x)=\lim\limits_{x\to\infty}\dfrac{x}{x^2-1}=0$,所以 $y=0$ 为曲线的水平渐近线. 又因

$$\lim\limits_{x\to\pm1}f(x)=\lim\limits_{x\to\pm1}\dfrac{x}{x^2-1}=\infty$$

所以 $x=\pm1$ 为曲线的垂直渐近线.

(5) 作出图形,如图 3.14 所示.

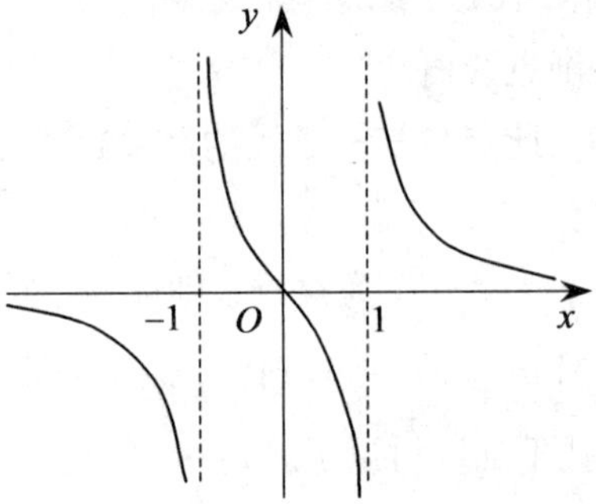

图 3.14

【例 3.5.4】 作出函数 $f(x)=\mathrm{e}^{-x^2}$ 的图形.

解 (1) $f(x)$ 的定义域为 $(-\infty,+\infty)$.

(2) 对称性与周期性:由于 $f(-x)=f(x)$,故 $f(x)$ 为偶函数,图形关于 y 轴对称,无周期性.

(3) 单调性、极值、凹凸性与拐点:

$$f'(x)=-2x\mathrm{e}^{-x^2}$$

令 $f'(x)=0$,得

$$x=0$$

$$f''(x)=-2(1-2x^2)\mathrm{e}^{-x^2}$$

令 $f''(x)=0$,得

$$x_1=-\dfrac{\sqrt{2}}{2},\quad x_2=\dfrac{\sqrt{2}}{2}$$

上面三点把定义区间分成四个子区间,列表讨论如下(见表 3.7):

表 3.7

x	$\left(-\infty,-\dfrac{\sqrt{2}}{2}\right)$	$-\dfrac{\sqrt{2}}{2}$	$\left(-\dfrac{\sqrt{2}}{2},0\right)$	0	$\left(0,\dfrac{\sqrt{2}}{2}\right)$	$\dfrac{\sqrt{2}}{2}$	$\left(\dfrac{\sqrt{2}}{2},+\infty\right)$
$f'(x)$	$+$		$+$	0	$-$		$-$
$f''(x)$	$+$	0	$-$		$-$	0	$+$
$f(x)$	↗凹	拐点	↗凸	极大值1	↘凸	拐点	↘凹

可见,极值点为$(0,1)$;拐点为$\left(-\dfrac{\sqrt{2}}{2},\dfrac{1}{\sqrt{e}}\right),\left(\dfrac{\sqrt{2}}{2},\dfrac{1}{\sqrt{e}}\right)$.

（4）渐近线:由于 $\lim\limits_{x\to\pm\infty}f(x)=0$,所以 $y=0$ 为水平渐近线.

（5）找出辅助点,先作出$(0,+\infty)$内图形,根据对称性作出$(-\infty,0)$内图形,示于图 3.15.

这个函数曲线是著名的正态分布曲线,它是概率论和数理统计中的一条非常重要的曲线.读者在将来学习工程数学时,会非常熟悉它.

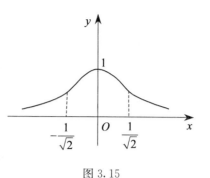

图 3.15

习　题　3.5

1. 求下列函数的凹凸区间及拐点.

  （1）$y=3x^2-x^3$ （2）$y=xe^{-x}$

  （3）$y=\dfrac{1}{x^2+1}$ （4）$y=\ln(1+x^2)$

2. a,b 为何值时,点$(1,3)$是曲线 $y=ax^3+bx^2$ 的拐点?

3. 作出下列函数的图形.

  （1）$y=x^3-x^2-x+1$ （2）$y=x-\ln(1+x)$

  （3）$y=x^2+\dfrac{1}{x}$ （4）$y=\dfrac{x}{(x+1)^2}$

＊3.6　曲　线　的　曲　率

在工程技术中,常需考虑曲线的弯曲程度,例如在房屋建造中,房梁在自重和荷载作用下,要产生弯曲变形,在设计时,对弯曲程度必须有一定的限制,这要求定量地研究房梁的弯曲程度,数学上用"曲率"这一概念来描述曲线的弯曲程度,为了得出计算曲率公式,我们先来介绍曲线弧长微分概念.

3.6.1　弧微分

设 $f(x)$在其定义区间(a,b)内具有连续导数,在曲线 $y=f(x)$上,由左端点 $M_0(x_0,y_0)$ 到点 $M(x,f(x))$的有向弧段 $\overparen{M_0M}$ 的值用 S 表示,规定依 x 增大的方

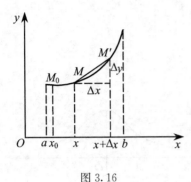

图 3.16

向作为曲线的正方向. $S=\overset{\frown}{M_0M}$ 是 x 的函数, 且 $S=S(x)$ 是 x 的单调增函数.

设 $M(x,y)$ 为曲线上任意一点, 给 x 以增量 Δx, 则 y 有增量 Δy, M' 的坐标为 $(x+\Delta x,f(x+\Delta x))$, 若 $f'(x)$ 连续, 则有

$\lim\limits_{M'\to M}\dfrac{\overset{\frown}{MM'}}{\overline{MM'}}=1.$ 由图 3.16 看出, 弧的增量

$$\Delta S=\overset{\frown}{M_0M'}-\overset{\frown}{M_0M}$$
$$=S(x_0+\Delta x)-S(x_0)$$

则

$$\left(\frac{\Delta S}{\Delta x}\right)^2=\left(\frac{\overset{\frown}{MM'}}{\Delta x}\right)^2=\left(\frac{\overset{\frown}{MM'}}{\overline{MM'}}\right)^2\cdot\left(\frac{\overline{MM'}}{\Delta x}\right)^2=\left(\frac{\overset{\frown}{MM'}}{\overline{MM'}}\right)^2\cdot\frac{\Delta x^2+\Delta y^2}{\Delta x^2}$$

令 $\Delta x\to 0$, 则 $M'\to M$, 所以

$$\lim_{\Delta x\to 0}\left(\frac{\Delta S}{\Delta x}\right)^2=\lim_{\Delta x\to 0}\frac{\Delta x^2+\Delta y^2}{\Delta x^2}=\lim_{\Delta x\to 0}\left[1+\left(\frac{\Delta y}{\Delta x}\right)^2\right]$$

即

$$[S'(x)]^2=1+(y')^2,\qquad S'(x)=\pm\sqrt{1+(y')^2}$$

由于 $S'(x)$ 单调增, 故 $S'(x)>0$, 所以

$$S'(x)=\sqrt{1+(y')^2}=\sqrt{1+[f'(x)]^2}$$

从而得弧长微分公式

$$\mathrm{d}S=\sqrt{1+(y')^2}\,\mathrm{d}x=\sqrt{1+[f'(x)]^2}\,\mathrm{d}x$$

或

$$(\mathrm{d}S)^2=(\mathrm{d}x)^2+(\mathrm{d}y)^2$$

3.6.2 曲线的曲率

观察两个半径不等的圆周(图 3.17).

显然半径小的圆 O_1 的圆周弯曲得更厉害. 取 $\overset{\frown}{A_1B_1}=\overset{\frown}{A_2B_2}$ 为单位弧长, 圆 O_1 上 A_1、B_1 两点的切线夹角为 $\Delta\alpha_1$, 它可视为一个动点从点 A_1 沿圆弧移到点 B_1 处相应的切线所转动的角度. 圆 O_2 上 A_2、B_2 两点的切线夹角为 $\Delta\alpha_2$, 则有

$$\Delta\alpha_1>\Delta\alpha_2$$

可以看出,对圆弧来说,单位弧长所对应的切线转动角度可用来描述该圆弧的弯曲程度.

现实生活中,我们坐车时感到公路弯大或弯小,通常有两方面情况:一是公路的方向改变的大小;二是在多远的路程上改变了这一角度;若两个弯都改变了同一角度,则在短距离的路程上改变这一角度的公路弯曲得厉害. 由此可见,弯曲程度是由方向改变的大小以及在多长一段路程上改变的这两个因素决定的. 并且弯曲程度与方向改变的大小成正比,与改变这个方向所经过的路程成反比.

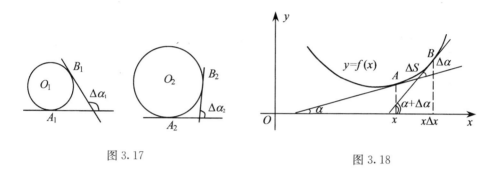

图 3.17　　　　　　　　　　　图 3.18

对一般曲线 $y=f(x)$,为了描述点 x 处该曲线的弯曲程度,考察在点 x 及点 $x+\Delta x$ 处曲线相应的切线(图 3.18),其夹角 $\Delta\alpha$ 称为曲线 $\overset{\frown}{AB}$ 的切线转角. 设弧 $\overset{\frown}{AB}$ 的长为 ΔS,则量 $\left|\dfrac{\Delta\alpha}{\Delta S}\right|$ 称为曲线弧 $\overset{\frown}{AB}$ 的平均曲率,它表示弧 $\overset{\frown}{AB}$ 的平均弯曲程度.

定义　称 $k=\left|\lim\limits_{\Delta S\to 0}\dfrac{\Delta\alpha}{\Delta S}\right|=\left|\dfrac{\mathrm{d}\alpha}{\mathrm{d}S}\right|$ 为曲线 $y=f(x)$ 在点 $(x,f(x))$ 处的曲率.

例如,若 $\overset{\frown}{AB}$ 是圆弧,则 $\left|\dfrac{\Delta\alpha}{\Delta S}\right|=\left|\dfrac{\Delta\alpha}{R\Delta\alpha}\right|=\dfrac{1}{R}$($R$ 为圆半径),说明圆弧是均匀弯曲的曲线,且半径愈小,圆弧弯曲得愈厉害.

下面导出曲率计算公式.

设 $y=f(x)$ 具有二阶导数,由于 $y'=\tan\alpha,\alpha=\arctan y',\alpha'(x)=\dfrac{y''}{1+(y')^2}$ 及弧长导数公式,$S'(x)=\sqrt{1+(y')^2}$,得曲线 $y=f(x)$ 在 $(x,f(x))$ 点的曲率计算公式为

$$k=\left|\dfrac{\mathrm{d}\alpha}{\mathrm{d}S}\right|=\dfrac{|y''|}{[1+(y')^2]^{\frac{3}{2}}}$$

【例 3.6.1】　求抛物线 $y=x^2$ 任一点处的曲率.

解　由于 $y'=2x,y''=2$,所以 $y=x^2$ 在任一点的曲率为

$$k = \frac{|y''|}{[1+(y')^2]^{\frac{3}{2}}} = \frac{2}{(1+4x^2)^{\frac{3}{2}}}$$

由此可知,$y=x^2$ 在原点处曲率最大.

由前面知道,半径为 R 的圆弧在任一点的曲率为 $k=\frac{1}{R}$,因此,圆弧的半径等于曲率的倒数,对一般的曲线 $y=f(x)$,常称曲率的倒数为该曲线在点 $(x,f(x))$ 处的曲率半径,即

$$R = \frac{1}{k} = \frac{[1+(y')^2]^{\frac{3}{2}}}{|y''|}.$$

【例3.6.2】 求曲线 $y=\sqrt{x}$ 在点 $\left(\frac{1}{4},\frac{1}{2}\right)$ 处的曲率和曲率半径.

解 由 $y'=\frac{1}{2}x^{-\frac{1}{2}}$,$y''=-\frac{1}{4}x^{-\frac{3}{2}}$,得 $y'\left(\frac{1}{4}\right)=1$,$y''\left(\frac{1}{4}\right)=-2$,所以,所求的曲率和曲率半径为

$$k = \frac{|y''|}{[1+(y')^2]^{\frac{3}{2}}} = \frac{\sqrt{2}}{2}$$

$$R = \frac{1}{k} = \sqrt{2}$$

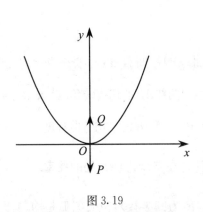

图 3.19

【例3.6.3】 一架飞机沿抛物线路径 $y=\frac{x^2}{4\,000}$ 作俯冲飞行(图3.19),在原点 O 处的速度为 $v=400\text{m/s}$,若飞行员体重为 70kg,求俯冲到原点时,飞行员对座椅的压力.

解 在原点,飞行员受到两个力的作用,即重力 P 和座椅对飞行员的反作用力 Q,它们的合力 $Q-P$ 为飞行员随飞机俯冲到原点时,所需的向心力 F,即 $Q-P=F$ 或 $Q=F+P$,物体作匀速圆周运动时,向心力为 $\frac{mv^2}{R}$(R 为圆半径),原点可看成曲线在这点的曲率圆上的点,所以在这点的向心力为 $F=\frac{mv^2}{R}$(R 为原点的曲率半径).因为

$$y' = \frac{x}{2\,000}\bigg|_{x=0} = 0, \quad y'' = \frac{1}{2\,000}$$

故曲线在原点的曲率 $k=\frac{1}{2\,000}$,曲率半径 $R=2\,000\text{m}$,所以

$$F = \frac{70 \times (400)^2}{2\,000} \text{ N} = 5\,600 \text{ N}$$

$$Q = (70 \times 9.8 + 5\,600) \text{ N} = 6\,286 \text{ N}$$

因为飞行员对座椅的压力和座椅对飞行员的反作用力大小相等,方向相反,所以,飞行员对座椅的压力为 6 286 N.

习　题　3.6

1. 求下列曲线在指定点处的曲率.

 (1) $y = 4x - x^2$,在它的顶点处.

 (2) $xy = 4$,在点 $(2,2)$ 处.

 (3) $y = \sin x$,在 $\left(\dfrac{\pi}{2}, 1\right)$ 处.

2. 求曲线 $y = x^2 - 4x + 3$ 的顶点处的曲率及曲率半径.

3. 曲线段 $y = \sin x (0 < x < \pi)$ 上,哪点处的曲率最大?

4. 对数曲线 $y = \ln x$ 上哪一点处的曲率半径最小? 求出该点处的曲率半径.

本章内容精要

1. 本章研究两大内容,即微分中值定理和导数的应用. 微分中值定理是微分学的基本定理,是本章内容的理论依据. 导数的应用具体地有这样几个方面:一是洛必达法则求极限;二是利用导数讨论函数的变化性态,如单调性、凹凸性、极值、最值等;三是曲率问题.

2. 中值定理是沟通函数与其导数的桥梁,是利用导数研究函数性质的根据. 罗尔定理、拉格朗日定理、柯西定理,统称为微分中值定理或微分基本定理. 罗尔定理是拉格朗日定理的特例,是证明其他两个定理的依据,柯西定理是拉格朗日定理的推广,是证明洛必达法则的依据,而拉格朗日定理对导数的应用起着更为重要的作用.

3. 洛必达法则用于求 "$\dfrac{0}{0}$" 和 "$\dfrac{\infty}{\infty}$" 型未定式极限.

$$\lim_{x \to a} \frac{f(x)}{g(x)} = \lim_{x \to a} \frac{f'(x)}{g'(x)}, \quad \lim_{x \to \infty} \frac{f(x)}{g(x)} = \lim_{x \to \infty} \frac{f'(x)}{g'(x)}$$

使用该法则时应注意:

(1) 每次使用法则应检查是否为 "$\dfrac{0}{0}$" 或 "$\dfrac{\infty}{\infty}$".

(2) 满足法则条件,可连续使用.

（3）洛必达法则失效时，并不说明极限不存在，需要用别的方法来求极限.

4. 函数的单调性是函数的特性，是函数极值的基础，判定函数的单调性、确定单调区间的步骤是：

（1）确定函数的定义域.

（2）求出 $f'(x)=0$ 和 $f'(x)$ 不存在的点，用这些点将函数定义域划分成若干个子区间.

（3）列表判断 $f'(x)$ 在各个子区间的符号，从而确定 $f(x)$ 的单调区间. 曲线凹凸区间的判定方法类似于函数单调区间判定法，不同的是求 $f''(x)$ 并观察 $f''(x)$ 的符号.

还应注意：在某区间内 $f'(x)=0$（或不存在）的个别点不影响函数在该区间上的单调性；拐点是曲线上的点，是曲线凹凸的分界点.

5. 极值是局部概念，最值是全局概念. 求函数极值的步骤与求函数单调区间的步骤相同，还应注意极值点不一定是驻点，驻点也不一定是极值点. 函数的最值有着具体的实际应用，一定要熟练掌握.

6. 函数图形的描绘是综合知识的运用，是本章前几节内容的概括，其求解过程常分为五个步骤，这里不再重述.

7. 曲率问题：

（1）弧长微分公式：$dS=\sqrt{(dx)^2+(dy)^2}=\sqrt{1+(y')^2}\,dx$.

（2）曲率：$k=\dfrac{|y''|}{[1+(y')^2]^{\frac{3}{2}}}$.

（3）曲率半径：$R=\dfrac{1}{k}$.

自 我 测 试 题

一、单项选择题

1. 函数 $f(x)=\ln\sin x$ 在区间 $\left[\dfrac{\pi}{6},\dfrac{5\pi}{6}\right]$ 上满足拉格朗日中值定理的条件和结论，对应的 ξ 值为（　　）.

　　A. $\dfrac{\pi}{6}$　　　　　　B. $\dfrac{\pi}{4}$　　　　　　C. $\dfrac{\pi}{3}$　　　　　　D. $\dfrac{\pi}{2}$

2. 函数 $y=\arcsin x-x$ 的单调增加区间是（　　）.

　　A. $(-\infty,+\infty)$　　　　　　　　B. $(0,1)$

C. $(-1,1)$　　　　　　　　　　D. $(-1,0)$

3. 设函数 $y=f(x)$ 在 (a,b) 内连续，$x_0\in(a,b)$，且 $f'(x_0)=f''(x_0)=0$，则函数在 $x=x_0$ 处（　　）.

A. 取得极大值　　　　　　　　　B. 取得极小值

C. 一定有拐点 $(x_0,f(x_0))$　　　　D. 可能有极小值，也可能有拐点

4. 若函数 $y=f(x)$ 在区间 (a,b) 内有 $f'(x)<0$，$f''(x)<0$，则曲线 $y=f(x)$ 在此区间内是（　　）.

A. 下降且是凸的　　　　　　　　B. 下降且是凹的

C. 上升且是凸的　　　　　　　　D. 上升且是凹的

5. 对于函数 $f(x)=\dfrac{e^x+e^{-x}}{2}$，下列说法正确的是（　　）.

A. 有极小值有拐点　　　　　　　B. 有极小值无拐点

C. 有极大值有拐点　　　　　　　D. 有极大值无拐点

6. 设函数 $y=f(x)$ 有连续的二阶导数，且 $f(0)=0$，$f'(0)=1$，$f''(0)=-2$，则 $\displaystyle\lim_{x\to0}\dfrac{f(x)-x}{x^2}=$（　　）.

A. 不存在　　　　B. 0　　　　C. -1　　　　D. -2

7. 曲线 $y=x-\sin x$ 在开区间 $(-2\pi,2\pi)$ 内拐点的个数为（　　）.

A. 4　　　　B. 3　　　　C. 2　　　　D. 1

8. 曲线 $y=\dfrac{1}{\ln(1+x)}$ 的渐近线情况是（　　）.

A. 有水平渐近线，也有垂直渐近线

B. 无水平渐近线，也无垂直渐近线

C. 有水平渐近线，无垂直渐近线

D. 无水平渐近线，有垂直渐近线

二、填空题

1. 曲线 $y=2+5x-3x^3$ 的拐点是＿＿＿＿＿＿.

2. 函数 $y=\ln\sqrt{2x-1}$ 的单调增加区间是＿＿＿＿＿＿.

3. 若点 $(1,0)$ 是曲线 $y=ax^3+bx^2+2$ 的拐点，则 $a=$＿＿＿＿，$b=$＿＿＿＿.

4. 设函数 $g(x)$ 有一阶连续导数，且 $g(0)=g'(0)=1$，则 $\displaystyle\lim_{x\to0}\dfrac{g(x)-1}{\ln g(x)}=$＿＿＿＿＿.

5. 函数 $y=x\cdot2^x$ 在 $x=$＿＿＿＿取得极小值.

6. 函数 $y=x-\ln(1+x)$ 在区间＿＿＿＿＿内单调减少，在区间＿＿＿＿＿单调

增加.

7. 函数 $f(x)=x^2\ln x$ 在 $[1,e]$ 上的最大值是_____,最小值是_____.

8. 曲线 $y=\dfrac{\sin x}{x}$ 的水平渐近线是_____.

三、计算题

1. 计算下列极限.

(1) $\lim\limits_{x\to 3}\dfrac{x^4-81}{x-3}$ (2) $\lim\limits_{x\to 0}\dfrac{a^x-b^x}{x}$

(3) $\lim\limits_{x\to 0}\dfrac{e^x-1-x}{x^2}$ (4) $\lim\limits_{x\to +\infty}\dfrac{\sqrt{x}}{1+\sqrt{x}}$

2. 已知函数 $f(x)=e^{-x}\ln ax$ 在 $x=\dfrac{1}{2}$ 处有极值,求 a 的值.

3. 已知曲线 $f(x)=x^3+ax^2+bx+c$ 上有拐点 $(1,-1)$,且 $x=0$ 时曲线上点的切线平行于 x 轴,试确定 a,b,c 的值.

4. 设函数 $y=f(x)$ 在区间 $[a,b]$ 上具有下列条件,试分别作出函数的示意图.

(1) $f(a)<0,f(b)>0,f'(x)>0,f''(x)>0$;

(2) $f(a)>0,f(b)=0,f'(x)<0,f''(x)>0$;

(3) $f(a)=0,f(b)>0,f'(x)>0,f''(x)<0$.

5. 设某商店以每件 100 元的进价购入一批衬衫,此商品的需求函数 $Q=800-2p$(Q 为需求量,单位:件;p 为销售价格,单位:元),问售价为多少时,才能使利润最大?

6. 有一块等腰直角三角形钢板斜边长为 a,欲从这一块钢板中割下一块矩形,使其面积最大,问如何截取?

四、证明题

试证明一个有盖的圆柱形容器当其容积 V 一定时,其高度 h 与其底的直径 D 相等时,其表面积最小(所用材料最省).

小资料

约瑟夫·拉格朗日

拉格朗日(Joseph-Louis Lagrange,1735—1813),法国数学家、物理学家.他在数学、力学和天文学三个学科领域中都有历史性的贡献,其中尤以数学方面的成就最为突出.

拉格朗日 1736 年 1 月 25 日生于意大利的都灵.到了青

年时代,在数学家雷维里的教导下,拉格朗日喜爱上了几何学.17 岁时,他读了英国天文学家哈雷的介绍牛顿微积分成就的短文《论分析方法的优点》后,感觉到"分析才是自己最热爱的学科",从此他迷上了数学分析,开始专攻当时迅速发展的数学分析.18 岁时,拉格朗日用意大利语写了第一篇论文,是用牛顿二项式定理处理两函数乘积的高阶微商.19 岁时,在探讨数学难题"等周问题"的过程中,他以欧拉的思路和结果为依据,用纯分析的方法求变分极值.变分法的创立,使拉格朗日在都灵声名大震,使他在 19 岁时就当上了都灵皇家炮兵学校的教授,成为当时欧洲公认的第一流数学家.

拉格朗日科学研究所涉及的领域极其广泛.他在数学上最突出的贡献是使数学分析与几何与力学脱离开来,使数学的独立性更为清楚,从此数学不再仅仅是其他学科的工具.拉格朗日总结了 18 世纪的数学成果,同时又为 19 世纪的数学研究开辟了道路,堪称法国最杰出的数学大师.近百余年来,数学领域的许多新成就都直接或间接地溯源于拉格朗日的工作,所以他在数学史上被认为是对分析数学的发展产生全面影响的数学家之一.被誉为"欧洲最伟大的数学家".

数学实验 3　MATLAB 求函数极值与作图

【实验目的】

熟悉利用 MATLAB 软件求函数极值与作图的方法.

【实验内容】

(1) 利用 MATLAB 软件求函数的极值.

(2) 利用 MATLAB 软件作出函数的曲线.

1. 利用 MATLAB 软件求函数极值

【例 M3.1】 求 $y=\dfrac{3x^2+4x+4}{x^2+x+1}$ 的极值.

解　>>syms x

>>y=(3*x^2+4*x+4)/(x^2+x+1);

>>dy=diff(y);

>>xz=solve(dy)

xz=

0

—2

得驻点为 $x_1 = 0, x_2 = -2$

>>d2y=diff(y,2);

>>z1=subs(d2y,$'0'$)

z1=

−2

>>z2=subs(d2y,$'-2'$)

z2=

2/9

>>y1=subs(y,$'0'$)

y1=

4

>>y2=subs(y,$'-2'$)

y2=

8/3

知在 $x_1 = 0$ 处二阶导数的值为 $z_1 = -2 < 0$，$y_{极大}(0) = 4$；在 $x_2 = -2$ 处二阶导数的值为 $z_2 = \dfrac{2}{9} > 0$，$y_{极小}\left(\dfrac{2}{9}\right) = \dfrac{8}{3}$.

2. 利用 MATLAB 软件作出函数的曲线

1）绘折线图

利用 MATLAB 软件绘制折线图的命令格式如表 M3.1 所示.

表 M3.1

命令格式	含　义
plot(y)	依据 y 每列的标志绘制出的 y 每一列
plot(x, y)	绘制向量 y 相对向量 x 的图像
plot(x, y, LineSpec)	绘出由字符串 LineSpec 指定线型、标记和颜色的图像
plot(x1, y1, s1, x2, y2, s2, x3, y3, s3, …)	将多个图像放置在一个图像框中

说明：（1）plot(y)绘出以向量 y 为纵坐标，y 的各元素的下标构成的向量 x 为横坐标的二维曲线图，即如果 $y = [y_1, y_2, \cdots, y_m]'$，则 plot(y) 函数绘出以点 $(1, y_1), (2, y_2), \cdots, (m, y_m)$ 为顶点的折线.

（2）字符串 LineSpec 由 3 个字符构成，第 1 个定颜色，第 2 个定标记，第 3 个定线型. 例如：plot(x, y, 'c + :')的含义是：颜色为蓝绿色，标记为"＋"，线型为点线.

（3）plot（x1，y1，s1，x2，y2，s2，x3，y3，s3，…）中，s1 是 x1，y1 对应的条件选项；s2 是 x2，y2 对应的条件选项；s3 是 x3，y3 对应的条件选项. 例如：plot（x，y，'y －'，x，y，'g o'）的意思是：绘两条重叠的曲线，线型为实线，颜色为黄色，标记为圈，颜色为绿色.

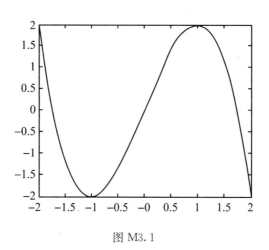

图 M3.1

【例 M3.2】　作出函数 $y = 3x - x^3$ 的图像.

解：>>x=－2:0.01:2;

>>y=3 * x－x.^3;

>>plot(x,y)

说明：（1）x=－2:0.01:2 是构造行向量的赋值命令，其一般形式是

$$first:increment:last$$

构造的行向量的元素成等差数列，first 是首项，increment 是公差，last 是数列的上（下）界. 若公差为 1，则可缺省. 例如：

>>x=0:2:10

x=

0　2　4　6　8　10

>>x=0:5

x=

0　1　2　3　4　5

构造行向量的另一基本方法是，以左括号开始，逐个输入元素，元素间以空格（或逗号）分隔，以右方括号结束. 例如：

>>x=[0 1 3,5,6 10]

x=

0 1 3 5 6 10

（2）x.^3 表示对向量 x 中的每个元素求立方,这是 MATLAB 中的一种特殊的运算,称为点运算.实际上就是对向量的每个元素作运算.

2）绘显函数的图像

利用 MATLAB 软件绘制显函数图像的格式如表 M3.2 所示.

表 M3.2

命令格式	含 义
fplot('function', limits)	在 limits 指定的范围内绘'function'指定的曲线图
fplot('function', limits, Linespec)	用 Linespec 参数指定的线型绘'function'指定的曲线图
fplot('function', limits, tol)	用 tol 指定的相对误差容限和 Linespec 指定的线型绘'function'指定的曲线图
fplot('function', limits, tol, Linespec)	用 tol 指定的相对误差容限和 Linespec 指定的线型、标记、颜色绘函数的曲线图
fplot('function', limits, n)	用至少 $n+1$ 点绘函数的曲线. n 的默认值为 1

【例 M3.3】 在 $-2<x<2, 0<y<1.5$ 内作出函数 $y=e^{-x^2}$ 的图像.

解 $>>$fplot('exp($-$x^2)',[$-2,2,0,1.5$])

所绘图像如图 M3.2 所示.

【例 M3.4】 作函数 $y=\dfrac{x^4}{(1+x)^3}$ 的图像.

解 $>>$fplot('x^4/(x+1)^3',[$-8,8,-60,40$])

所绘图像如图 M3.3 所示.

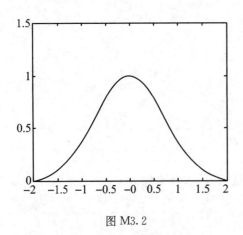

图 M3.2

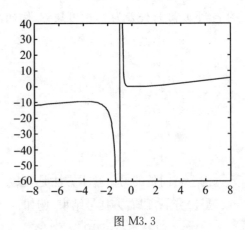

图 M3.3

3）绘隐函数或参数方程的图像

利用 MATLAB 软件绘制隐函数或参数方程的图像格式如表 M3.3 所示.

表 M3.3

命令格式	含　义
ezplot(f)	在默认区间$[-2\pi, 2\pi]$上绘制函数 $f=f(x)$ 的图像
ezplot(f, [min, max])	在区间$[min, max]$绘制函数 $f=f(x)$ 的图像
ezplot(f, [xmin, xmax, ymin, ymax])	在区域$[xmin, xmax, ymin, ymax]$绘制 $f(x, y)=0$ 的图像
ezplot(x, y)	在 $0<t<2\pi$ 内绘制参数方程 $x=x(t), y=y(t)$的图像
ezplot(x, y, [tmin, tmax])	在$[tmin, tmax]$上绘制参数方程 $x=x(t)$, $y=y(t)$的图像

【例 M3.5】 作出椭圆$\dfrac{x^2}{36}+\dfrac{y^2}{16}=1$ 在$[-10,10]$上的图像.

解　>>ezplot('x^2/36+y^2/16=1',[-10,10])

所绘图像如图 M3.4 所示.

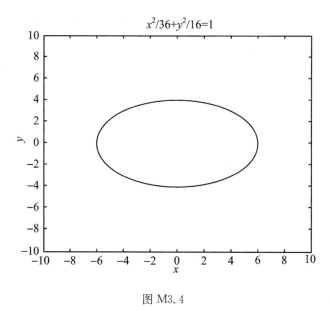

图 M3.4

3. 上机实验

（1）用 help 命令查询 plot 的用法，并比较 plot, fplot, ezplot 的不同.

（2）验算以上例题结果，并自选某些函数上机练习.

第 4 章 积分及其应用

不下决心培养思考习惯的人,便失去了生活的最大乐趣.

——爱迪生

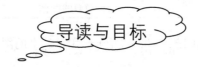

【导读】 本章将研究与前面微分学相反的问题,首先介绍不定积分及定积分的概念,然后介绍相对应的基本公式与性质,接着学习求积分方法,最后研究定积分的应用.

本章概念公式较多,公式一定要熟记,才能灵活应用、解题. 对定积分的应用一定要深刻领会定积分处理问题的辩证思维的方法,而不必生搬硬套,这点很重要,对学习其他课程也有一定的启示作用.

【目标】 理解不定积分与定积分的概念,掌握不定积分的基本公式及牛顿-莱布尼茨公式,会用积分的换元积分法和分部积分法,掌握定积分在几何上的应用,知道定积分在物理方面与经济方面的应用,了解广义积分.

4.1 不定积分的概念、性质及基本积分公式

4.1.1 不定积分的概念

4.1.1.1 原函数的概念

有许多实际问题,要求我们解决微分法的逆运算,就是已知导数去求原来的函数. 例如,已知自由落体在时刻 t 的速度 $v = gt$,求落体的运动规律(设运动开始时,

物体在原点). 这就是要从关系式 $S'(t)=v=gt$ 中还原出函数 $S(t)$. 反着用导数公式, 易知 $S(t)=\dfrac{1}{2}gt^2$, 这就是所求的运动规律.

一般地, 如果已知 $F'(x)=f(x)$, 那么如何求 $F(x)$ 呢? 为此, 引入下述定义:

定义 1 设 $f(x)$ 是定义在某区间上的已知函数, 若存在着函数 $F(x)$ 使得: $F'(x)=f(x)$ 或 $\mathrm{d}F(x)=f(x)\mathrm{d}x$, 则称 $F(x)$ 为 $f(x)$ 的一个原函数.

例如, x^2 是 $2x$ 的一个原函数, 而且 $(x^2+1)'=(x^2-\sqrt{3})'=2x$, 所以 $2x$ 的原函数不是唯一的, 有无穷多个, 通用表达式为 x^2+C (C 为任意常数).

一般地, 若 $F(x)$ 为 $f(x)$ 的一个原函数, 则 $F(x)+C$(C 为任意常数), 表示了 $f(x)$ 的全部原函数. 事实上, $[F(x)+C]'=F'(x)=f(x)$, 所以函数族 $F(x)+C$ 中的每一个都是 $f(x)$ 的原函数.

另一方面, 设 $G(x)$ 是 $f(x)$ 的任一个原函数, 即 $G(x)'=f(x)$, 则

$$[G(x)-F(x)]'=G(x)'-F'(x)=f(x)-f(x)=0$$

所以 $$G(x)-F(x)=C$$

即 $$G(x)=F(x)+C$$

也就是说, $f(x)$ 的任一个原函数 $G(x)$ 均可表示成 $F(x)+C$ 的形式.

此外, 需要说明的是: 并不是所有函数都有原函数, 原函数存在的充分条件是: 若 $f(x)$ 在某区间上连续, 则 $f(x)$ 的原函数一定存在.

4.1.1.2 不定积分的概念

定义 2 函数 $f(x)$ 的全体原函数 $F(x)+C$ 叫作 $f(x)$ 的不定积分, 记为

$$\int f(x)\mathrm{d}x = F(x)+C$$

其中 $$F'(x)=f(x)$$

x 称为积分变量, $f(x)$ 叫作被积函数, $f(x)\mathrm{d}x$ 叫作被积表达式, C 叫作积分常数, "$\int$" 叫作积分号.

通常把一个原函数的图像称为 $f(x)$ 的一条积分曲线, 其方程为 $y=F(x)$, 因此, 不定积分 $\int f(x)\mathrm{d}x$ 在几何上就表示全体积分曲线所组成的曲线族, 它们的方程是 $y=F(x)+C$.

由积分定义可知, 积分运算与微分运算之间有如下互逆关系:

(1) $\left[\int f(x)\mathrm{d}x\right]'=f(x)$ 或 $\mathrm{d}\left[\int f(x)\mathrm{d}x\right]=f(x)\mathrm{d}x$

(2) $\int F'(x)\mathrm{d}x = F(x) + C$ 　　或　　　$\int \mathrm{d}F(x) = F(x) + C$

【例 4.1.1】 求下列不定积分.

(1) $\int x^2 \mathrm{d}x$ 　　　　　(2) $\int \sin x\mathrm{d}x$ 　　　　　(3) $\int \dfrac{1}{x}\mathrm{d}x$

解 (1) 因 $\left(\dfrac{1}{3}x^3\right)' = x^2$, 　　　　则 $\int x^2 \mathrm{d}x = \dfrac{1}{3}x^3 + C$.

(2) 因 $(-\cos x)' = \sin x$, 　　　　则 $\int \sin x\mathrm{d}x = -\cos x + C$.

(3) 因 $(\ln|x|)' = \dfrac{1}{x}$, 　　　　则 $\int \dfrac{1}{x}\mathrm{d}x = \ln|x| + C$.

注意: 在求 $\int f(x)\mathrm{d}x$ 时, 切记要 "$+C$", 否则求出的只是一个原函数, 而不是不定积分.

实际应用上, 往往需要从全体原函数中求出一个满足已给条件的确定的解.

【例 4.1.2】 设曲线过点 $(1,2)$ 且斜率为 $2x$, 求此曲线方程.

解 设所求曲线方程为 $y = y(x)$, 则由题意可得

$$\frac{\mathrm{d}y}{\mathrm{d}x} = 2x$$

故
$$y = \int 2x\mathrm{d}x = x^2 + C$$

又因曲线经过 $(1,2)$ 点, 故 $C=1$, 所以所求方程为

$$y = x^2 + 1$$

4.1.2 基本积分公式

由于求不定积分与求导运算为互逆运算, 故可由求导公式相应地得出积分的基本公式如下:

(1) $\int k\mathrm{d}x = kx + C$ 　　（k 为常数, C 为常数, 以下相同）

(2) $\int x^\mu \mathrm{d}x = \dfrac{1}{\mu+1}x^{\mu+1} + C$ 　（$\mu \neq -1$）　(3) $\int \dfrac{1}{x}\mathrm{d}x = \ln|x| + C$

(4) $\int \mathrm{e}^x \mathrm{d}x = \mathrm{e}^x + C$ 　　　　　　　　(5) $\int a^x \mathrm{d}x = \dfrac{a^x}{\ln a} + C$

(6) $\int \cos x\mathrm{d}x = \sin x + C$ 　　　　　　　(7) $\int \sin x\mathrm{d}x = -\cos x + C$

(8) $\int \dfrac{1}{\cos^2 x}\mathrm{d}x = \int \sec^2 x\mathrm{d}x = \tan x + C$

(9) $\displaystyle\int \frac{1}{\sin^2 x}\mathrm{d}x = \int \csc^2 x\,\mathrm{d}x = -\cot x + C$

(10) $\displaystyle\int \sec x\tan x\,\mathrm{d}x = \sec x + C$　　　　(11) $\displaystyle\int \csc x\cot x\,\mathrm{d}x = -\csc x + C$

(12) $\displaystyle\int \frac{1}{1+x^2}\mathrm{d}x = \arctan x + C$　　　　(13) $\displaystyle\int \frac{1}{\sqrt{1-x^2}}\mathrm{d}x = \arcsin x + C$

以上公式必须熟记,不仅要记住右端的结果,而且还要熟悉左端被积函数的形式.

4.1.3　不定积分的性质

性质 1　两个函数代数和的积分,等于各函数积分的代数和,即

$$\int \big[f(x) \pm g(x)\big]\mathrm{d}x = \int f(x)\mathrm{d}x \pm \int g(x)\mathrm{d}x$$

本性质对有限多个函数代数和也是成立的,它表明,和函数可逐项积分.

性质 2　被积函数中不为零的因子可以提到积分号外面来. 即

$$\int kf(x)\mathrm{d}x = k\int f(x)\mathrm{d}x$$

这两个公式很容易证明,只要验证右端的导数等于左端的被积函数,并且右端确实含有一个任意常数 C 即可.

顺便指出,以后我们计算不定积分时,就用这个方法检验积分的结果是否正确.

【例 4.1.3】　求下列不定积分.

(1) $\displaystyle\int \frac{1}{x^2}\mathrm{d}x$　　　　(2) $\displaystyle\int x\sqrt{x}\,\mathrm{d}x$　　　　(3) $\displaystyle\int \frac{1}{\sqrt{2gx}}\mathrm{d}x$

解　(1) $\displaystyle\int \frac{1}{x^2}\mathrm{d}x = \int x^{-2}\mathrm{d}x = \frac{x^{-2+1}}{-2+1} + C = -\frac{1}{x} + C$

(2) $\displaystyle\int x\sqrt{x}\,\mathrm{d}x = \int x^{\frac{3}{2}}\mathrm{d}x = \frac{2}{5}x^{\frac{5}{2}} + C$

(3) $\displaystyle\int \frac{1}{\sqrt{2gx}}\mathrm{d}x = \frac{1}{\sqrt{2g}}\int \frac{\mathrm{d}x}{\sqrt{x}} = \frac{1}{\sqrt{2g}}\,\frac{1}{-\frac{1}{2}+1}x^{-\frac{1}{2}+1} + C = \frac{\sqrt{2gx}}{g} + C$

上面三例说明,有时被积函数实际上是幂函数,但是却用分式或根式表示. 遇此情况,应先把它化为 x^n 的形式,然后应用幂函数的积分公式来求不定积分.

【例 4.1.4】　求下列不定积分.

(1) $\displaystyle\int (\sqrt{x}-1)\left(x+\frac{1}{\sqrt{x}}\right)\mathrm{d}x$　　　　(2) $\displaystyle\int \frac{1+x+x^2}{x(1+x^2)}\mathrm{d}x$

解 (1) $\int (\sqrt{x} - 1)\left(x + \dfrac{1}{\sqrt{x}}\right)\mathrm{d}x = \int \left(x\sqrt{x} + 1 - x - \dfrac{1}{\sqrt{x}}\right)\mathrm{d}x$

$$= \int x\sqrt{x}\,\mathrm{d}x + \int \mathrm{d}x - \int x\,\mathrm{d}x - \int \dfrac{1}{\sqrt{x}}\mathrm{d}x = \dfrac{2}{5}x^{\frac{5}{2}} + x - \dfrac{1}{2}x^2 - 2x^{\frac{1}{2}} + C$$

注意：在分项积分后，不必每一个积分结果都"$+C$"，只要在总的结果中加一个 C 就行了.

(2) $\int \dfrac{1+x+x^2}{x(1+x^2)}\mathrm{d}x = \int \dfrac{x+(1+x^2)}{x(1+x^2)}\mathrm{d}x = \int \left(\dfrac{1}{1+x^2} + \dfrac{1}{x}\right)\mathrm{d}x$

$$= \int \dfrac{1}{1+x^2}\mathrm{d}x + \int \dfrac{1}{x}\mathrm{d}x = \arctan x + \ln |x| + C$$

上例的解题思路：先设法化被积函数为和式，然后再逐项积分. 这是一个重要的解题方法.

【**例 4.1.5**】 求下列不定积分.

(1) $\int \tan^2 x\,\mathrm{d}x$ (2) $\int \sin^2 \dfrac{x}{2}\mathrm{d}x$

解 (1) $\int \tan^2 x\,\mathrm{d}x = \int (\sec^2 x - 1)\mathrm{d}x = \int \sec^2 x\,\mathrm{d}x - \int \mathrm{d}x = \tan x - x + C$

(2) $\int \sin^2 \dfrac{x}{2}\mathrm{d}x = \int \dfrac{1 - \cos x}{2}\mathrm{d}x = \int \dfrac{1}{2}\mathrm{d}x - \int \dfrac{\cos x}{2}\mathrm{d}x = \dfrac{x}{2} - \dfrac{\sin x}{2} + C$

【**例 4.1.6**】 设 $f'(\cos^2 x) = 1 + \sin^2 x$，求 $f(x)$.

解 由于 $f'(\cos^2 x) = 2 - \cos^2 x$，所以 $f'(x) = 2 - x$，故

$$f(x) = \int f'(x)\mathrm{d}x = \int (2-x)\mathrm{d}x = 2x - \dfrac{1}{2}x^2 + C$$

习 题 4.1

1. 验证下列等式是否成立.

(1) $\int \dfrac{x}{\sqrt{1+x^2}}\mathrm{d}x = \sqrt{1+x^2} + C$ (2) $\int 3x^2 \mathrm{e}^{x^3}\mathrm{d}x = \mathrm{e}^{x^3} + C$

2. 求下列不定积分.

(1) $\int \dfrac{\mathrm{d}x}{x^2\sqrt{x}}$ (2) $\int \dfrac{(1-x)^2}{\sqrt{x}}\mathrm{d}x$ (3) $\int \cos^2 \dfrac{x}{2}\mathrm{d}x$

(4) $\int \cot^2 x\,\mathrm{d}x$ (5) $\int 2^x \mathrm{e}^x\mathrm{d}x$ (6) $\int \dfrac{x^2}{1+x^2}\mathrm{d}x$

(7) $\int \left(1 - \dfrac{1}{x^2}\right)\sqrt{x\sqrt{x}}\,\mathrm{d}x$ (8) $\int \mathrm{e}^{x-3}\mathrm{d}x$ (9) $\int \dfrac{\mathrm{d}x}{1+\cos 2x}$

3. 一曲线通过点 $(\mathrm{e}^2, 3)$，且在任一点处其切线的斜率等于该点横坐标的倒数，

求该曲线的方程.

4. 一物体由静止开始作直线运动,在 t s 时刻的速度为 $3t^2$ m/s. 问:

　　(1) 3s 后物体离开出发点的距离是多少?

　　(2) 需要多长时间走完 1 000 m?

4.2　不定积分的换元积分法

利用基本积分公式及性质,只能求出一些简单的积分,对于比较复杂的积分,我们总是设法把它变形,使其成为能利用基本积分公式的形式再求出积分,本节将介绍不定积分和定积分的换元积分法.

4.2.1　第一类换元法(凑微分法)

为了说明这种方法,我们先看下面的例子.

【例 4.2.1】　求 $\int \cos 3x \mathrm{d}x$.

解　显然,虽然有公式 $\int \cos x \mathrm{d}x = \sin x + C$,但是不能直接套用,为此先把积分作下列变形,然后进行计算.

$$\int \cos 3x \mathrm{d}x = \frac{1}{3}\int \cos 3x \mathrm{d}(3x) \xrightarrow{\text{令 } 3x = u} \frac{1}{3}\int \cos u \mathrm{d}u$$

$$= \frac{1}{3}\sin u + C \xrightarrow{\text{回代 } u = 3x} \frac{1}{3}\sin 3x + C$$

直接验证,结果正确. 这说明上述做法是正确的.

例 4.2.1 的解法特点是引入新变量 $u = 3x$,从而把原积分化为变量 u 的积分,直接由 $\int \cos x \mathrm{d}x = \sin x + C$ 得到 $\int \cos u \mathrm{d}u = \sin u + C$.

一般地,如果 $\int f(x)\mathrm{d}x = F(x) + C$,当 $u = \varphi(x)$ 为一可微函数,那么,是否可得 $\int f(u)\mathrm{d}u = F(u) + C$ 呢?回答是肯定的. 我们有下述定理:

定理　如果 $\int f(x)\mathrm{d}x = F(x) + C$,则有

$$\int f(u)\mathrm{d}u = F(u) + C$$

其中,$u = \varphi(x)$ 是 x 的任意一个可微函数.

证明　由于　　$\int f(x)\mathrm{d}x = F(x) + C$

所以 $dF(x)=f(x)dx$,由微分形式不变性可得

$$dF(u) = f(u)du$$

其中,$u=\varphi(x)$是 x 的可导函数,由不定积分的定义可得

$$\int f(u)du = F(u) + C$$

这个定理非常重要,它表明:在基本积分公式中,自变量 x 换成任一可微函数 $u=\varphi(x)$后,公式仍然成立. 这就大大地扩充了基本积分公式的使用范围. 因此应用这一结论,上述例题使用的方法可一般化为下列计算程序:

$$\int g(x)dx \xrightarrow{\text{凑微分}} \int f[\varphi(x)]\varphi'(x)dx = \int f[\varphi(x)]d\varphi(x)$$

$$\xrightarrow{\text{令} u = \varphi(x)} \int f(u)du = F(u) + C \xrightarrow{\text{回代}} F[\varphi(x)] + C$$

这种先"凑"微分式,再作变量代换的方法,叫作第一类换元积分法,也称为凑微分法.

【例 4.2.2】 求 $\int (ax+b)^m dx \ (m \neq -1)$.

解 $\int (ax+b)^m dx = \dfrac{1}{a} \int (ax+b)^m d(ax+b)$

$\xrightarrow{\text{令} u = ax+b} \dfrac{1}{a} \int u^m du = \dfrac{1}{a(m+1)} u^{m+1} + C$

$\xrightarrow{\text{回代} u = ax+b} \dfrac{1}{a(m+1)} (ax+b)^{m+1} + C$

【例 4.2.3】 求 $\int \dfrac{dx}{x\sqrt{1-\ln^2 x}}$.

解 $\int \dfrac{dx}{x\sqrt{1-\ln^2 x}} = \int \dfrac{1}{\sqrt{1-\ln^2 x}} d(\ln x) = \int \dfrac{1}{\sqrt{1-u^2}} du$

$= \arcsin u + C = \arcsin(\ln x) + C$

解题方法熟练后,可略去中间换元步骤,直接凑微分成积分公式的形式.

【例 4.2.4】 求 $\int \cos^2 x \sin x dx$.

解 $\int \cos^2 x \sin x dx = -\int \cos^2 x d(\cos x) = -\dfrac{1}{3} \cos^3 x + C$

凑微分法运用时的难点在于原题并未指明应该把哪一部分凑成 $d\varphi(x)$,这需要解题经验,如果记熟下列一些微分式,解题中则会给我们以启示.

$$dx = \dfrac{1}{a} d(ax+b) \qquad\qquad xdx = \dfrac{1}{2} d(x^2)$$

$$\frac{\mathrm{d}x}{\sqrt{x}}=2\mathrm{d}(\sqrt{x}) \qquad \mathrm{e}^x\mathrm{d}x=\mathrm{d}(\mathrm{e}^x)$$

$$\frac{1}{x}\mathrm{d}x=\mathrm{d}(\ln|x|) \qquad \sin x\mathrm{d}x=-\mathrm{d}(\cos x)$$

$$\cos x\mathrm{d}x=\mathrm{d}(\sin x) \qquad \sec^2 x\mathrm{d}x=\mathrm{d}(\tan x)$$

$$\csc^2 x\mathrm{d}x=-\mathrm{d}(\cot x) \qquad \frac{1}{\sqrt{1-x^2}}\mathrm{d}x=\mathrm{d}(\arcsin x)$$

$$\frac{1}{1+x^2}\mathrm{d}x=\mathrm{d}(\arctan x)$$

【例 4.2.5】 求下列不定积分.

(1) $\displaystyle\int \frac{\mathrm{d}x}{\sqrt{a^2-x^2}}$ $(a>0)$

(2) $\displaystyle\int \frac{\mathrm{d}x}{a^2+x^2}$

(3) $\displaystyle\int \tan x\mathrm{d}x$

(4) $\displaystyle\int \cot x\mathrm{d}x$

(5) $\displaystyle\int \sec x\mathrm{d}x$

(6) $\displaystyle\int \csc x\mathrm{d}x$

解 (1) $\displaystyle\int \frac{\mathrm{d}x}{\sqrt{a^2-x^2}}=\int \frac{\mathrm{d}x}{a\sqrt{1-\left(\frac{x}{a}\right)^2}}=\int \frac{\mathrm{d}\left(\frac{x}{a}\right)}{\sqrt{1-\left(\frac{x}{a}\right)^2}}=\arcsin\frac{x}{a}+C$

类似地,有

(2) $\displaystyle\int \frac{\mathrm{d}x}{a^2+x^2}=\frac{1}{a}\arctan\frac{x}{a}+C$;

(3) $\displaystyle\int \tan x\mathrm{d}x=\int \frac{\sin x}{\cos x}\mathrm{d}x=-\int \frac{\mathrm{d}(\cos x)}{\cos x}=-\ln|\cos x|+C$;

(4) $\displaystyle\int \cot x\mathrm{d}x=\ln|\sin x|+C$;

(5) $\displaystyle\int \sec x\mathrm{d}x=\int \frac{\sec x(\sec x+\tan x)}{\tan x+\sec x}\mathrm{d}x=\int \frac{\sec^2 x+\sec x\tan x}{\tan x+\sec x}\mathrm{d}x$

$$=\int \frac{\mathrm{d}(\tan x+\sec x)}{\tan x+\sec x}=\ln|\sec x+\tan x|+C$;$$

(6) $\displaystyle\int \csc x\mathrm{d}x=\ln|\csc x-\cot x|+C$.

本题 6 个积分今后经常用到,可作为公式使用.

有些积分必须先用代数运算或三角变换,对被积式作适当变形,然后才能凑出微分来.

【例 4.2.6】 求下列不定积分.

(1) $\displaystyle\int \frac{1}{x^2-a^2}\mathrm{d}x$ 　　　　　　(2) $\displaystyle\int \frac{3+x}{\sqrt{4-x^2}}\mathrm{d}x$

(3) $\displaystyle\int \frac{1}{1+\mathrm{e}^x}\mathrm{d}x$ 　　　　　　(4) $\displaystyle\int \sin^2 x\mathrm{d}x$

(5) $\displaystyle\int \frac{1}{1+\cos x}\mathrm{d}x$ 　　　　　　(6) $\displaystyle\int \sin 5x\cos 3x\mathrm{d}x$

解　(1) $\displaystyle\int \frac{1}{x^2-a^2}\mathrm{d}x = \frac{1}{2a}\left(\int \frac{1}{x-a} - \frac{1}{x+a}\right)\mathrm{d}x$

$$= \frac{1}{2a}\left[\int \frac{\mathrm{d}(x-a)}{x-a} - \int \frac{\mathrm{d}(x+a)}{x+a}\right]$$

$$= \frac{1}{2a}\left[\ln|x-a| - \ln|x+a|\right] + C$$

$$= \frac{1}{2a}\ln\left|\frac{x-a}{x+a}\right| + C$$

(2) $\displaystyle\int \frac{3+x}{\sqrt{4-x^2}}\mathrm{d}x = 3\int \frac{\mathrm{d}x}{\sqrt{4-x^2}} + \int \frac{x}{\sqrt{4-x^2}}\mathrm{d}x$

$$= 3\arcsin\frac{x}{2} + \int \frac{-\frac{1}{2}\mathrm{d}(4-x^2)}{\sqrt{4-x^2}}$$

$$= 3\arcsin\frac{x}{2} - \sqrt{4-x^2} + C$$

(3) $\displaystyle\int \frac{\mathrm{d}x}{1+\mathrm{e}^x} = \int \frac{1+\mathrm{e}^x-\mathrm{e}^x}{1+\mathrm{e}^x}\mathrm{d}x = \int\left(1 - \frac{\mathrm{e}^x}{1+\mathrm{e}^x}\right)\mathrm{d}x$

$$= \int \mathrm{d}x - \int \frac{1}{1+\mathrm{e}^x}\mathrm{d}(1+\mathrm{e}^x) = x - \ln(1+\mathrm{e}^x) + C$$

(4) $\displaystyle\int \sin^2 x\mathrm{d}x = \int \frac{1-\cos 2x}{2}\mathrm{d}x = \frac{1}{2}\int \mathrm{d}x - \frac{1}{2}\int \cos 2x\mathrm{d}x$

$$= \frac{1}{2}x - \frac{1}{4}\int \cos 2x\mathrm{d}(2x) = \frac{1}{2}x - \frac{1}{4}\sin 2x + C$$

(5) $\displaystyle\int \frac{1}{1+\cos x}\mathrm{d}x = \int \frac{\mathrm{d}x}{2\cos^2\frac{x}{2}} = \int \frac{\mathrm{d}\left(\frac{x}{2}\right)}{\cos^2\frac{x}{2}} = \tan\frac{x}{2} + C$

(6) $\displaystyle\int \sin 5x\cos 3x\mathrm{d}x = \frac{1}{2}\int(\sin 8x + \sin 2x)\mathrm{d}x$

$$= \frac{1}{2}\left[\frac{1}{8}\int \sin 8x\mathrm{d}(8x) + \frac{1}{2}\int \sin 2x\mathrm{d}(2x)\right]$$

$$= -\frac{1}{16}\cos 8x - \frac{1}{4}\cos 2x + C$$

【例 4.2.7】 计算积分 $\displaystyle\int \frac{\mathrm{d}x}{\sqrt{x-x^2}}$.

解法一 $\displaystyle\int \frac{\mathrm{d}x}{\sqrt{x-x^2}} = \int \frac{\mathrm{d}x}{\sqrt{\frac{1}{4}-\left(x-\frac{1}{2}\right)^2}} = \int \frac{2\mathrm{d}x}{\sqrt{1-(2x-1)^2}}$

$$= \int \frac{\mathrm{d}(2x-1)}{\sqrt{1-(2x-1)^2}} = \arcsin(2x-1)+C$$

解法二 $\displaystyle\int \frac{\mathrm{d}x}{\sqrt{x-x^2}} = \int \frac{\mathrm{d}x}{\sqrt{x}\sqrt{1-x}} = 2\int \frac{\mathrm{d}(\sqrt{x})}{\sqrt{1-(\sqrt{x})^2}} = 2\arcsin\sqrt{x}+C$

本题说明,选用不同的积分方法,可能得出不同形式的积分结果,但由原函数的性质可知,它们最多只是积分常数有区别.判断计算的正确性,前面已经提到,只要对结果求导,若能还原成被积函数式,则计算就是正确的,毋庸置疑其结果形式的不一样.

4.2.2 第二类换元法

上面讨论的第一类换元法是选择新的积分变量 $u=\varphi(x)$,但对于某些被积函数来说,则需要作相反的方式换元,才能积出结果. 例如 $\int\sqrt{a^2-x^2}\,\mathrm{d}x$,用第一类换元法比较困难,但若令 $x=a\sin t$,则可顺利地求出结果.

一般地,在计算 $\int f(x)\mathrm{d}x$ 时,适当地选择 $x=\Psi(t)$ 进行换元,如果 $\int f[\Psi(t)]\Psi'(t)\mathrm{d}t$ 容易积出[假设为 $F(t)+C$],则可按下述程序进行计算.

$$\int f(x)\mathrm{d}x \xrightarrow{\text{令}\,x=\Psi(t)} \int f[\Psi(t)]\Psi'(t)\mathrm{d}t = F(t)+C = F[\Psi^{-1}(x)]+C$$

这种方法称为**第二类换元法**.

使用**第二类换元法的关键是恰当地选择变换函数** $x=\Psi(t)$,对 $x=\Psi(t)$ 来说,**要求其单调可导,** $\Psi'(t)\neq 0$,**且其反函数** $t=\Psi^{-1}(x)$ **存在**.

【例 4.2.8】 求 $\displaystyle\int \frac{\mathrm{d}x}{1+\sqrt{x}}$.

解 为了消去根式,可令 $x=t^2(t>0)$,则 $\mathrm{d}x=2t\mathrm{d}t$,于是有

$$\int \frac{\mathrm{d}x}{1+\sqrt{x}} = \int \frac{2t}{1+t}\mathrm{d}t = 2\int \frac{1+t-1}{1+t}\mathrm{d}t = 2\int \mathrm{d}t - 2\int \frac{\mathrm{d}t}{1+t}$$

$$= 2t - 2\ln|1+t|+C \xrightarrow{\text{回代}\,t=\sqrt{x}} 2\sqrt{x} - 2\ln(1+\sqrt{x})+C$$

【例 4.2.9】 求 $\int \dfrac{x+1}{\sqrt[3]{3x+1}}dx$.

解 令 $\sqrt[3]{3x+1}=t$,即 $x=\dfrac{1}{3}(t^3-1)$,则 $dx=t^2dt$,于是有

$$\int \frac{x+1}{\sqrt[3]{3x+1}}dx = \frac{1}{3}\int(t^4+2t)dt = \frac{1}{15}t^5+\frac{1}{3}t^2+C = \frac{1}{15}t^2(t^3+5)+C$$

$$= \frac{1}{5}\sqrt[3]{(3x+1)^2}(x+2)+C$$

由例 4.2.8 和例 4.2.9 可以看出:被积函数中含有被开方因式为一次式的根式 $\sqrt[n]{ax+b}$ 时,令 $\sqrt[n]{ax+b}=t$,可以消去根号,从而求得积分. 下面重点讨论被积函数含有被开方因式为二次式的根式的情况.

【例 4.2.10】 求 $\int \sqrt{a^2-x^2}\,dx$ $(a>0)$.

解 若像例 4.2.8 和例 4.2.9 那样,令 $\sqrt{a^2-x^2}=t$,则不能消去根号,为此,注意到式子中根号内为平方差,故可用三角函数平方公式化去根号. 为此令 $x=a\sin t,(-\dfrac{\pi}{2}<t<\dfrac{\pi}{2})$,则有

$$\sqrt{a^2-x^2}=a\cos t \quad \text{且} \quad dx=a\cos t\,dt$$

于是

$$\int \sqrt{a^2-x^2}\,dx = \int a^2\cos^2 t\,dt = a^2\int \frac{1+\cos 2t}{2}dt = \frac{a^2}{2}t+\frac{a^2}{4}\sin 2t+C$$

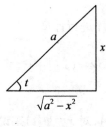

图 4.1

为把 t 回代成 x 的函数,可以根据 $\sin t=\dfrac{x}{a}$ 作辅助直角三角形(图4.1),得

$$\cos t=\frac{\sqrt{a^2-x^2}}{a}$$

所以

$$\int \sqrt{a^2-x^2}\,dx = \frac{a^2}{2}\arcsin \frac{x}{a}+\frac{1}{2}x\sqrt{a^2-x^2}+C$$

【例 4.2.11】 求 $\int \dfrac{dx}{(a^2+x^2)^{\frac{3}{2}}}$ $(a>0)$.

解 这里可以利用三角式 $1+\tan^2 t=\sec^2 t$ 来化去根式,为此,令 $x=a\tan t$,$(-\dfrac{\pi}{2}<t<\dfrac{\pi}{2})$,则 $dx=a\sec^2 t\,dt$. 所以

$$\int \frac{dx}{(a^2+x^2)^{\frac{3}{2}}} = \int \frac{a\sec^2 t}{a^3\sec^3 t}dt = \frac{1}{a^2}\int \cos t\,dt$$

$$= \frac{1}{a^2} \sin t + C$$

由图 4.2 所示的直角三角形,得 $\sin t = \dfrac{x}{\sqrt{a^2+x^2}}$,所以

$$\int \frac{\mathrm{d}x}{(a^2+x^2)^{\frac{3}{2}}} = \frac{x}{a^2\sqrt{a^2+x^2}} + C$$

从上面两例可以看到三角代换非常有效地化去了根式,从而顺利地积出结果.

一般地,当被积函数含有

(1) $\sqrt{a^2-x^2}$ 时,可作代换 $x = a \sin t$.

(2) $\sqrt{x^2+a^2}$ 时,可作代换 $x = a \tan t$.

(3) $\sqrt{x^2-a^2}$ 时,可作代换 $x = a \sec t$.

三角代换是第二类换元法的重要组成部分,但在解题时

还要具体问题具体分析. 例如,$\int x\sqrt{a^2-x^2}\,\mathrm{d}x$ 就不必用三角

代换,而用凑微分比较方便.

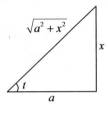

图 4.2

习 题 4.2

1. 求下列各不定积分.

(1) $\displaystyle\int \frac{\mathrm{d}x}{\sqrt[3]{5-3x}}$

(2) $\displaystyle\int \mathrm{e}^{-x}\,\mathrm{d}x$

(3) $\displaystyle\int \frac{\mathrm{d}x}{\cos^2(a-bx)}$

(4) $\displaystyle\int x\sqrt{1-x^2}\,\mathrm{d}x$

(5) $\displaystyle\int \frac{\mathrm{d}x}{x\ln x}$

(6) $\displaystyle\int \cos^3 x\,\mathrm{d}x$

(7) $\displaystyle\int \frac{\arctan\sqrt{x}}{\sqrt{x}(1+x)}\,\mathrm{d}x$

(8) $\displaystyle\int \frac{\mathrm{d}x}{\mathrm{e}^x+\mathrm{e}^{-x}}$

(9) $\displaystyle\int \cos 3x \sin x\,\mathrm{d}x$

(10) $\displaystyle\int \frac{\mathrm{d}x}{\sqrt{4-9x^2}}$

2. 求下列各不定积分.

(1) $\displaystyle\int \frac{\mathrm{d}x}{x\sqrt{x+1}}$

(2) $\displaystyle\int \frac{\sqrt{x+1}-1}{\sqrt{x+1}+1}\,\mathrm{d}x$

(3) $\displaystyle\int \frac{\mathrm{d}x}{x^3\sqrt{x^2-9}}$

(4) $\displaystyle\int \frac{\mathrm{d}x}{\sqrt{1+\mathrm{e}^x}}$

(5) $\displaystyle\int \frac{\mathrm{d}x}{\sqrt{(x^2+1)^3}}$

(6) $\displaystyle\int \frac{\mathrm{d}x}{\sqrt{x^2+a^2}}$

$$(7) \int \frac{\mathrm{d}x}{\sqrt{x^2-a^2}} \qquad\qquad (8) \int \frac{\sqrt{x^2-9}}{x}\mathrm{d}x$$

4.3 不定积分的分部积分法

上一节我们在复合函数求导法则的基础上,得到了换元积分法,它是一种重要的积分方法.但是对某些类型(比如 $\int x\cos x\mathrm{d}x,\int e^x\cos x\mathrm{d}x$ 等)的积分,换元法往往不能奏效.为此,本节将在乘积的微分法则的基础上,引进另一种基本积分方法——分部积分法.

设 $u=u(x),v=v(x)$ 具有连续的导数,由微分法则可知
$$\mathrm{d}(uv)=u\mathrm{d}v+v\mathrm{d}u$$

移项得
$$u\mathrm{d}v=\mathrm{d}(uv)-v\mathrm{d}u$$

两边积分得
$$\int u\mathrm{d}v=uv-\int v\mathrm{d}u$$

上述公式称为**分部积分公式**,它可以将求 $\int u\,\mathrm{d}v$ 的积分问题转化为求 $\int v\,\mathrm{d}u$ 的积分.当后者比较容易求时,分部积分公式就起到了化难为易的作用.

【**例 4.3.1**】 求 $\int x\cos x\mathrm{d}x$.

解 设 $u=x,\mathrm{d}v=\cos x\mathrm{d}x=\mathrm{d}(\sin x),v=\sin x,\mathrm{d}u=\mathrm{d}x$,利用公式,则有
$$\int x\cos x\mathrm{d}x=\int x\mathrm{d}(\sin x)=x\sin x-\int \sin x\mathrm{d}x$$
$$=x\sin x+\cos x+C$$

但若取 $u=\cos x,\mathrm{d}v=x\mathrm{d}x=\mathrm{d}\left(\frac{1}{2}x^2\right)$,则有 $\mathrm{d}u=-\sin x\mathrm{d}x,v=\frac{1}{2}x^2$.利用公式可得
$$\int x\cos x\mathrm{d}x=\frac{1}{2}x^2\cos x+\frac{1}{2}\int x^2\sin x\mathrm{d}x$$

而新得到的积分 $\int x^2\sin x\mathrm{d}x$ 比原来的积分还要复杂,更难求解.所以这样选择 u 和 $\mathrm{d}v$ 是不合适的.由此可见,应用分部积分法时,恰当地选择 u 和 $\mathrm{d}v$ 是关键.选择 u 和 $\mathrm{d}v$ 一般要考虑如下两点:

(1) v 要容易求得(可用凑微分法求出);

(2) $\int v\,\mathrm{d}u$ 要比 $\int u\,\mathrm{d}v$ 容易积出.

【例 4.3.2】　求 $\int x\ln x\,\mathrm{d}x$.

解　$\displaystyle\int x\ln x\,\mathrm{d}x = \int \ln x\,\mathrm{d}\left(\frac{1}{2}x^2\right) = \frac{1}{2}x^2\ln x - \frac{1}{2}\int x^2\,\mathrm{d}(\ln x)$

$$= \frac{1}{2}x^2\ln x - \frac{1}{2}\int x\,\mathrm{d}x = \frac{1}{2}x^2\ln x - \frac{1}{4}x^2 + C$$

当熟悉分部积分法后, $u,\mathrm{d}v$ 及 $v,\mathrm{d}u$ 可以用心算完成, 不必具体写出.

【例 4.3.3】　求 $\int x^2\mathrm{e}^x\,\mathrm{d}x$.

解　$\displaystyle\int x^2\mathrm{e}^x\,\mathrm{d}x = \int x^2\,\mathrm{d}(\mathrm{e}^x) = x^2\mathrm{e}^x - 2\int x\mathrm{e}^x\,\mathrm{d}x$

$$= x^2\mathrm{e}^x - 2\int x\,\mathrm{d}(\mathrm{e}^x) = x^2\mathrm{e}^x - 2\left(x\mathrm{e}^x - \int \mathrm{e}^x\,\mathrm{d}x\right)$$

$$= x^2\mathrm{e}^x - 2x\mathrm{e}^x + 2\mathrm{e}^x + C = (x^2 - 2x + 2)\mathrm{e}^x + C$$

例 4.3.3 表明, 有时要多次使用分部积分法, 才能求出结果. 下面的例题经过两次分部积分后出现了"循环现象", 这时所求积分是经过解方程而求得的.

【例 4.3.4】　求 $\int \mathrm{e}^x\sin x\,\mathrm{d}x$.

解　$\displaystyle\int \mathrm{e}^x\sin x\,\mathrm{d}x = \int \sin x\,\mathrm{d}(\mathrm{e}^x) = \mathrm{e}^x\sin x - \int \mathrm{e}^x\cos x\,\mathrm{d}x$

$$= \mathrm{e}^x\sin x - \int \cos x\,\mathrm{d}(\mathrm{e}^x) = \mathrm{e}^x\sin x - \mathrm{e}^x\cos x - \int \mathrm{e}^x\sin x\,\mathrm{d}x$$

移项合并化简得

$$\int \mathrm{e}^x\sin x\,\mathrm{d}x = \frac{1}{2}\mathrm{e}^x(\sin x - \cos x) + C$$

【例 4.3.5】　求 $\int \arcsin x\,\mathrm{d}x$.

解　被积函数是单一函数, 可看做被积表达式已经"自然"分成 $u\,\mathrm{d}v$ 的形式, 应用公式得

$$\int \arcsin x\,\mathrm{d}x = x\arcsin x - \int x\,\mathrm{d}(\arcsin x) = x\arcsin x - \int \frac{x}{\sqrt{1-x^2}}\,\mathrm{d}x$$

$$= x\arcsin x + \frac{1}{2}\int \frac{\mathrm{d}(1-x^2)}{\sqrt{1-x^2}} = x\arcsin x + \sqrt{1-x^2} + C$$

由此可见, 下述几种类型的积分, 均可用分部积分公式求解, 且 $u,\mathrm{d}v$ 的选择有规律可循.

(1) 对于 $\int x^n \mathrm{e}^{ax}\mathrm{d}x, \int x^n \sin ax\,\mathrm{d}x, \int x^n \cos ax\,\mathrm{d}x,$ 可选 $u = x^n$（n 为自然数）.

(2) 对于 $\int x^n \ln x\,\mathrm{d}x, \int x^n \arcsin x\,\mathrm{d}x, \int x^n \arctan x\,\mathrm{d}x,$ 可选 $u = \ln x, \arcsin x,$ $\arctan x, n$ 为非负整数.

(3) 对于 $\int \mathrm{e}^{ax} \sin bx\,\mathrm{d}x, \int \mathrm{e}^{ax} \cos bx\,\mathrm{d}x,$ 可选 $u = \sin bx, \cos bx,$ 也可选 $u = \mathrm{e}^{ax}.$

在积分过程中,有时需要同时用换元积分法和分部积分法. 例如,例 4.3.5 是先分部积分,再用凑微分法,解题中要灵活运用.

【例 4.3.6】 求 $\int \arctan \sqrt{x}\,\mathrm{d}x.$

解 先换元,令 $x = t^2 (t > 0)$,则 $\mathrm{d}x = \mathrm{d}(t^2)$,所以

$$原式 = \int \arctan t\,\mathrm{d}(t^2) = t^2 \arctan t - \int t^2 \mathrm{d}(\arctan t)$$

$$= t^2 \arctan t - \int \frac{t^2}{1+t^2}\mathrm{d}t = t^2 \arctan t - \int \left(1 - \frac{1}{1+t^2}\right)\mathrm{d}t$$

$$= t^2 \arctan t - t + \arctan t + C = (x+1)\arctan \sqrt{x} - \sqrt{x} + C$$

习　题　4.3

求下列积分.

(1) $\int x \sin x\,\mathrm{d}x$ 　　　　(2) $\int \ln x\,\mathrm{d}x$

(3) $\int x \mathrm{e}^{-x}\,\mathrm{d}x$ 　　　　(4) $\int x^2 \cos x\,\mathrm{d}x$

(5) $\int x \tan^2 x\,\mathrm{d}x$ 　　　　(6) $\int \mathrm{e}^{2x} \cos 3x\,\mathrm{d}x$

(7) $\int \sin(\ln x)\,\mathrm{d}x$ 　　　　(8) $\int \mathrm{e}^{\sqrt{x}}\,\mathrm{d}x$

4.4　定积分的概念与性质

4.4.1　定积分的问题举例

4.4.1.1　曲边梯形的面积问题

所谓曲边梯形,即由曲线 $y = f(x), (x \geqslant 0)$ 及直线 $x = a, x = b$ 所围成的平面图

形,如图4.3所示.

　　曲线围成的平面图形的面积,在适当选择坐标系后,往往可以化为两个曲边梯形面积的差.如图 4.4 所示.曲线 $MDNC$ 所围成的面积 A_{MDNC},可以化为曲边梯形面积 $A_{MM_1N_1NC}$ 和曲边梯形面积 $A_{MM_1N_1ND}$ 之差,即

$$A_{MDNC} = A_{MM_1N_1NC} - A_{MM_1N_1ND}$$

　　由此可见,只要求得曲边梯形的面积,计算曲线所围成平面图形面积的问题就迎刃而解了.

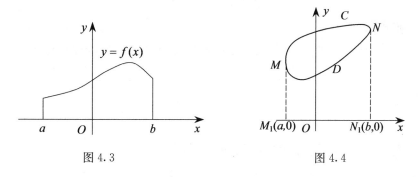

图 4.3　　　　　　　　　　　　　图 4.4

　　为了计算曲边梯形面积 A(如图 4.3 所示),我们用一组垂直于 x 轴的直线把整个曲边梯形分割成许多小曲边梯形,它们的底边很窄,而 $f(x)$ 又是连续变化的.故用小矩形面积来代替它们并求和,即得曲边梯形面积的近似值.由图 4.5 可见,分割越密,所得近似值越精确,当所有的小曲边梯形的宽度趋于 0 时,上述近似值的极限即是曲边梯形面积的精确值.

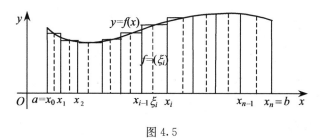

图 4.5

　　根据以上分析,求曲边梯形的面积可按以下步骤计算:

1. 作分割,任取分点

$$a = x_0 < x_1 < x_2 < \cdots < x_{i-1} < x_i < \cdots < x_{n-1} < x_n = b$$

把底边 $[a,b]$ 分成 n 个小区间:$[x_{i-1},x_i](i=1,2,\cdots,n)$,记 $\Delta x_i = x_i - x_{i-1}$,对应的第 i 个小曲边梯形的面积记为 $\Delta A_i(i=1,2,3,\cdots,n)$.

2. 取近似代替

在第 i 个小曲边梯形的底 $[x_{i-1}, x_i]$ 上任取一点 ξ_i,则得小曲边梯形面积 ΔA_i 的近似值 $f(\xi_i)\Delta x_i$,即

$$\Delta A_i \approx f(\xi_i)\Delta x_i \quad (i=1,2,\cdots,n)$$

3. 求和

将 n 个小曲边梯形面积的近似值求和,即得曲边梯形面积的近似值,即

$$A \approx \sum_{i=1}^{n} f(\xi_i)\Delta x_i$$

4. 求极限

当每个小区间长度 Δx_i 都无限变小时,上述和式极限即为曲边梯形面积的精确值,即有

$$A = \lim_{\lambda \to 0} \sum_{i=1}^{n} f(\xi_i)\Delta x_i, \quad \lambda = \max_{1 \leqslant i \leqslant n}\{\Delta x_i\}$$

4.4.1.2　变速直线运动的路程

设某物体作直线运动,已知速度 $v = v(t)$ 是时间间隔 $[T_1, T_2]$ 上的连续函数,且 $v(t) \geqslant 0$,求这段时间内所走的路程 S.

现在速度是变量,因此不能按匀速直线运动的路程公式计算. 但是因为在很短的一段时间内速度变化很小,近似于等速,所以可用匀速运动的路程作为这段很短时间里路程的近似值. 解决这个问题的思路和步骤与前述关于解决曲边梯形问题的方法相类似.

1. 作分割,任取分点

$$T_1 = t_0 < t_1 < t_2 < \cdots < t_{i-1} < t_i < \cdots < t_{n-1} < t_n = T_2$$

把 $[T_1, T_2]$ 分成 n 个小段: $[t_{i-1}, t_i]$ $(i=1,2,\cdots,n)$,对应的第 i 个小段长为

$$\Delta t_i = t_i - t_{i-1}$$

2. 取近似代替

在第 i 个小段 $[t_{i-1}, t_i]$ 上任取一点 ξ_i,以该点的速度 $v(\xi_i)$ 作为该段上的速度,可得该段上路程 ΔS_i 的近似值 $v(\xi_i)\Delta t_i$,即

$$\Delta S_i \approx v(\xi_i)\Delta t_i \quad (i=1,2,\cdots,n)$$

3. 求和

将 n 个小段近似值求和,即得

$$S = \sum_{i=1}^{n} \Delta S_i \approx \sum_{i=1}^{n} v(\xi_i)\Delta t_i$$

4. 求极限

路程的精确值为

$$S = \lim_{\lambda \to 0} \sum_{i=1}^{n} v(\xi_i) \Delta t_i, \quad \lambda = \max_{1 \leqslant i \leqslant n} \{\Delta t_i\}$$

4.4.2 定积分的定义

从上述两个具体问题可知,虽然它们的实际意义不同,但是所体现的思想方法和计算步骤都是相同的,并最终归结为求和式的极限.在科学技术和生产实践中,还有许多问题也可归结为这种特定的和式极限,为此我们给出以下定义:

定义 设函数 $y = f(x)$ 在 $[a,b]$ 上有定义,任取分点

$$a = x_0 < x_1 < x_2 < \cdots < x_{i-1} < x_i < \cdots < x_{n-1} < x_n = b$$

将 $[a,b]$ 分成 n 个小区间 $[x_{i-1}, x_i]$ $(i=1,2,\cdots,n)$,记

$$\Delta x_i = x_i - x_{i-1} \quad (i=1,2,\cdots,n)$$

在第 i 个小区间 $[x_{i-1}, x_i]$ 上任取一点 ξ_i,作积 $f(\xi_i)\Delta x_i$ 的和式 $\sum_{i=1}^{n} f(\xi_i)\Delta x_i$,如果和式的极限即 $\lim_{\lambda \to 0} \sum_{i=1}^{n} f(\xi_i)\Delta x_i$ 存在,其中,$\lambda = \max_{1 \leqslant i \leqslant n} \{\Delta x_i\}$,则称该极限值为函数 $f(x)$ 在区间 $[a,b]$ 上的定积分. 记为

$$\int_a^b f(x)\mathrm{d}x = \lim_{\lambda \to 0} \sum_{i=1}^{n} f(\xi_i)\Delta x_i$$

其中,称 $f(x)$ 为被积函数,$f(x)\mathrm{d}x$ 称为被积式,x 称为积分变量,$[a,b]$ 为积分区间,a,b 分别称为积分的下限和上限.

有了定积分的定义,前面两个实际问题即可表示为:

曲边梯形面积

$$A = \int_a^b f(x)\mathrm{d}x$$

变速运动路程

$$S = \int_{T_1}^{T_2} v(t)\mathrm{d}t$$

关于定积分定义作如下说明:

(1) 定积分表示一个数值,与被积表达式和积分上、下限有关,而与积分变量的表示无关. 例如

$$\int_a^b f(x)\mathrm{d}x = \int_a^b f(t)\mathrm{d}t = \int_a^b f(y)\mathrm{d}y$$

（2）规定：

$$\int_a^b f(x)\mathrm{d}x = 0 \quad (a = b); \qquad \int_a^b f(x)\mathrm{d}x = -\int_b^a f(x)\mathrm{d}x \quad (a > b)$$

（3）定积分的存在性：当 $f(x)$ 在 $[a,b]$ 上连续或只有有限个间断点时，$f(x)$ 在 $[a,b]$ 上的定积分一定存在，称 $f(x)$ 在 $[a,b]$ 上可积.

4.4.3　定积分的几何意义

由前面的讨论可知，当 $f(x) > 0$ 时，$\int_a^b f(x)\mathrm{d}x$ 即表示曲边梯形的面积；当 $f(x) < 0$ 时，图形位于 x 轴的下方，积分值为负，即有

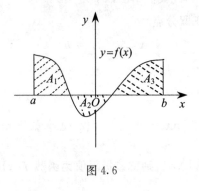

图 4.6

$$\int_a^b f(x)\mathrm{d}x = -A$$

为曲边梯形面积的负值.

如果 $f(x)$ 在 $[a,b]$ 上有正有负时，则积分值就等于曲线 $y = f(x)$ 在 x 轴上方部分和下方部分面积的代数和，如图 4.6 所示，有

$$\int_a^b f(x)\mathrm{d}x = A_1 - A_2 + A_3$$

4.4.4　定积分的性质

为了理论研究与计算的需要，我们来介绍定积分的基本性质. 在下面的论述中，假定定积分都是存在的.

性质 1　函数的代数和的积分可逐项积分，即

$$\int_a^b \big[f_1(x) \pm f_2(x) \big] \mathrm{d}x = \int_a^b f_1(x)\mathrm{d}x \pm \int_a^b f_2(x)\mathrm{d}x$$

该性质可推广到有限个函数的代数和的情形.

性质 2　被积函数的常数因子，可提到积分号外面，即

$$\int_a^b k f(x)\mathrm{d}x = k \int_a^b f(x)\mathrm{d}x$$

性质 3（积分区间的可加性）　若 $a < c < b$，则有

$$\int_a^b f(x)\mathrm{d}x = \int_a^c f(x)\mathrm{d}x + \int_c^b f(x)\mathrm{d}x$$

注意：c 点既可为 (a,b) 内的点，也可为 (a,b) 外的点，譬如当 $a < b < c$ 时，则有

$$\int_a^c f(x)\mathrm{d}x = \int_a^b f(x)\mathrm{d}x + \int_b^c f(x)\mathrm{d}x = \int_a^b f(x)\mathrm{d}x - \int_c^b f(x)\mathrm{d}x$$

仍有

$$\int_a^b f(x)\mathrm{d}x = \int_a^c f(x)\mathrm{d}x + \int_c^b f(x)\mathrm{d}x$$

性质 4(积分比较性质) 在 $[a,b]$ 上,若有 $f(x) \geqslant g(x)$,则有

$$\int_a^b f(x)\mathrm{d}x \geqslant \int_a^b g(x)\mathrm{d}x$$

上述几条性质,均可由定积分的定义证得.(证明略)

性质 5(积分估值性质) 设 M 与 m 分别是 $f(x)$ 在 $[a,b]$ 上的最大值与最小值,则有

$$m(b-a) \leqslant \int_a^b f(x)\mathrm{d}x \leqslant M(b-a)$$

该性质很容易得证,请读者自己完成.

性质 6(积分中值性质) 如果 $f(x)$ 在 $[a,b]$ 上连续,则在 $[a,b]$ 上至少存在一点 $\xi \in [a,b]$,使得

$$\int_a^b f(x)\mathrm{d}x = f(\xi)(b-a)$$

证明 将性质 5 不等式除以 $b-a$,得

$$m \leqslant \frac{1}{b-a}\int_a^b f(x)\mathrm{d}x \leqslant M$$

由于 $f(x)$ 为 $[a,b]$ 上的连续函数,所以由介值定理知,在 $[a,b]$ 内至少存在一个 ξ,使得

$$f(\xi) = \frac{1}{b-a}\int_a^b f(x)\mathrm{d}x$$

即

$$\int_a^b f(x)\mathrm{d}x = f(\xi)(b-a)$$

积分中值定理有明显的几何意义:曲边 $y=f(x)$ 在 $[a,b]$ 底上围成的曲边梯形面积,等于同一底边而高为 $f(\xi)$ 的一个矩形的面积(见图 4.7).

从几何角度易知,数值 $\mu = \dfrac{1}{b-a}\int_a^b f(x)\mathrm{d}x$ 表示连续曲线 $y=f(x)$ 在 $[a,b]$ 上的平均高度,也就是函数 $f(x)$ 在 $[a,b]$ 上的平均值. 这是有限个数的平均值概念的拓展.

【例 4.4.1】 估计定积分 $\int_{-1}^1 \mathrm{e}^{-x^2}\mathrm{d}x$ 的值.

解 先求 $f(x) = \mathrm{e}^{-x^2}$ 在 $[-1,1]$ 上的最大值

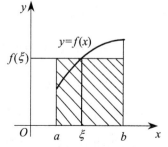

图 4.7

和最小值. 因

$$f'(x) = -2xe^{-x^2}$$

得驻点为 $x = 0$, 而 $f(0) = 1, f(-1) = f(1) = \dfrac{1}{e}$, 则 $m = \dfrac{1}{e}, M = 1$, 所以有

$$\frac{2}{e} \leqslant \int_{-1}^{1} e^{-x^2} dx \leqslant 2$$

习 题 4.4

1. 设放射性物质分解速度 v 是时间 t 的函数, 记为 $v(t)$, 试用定积分表示由 t_0 到 t_1 所分解的质量 m.

2. 根据定积分的几何意义, 推证下列积分的值.

(1) $\displaystyle\int_{-1}^{1} x \, dx$　　　　　(2) $\displaystyle\int_{-R}^{R} \sqrt{R^2 - x^2} \, dx$　　$(R > 0)$

(3) $\displaystyle\int_{0}^{2\pi} \cos x \, dx$　　　　(4) $\displaystyle\int_{-1}^{1} |x| \, dx$

3. 设 $f(x)$ 是 $[a,b]$ 上的单调增加的连续函数, 证明:

$$f(a)(b-a) \leqslant \int_{a}^{b} f(x) dx \leqslant f(b)(b-a)$$

4. 比较 $\displaystyle\int_{0}^{1} x \, dx$ 与 $\displaystyle\int_{0}^{1} \ln(1+x) \, dx$ 的大小.

4.5 微积分基本公式

定积分作为一种特定和式的极限, 直接用定义来计算将是一件十分繁杂的事, 有时甚至办不到, 因此我们必须寻求计算定积分的方法. 本节将通过对定积分与原函数关系的讨论, 导出一种计算定积分的简便有效的方法.

4.5.1 积分上限函数

为了导出微积分基本公式, 我们先介绍一类函数——积分上限函数.

设 $f(x)$ 在 $[a,b]$ 上连续, $x \in [a,b]$, 于是 $\displaystyle\int_{a}^{x} f(x) dx$ 是一确定的数值. 这种写法易混淆, 为明确起见, 可以把积分变量写成 t (因定积分的值与积分变量的表示无关), 这样 $\displaystyle\int_{a}^{x} f(x) dx$ 就可写成 $\displaystyle\int_{a}^{x} f(t) dt$.

显然,当 x 在 $[a,b]$ 上变动时,对应于每一个 x 值,积分 $\int_a^x f(t)\mathrm{d}t$ 就有一个确定的值,因此 $\int_a^x f(t)\mathrm{d}t$ 是上限 x 的函数,记为 $\Phi(x)$,即

$$\Phi(x) = \int_a^x f(t)\mathrm{d}t, \quad a \leqslant x \leqslant b.$$

通常称 $\Phi(x)$ 为变上限积分函数或积分上限函数,其几何意义如图 4.8 所示.

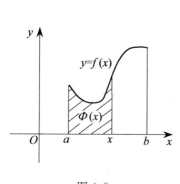

图 4.8

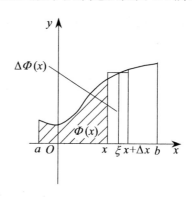

图 4.9

定理 1　如果函数 $f(x)$ 在 $[a,b]$ 上连续,则积分上限函数 $\boldsymbol{\Phi}(x) = \int_a^x f(t)\mathrm{d}t$ 在 $[a,b]$ 上可导,且其导数是

$$\boldsymbol{\Phi}'(x) = \frac{\mathrm{d}}{\mathrm{d}x}\int_a^x f(t)\mathrm{d}t = f(x) \quad (a \leqslant x \leqslant b)$$

证明　当上限 x 获得改变量 Δx 时,函数 $\Phi(x)$ 获得改变量 $\Delta\Phi$,由图 4.9 可见

$$\Delta\Phi = \int_x^{x+\Delta x} f(t)\mathrm{d}t$$

由积分中值定理,得

$$\Delta\Phi = f(\xi)\Delta x$$

其中,ξ 介于 x 与 $x+\Delta x$ 之间,故有

$$\frac{\Delta\Phi}{\Delta x} = f(\xi)$$

再令 $\Delta x \to 0$,从而 $\xi \to x$,由 $f(x)$ 的连续性可得

$$\lim_{\Delta x \to 0}\frac{\Delta\Phi}{\Delta x} = \lim_{\xi \to x} f(\xi) = f(x)$$

即

$$\Phi'(x) = f(x)$$

推论　连续函数的原函数一定存在. 事实上 $\boldsymbol{\Phi}(x) = \int_a^x f(t)\mathrm{d}t$ 即是 $f(x)$ 的一

个原函数.

4.5.2 牛顿-莱布尼茨(Newton-Leibniz)公式

定理2 设函数 $f(x)$ 在 $[a,b]$ 上连续,且 $F(x)$ 为 $f(x)$ 的任一原函数,则有

$$\int_a^b f(x)\mathrm{d}x = F(b) - F(a)$$

证明 由上述定理知 $\Phi(x) = \int_a^x f(t)\mathrm{d}t$ 也是 $f(x)$ 的一个原函数,则有

$$\Phi(x) - F(x) = C_0$$

其中,C_0 为某一常数,即

$$\int_a^x f(t)\mathrm{d}t - F(x) = C_0$$

令 $x=a$,则有

$$\int_a^a f(t)\mathrm{d}t - F(a) = C_0$$

得 $C_0 = -F(a)$. 再令 $x=b$,则有

$$\int_a^b f(t)\mathrm{d}t - F(b) = C_0 = -F(a)$$

即有

$$\int_a^b f(t)\mathrm{d}t = F(b) - F(a)$$

因积分与变量记号无关,即有

$$\int_a^b f(x)\mathrm{d}x = F(b) - F(a)$$

上式称为**牛顿-莱布尼茨**(Newton - Leibniz)**公式**,也称为**微积分基本公式**. 它表明:一个连续数在 $[a,b]$ 上的定积分,等于它的任一个原函数在 $[a,b]$ 上的改变量. 这就给定积分的计算找到了一条简捷的途径. 它是整个积分学中最重要的公式.

为了计算方便,上述公式常采用下面形式:

$$\int_a^b f(x)\mathrm{d}x = F(x)\Big|_a^b = F(b) - F(a)$$

【例 4.5.1】 计算下列导数.

(1) $\dfrac{\mathrm{d}}{\mathrm{d}x}\int_x^0 \sin e^t \mathrm{d}t$ (2) $\dfrac{\mathrm{d}}{\mathrm{d}x}\int_{-1}^{x^2}\sqrt{1+t^3}\,\mathrm{d}t$ (3) $\dfrac{\mathrm{d}}{\mathrm{d}x}\int_{2x}^{3x}\sin e^t \mathrm{d}t$

解 (1) 因为 $\int_x^0 \sin e^t \mathrm{d}t$ 是下限函数,变成上限函数为 $-\int_0^x \sin e^t \mathrm{d}t$,利用本节定

理 1 得

$$\frac{\mathrm{d}}{\mathrm{d}x}\int_{x}^{0}\sin e^{t}\mathrm{d}t = \frac{\mathrm{d}}{\mathrm{d}x}\left(-\int_{0}^{x}\sin e^{t}\mathrm{d}t\right) = -\sin e^{x}$$

(2) 因 $\int_{-1}^{x^2}\sqrt{1+t^3}\mathrm{d}t$ 为积分上限 x^2 的函数,而积分上限 x^2 又为自变量 x 的函数,即 $\int_{-1}^{x^2}\sqrt{1+t^3}\mathrm{d}t$ 为自变量 x 的复合函数,利用复合函数导数运算法则及本节定理 1 得

$$\frac{\mathrm{d}}{\mathrm{d}x}\int_{-1}^{x^2}\sqrt{1+t^3}\mathrm{d}t = \sqrt{1+(x^2)^3}(x^2)' = 2x\sqrt{1+x^6}$$

(3) 因 $\int_{2x}^{3x}\sin e^{t}\mathrm{d}t = \int_{2x}^{0}\sin e^{t}\mathrm{d}t + \int_{0}^{3x}\sin e^{t}\mathrm{d}t$,再对其求导得

$$\frac{\mathrm{d}}{\mathrm{d}x}\int_{2x}^{3x}\sin e^{t}\mathrm{d}t = \frac{\mathrm{d}}{\mathrm{d}x}\left(-\int_{0}^{2x}\sin e^{t}\mathrm{d}t + \int_{0}^{3x}\sin e^{t}\mathrm{d}t\right) = -2\sin e^{2x} + 3\sin e^{3x}$$

【例 4.5.2】 计算下列定积分.

(1) $\int_{1}^{3}\left(x+\frac{1}{x}\right)^2\mathrm{d}x$　　　　(2) $\int_{-1}^{1}\sqrt{x^2}\mathrm{d}x$

解　(1) $\int_{1}^{3}\left(x+\frac{1}{x}\right)^2\mathrm{d}x = \int_{1}^{3}\left(x^2+2+\frac{1}{x^2}\right)\mathrm{d}x$

$$= \left(\frac{1}{3}x^3 + 2x - \frac{1}{x}\right)\Big|_{1}^{3} = 13\frac{1}{3}$$

(2) $\int_{-1}^{1}\sqrt{x^2}\mathrm{d}x = \int_{-1}^{1}|x|\mathrm{d}x = \int_{-1}^{0}-x\mathrm{d}x + \int_{0}^{1}x\mathrm{d}x$

$$= -\frac{1}{2}x^2\Big|_{-1}^{0} + \frac{1}{2}x^2\Big|_{0}^{1} = 1$$

注意:本题如不分段积分,则得如下错误结果:

$$\int_{-1}^{1}\sqrt{x^2}\mathrm{d}x = \int_{-1}^{1}x\mathrm{d}x = \frac{1}{2}x^2\Big|_{-1}^{1} = 0$$

习　题　4.5

1. 计算下列导数.

(1) $\dfrac{\mathrm{d}}{\mathrm{d}x}\int_{x}^{x^2}\sin t^2\mathrm{d}t$　　　　(2) $\dfrac{\mathrm{d}}{\mathrm{d}x}\int_{x^2}^{1}\dfrac{\sin\sqrt{\theta}}{\theta}\mathrm{d}\theta\quad(x>0)$

2. 计算下列各定积分.

(1) $\int_{4}^{9}\sqrt{x}(1+\sqrt{x})\mathrm{d}x$　　　　(2) $\int_{0}^{\frac{\pi}{4}}\tan^2\theta\,\mathrm{d}\theta$

(3) $\int_{-1}^{0} \frac{3x^4 + 3x^2 + 1}{x^2 + 1} dx$　　　　(4) $\int_{0}^{2\pi} |\sin x| dx$

(5) 已知 $f(x) = \begin{cases} x^2 + 1, & 0 \leqslant x \leqslant 1 \\ x + 1, & -1 \leqslant x \leqslant 0 \end{cases}$,求 $\int_{-1}^{1} f(x) dx$.

3. 求由 $\int_{2}^{y} e^t dt + \int_{0}^{x} \cos t \, dt = 0$ 所确定的隐函数 y 对 x 的导数 $\frac{dy}{dx}$.

4. 求下列极限.

(1) $\lim\limits_{x \to 0} \dfrac{\int_{0}^{x} \cos t^2 dt}{x}$　　　　(2) $\lim\limits_{x \to 0} \dfrac{\int_{0}^{x^2} \sin\sqrt{t} \, dt}{x^3}$

4.6　定积分的换元法与分部积分法

4.6.1　定积分的换元积分法

与不定积分的基本积分方法相对应,定积分也有换元法,一般地,定积分的换元法可叙述如下.

设 $f(x)$ 在 $[a,b]$ 上连续,而 $x = \varphi(t)$ 满足下列条件:

(1) $x = \varphi(t)$ 在 $[\alpha,\beta]$ 上有连续的导数;

(2) $\varphi(\alpha) = a, \varphi(\beta) = b$,且当 t 在 $[\alpha,\beta]$ 内变化时,$x = \varphi(t)$ 在 $[a,b]$ 上变化,并不超出 $[a,b]$,则有换元公式

$$\int_{a}^{b} f(x) dx = \int_{\alpha}^{\beta} f[\varphi(t)] \varphi'(t) dt$$

定积分换元时,应注意:**换元必须换限,原上限对应新上限,原下限对应新下限,千万不能张冠李戴.** 与不定积分相比较,相同之处是换元,不同之处是定积分换元要换限,不必回代.

【例 4.6.1】　求 $\int_{0}^{4} \frac{\sqrt{x}}{1 + \sqrt{x}} dx$.

解　设 $\sqrt{x} = t$,则 $x = t^2$,于是有

$$\int_{0}^{4} \frac{\sqrt{x}}{1 + \sqrt{x}} dx = \int_{0}^{2} \frac{2t^2}{1 + t} dt = 2\int_{0}^{2} \left(t - 1 + \frac{1}{1 + t} \right) dt$$

$$= [t^2 - 2t + 2\ln(1 + t)] \Big|_{0}^{2} = 2\ln 3$$

【例 4.6.2】　求 $\int_{0}^{\ln 2} \sqrt{e^x - 1} dx$.

解　设 $\sqrt{\mathrm{e}^x-1}=t$，则 $x=\ln(1+t^2)$，$\mathrm{d}x=\dfrac{2t}{1+t^2}\mathrm{d}t$，于是有

$$\int_0^{\ln 2}\sqrt{\mathrm{e}^x-1}\mathrm{d}x=\int_0^1 t\,\frac{2t}{1+t^2}\mathrm{d}t=2\int_0^1\left(1-\frac{1}{1+t^2}\right)\mathrm{d}t$$

$$=2\,(t-\arctan t)\,\Big|_0^1=2-\frac{\pi}{2}$$

【例 4.6.3】　求 $\displaystyle\int_a^{2a}\frac{\sqrt{x^2-a^2}}{x^4}\mathrm{d}x\quad(a>0)$.

解　设 $x=a\sec t$，则 $\mathrm{d}x=a\sec t\tan t\mathrm{d}t$. 当 $x=a$ 时，$t=0$；当 $x=2a$ 时，$t=\dfrac{\pi}{3}$，于是有

$$原式=\int_0^{\frac{\pi}{3}}\frac{a\tan t}{a^4\sec^4 t}a\sec t\tan t\mathrm{d}t=\int_0^{\frac{\pi}{3}}\frac{1}{a^2}\sin^2 t\cos t\mathrm{d}t$$

$$=\frac{1}{a^2}\int_0^{\frac{\pi}{3}}\sin^2 t\mathrm{d}(\sin t)=\frac{1}{3a^2}\sin^3 t\,\bigg|_0^{\frac{\pi}{3}}=\frac{\sqrt{3}}{8a^2}$$

上面计算 $\displaystyle\int_0^{\frac{\pi}{3}}\sin^2 t\cos t\mathrm{d}t$ 时，使用了凑微分法，因为这里没有明显地引入新变量，所以积分的上、下限就不必变更了.

【例 4.6.4】　设 $f(x)$ 在对称区间 $[-a,a]$ 上连续，试证明

$$\int_{-a}^{a}f(x)\mathrm{d}x=\begin{cases}0, & f(x)\text{ 为奇函数}\\[2mm]2\displaystyle\int_0^a f(x)\mathrm{d}x, & f(x)\text{ 为偶函数}\end{cases}$$

证明　因为 $\displaystyle\int_{-a}^{a}f(x)\mathrm{d}x=\int_{-a}^{0}f(x)\mathrm{d}x+\int_0^a f(x)\mathrm{d}x$，对积分 $\displaystyle\int_{-a}^{0}f(x)\mathrm{d}x$ 作变量代换 $x=-t$，则

$$\int_{-a}^{0}f(x)\mathrm{d}x=\int_a^0 f(-t)\mathrm{d}(-t)=-\int_a^0 f(-t)\mathrm{d}t=\int_0^a f(-t)\mathrm{d}t$$

由于定积分与积分变量无关，则 $\displaystyle\int_{-a}^{0}f(x)\mathrm{d}x=\int_0^a f(-t)\mathrm{d}t=\int_0^a f(-x)\mathrm{d}x$. 故有

$$\int_{-a}^{a}f(x)\mathrm{d}x=\int_0^a f(-x)\mathrm{d}x+\int_0^a f(x)\mathrm{d}x=\int_0^a[f(-x)+f(x)]\mathrm{d}x$$

(1) 若 $f(x)$ 为奇函数，则 $f(-x)=-f(x)$，有 $\displaystyle\int_{-a}^{a}f(x)\mathrm{d}x=0$.

(2) 若 $f(x)$ 为偶函数，则 $f(-x)=f(x)$，有 $\displaystyle\int_{-a}^{a}f(x)\mathrm{d}x=2\int_0^a f(x)\mathrm{d}x$.

本题的结论可应用于简化奇、偶函数在对称区间上的定积分，特别是奇函数，不需计算即可得出结果.

4.6.2 定积分的分部积分法

由不定积分的分部积分公式,考虑到定积分上、下限,结合牛顿-莱布尼茨公式.于是得定积分分部积分公式:

$$\int_a^b u\,\mathrm{d}v = uv\,\Big|_a^b - \int_a^b v\,\mathrm{d}u$$

【例 4.6.5】 求 $\int_0^{\frac{\pi}{2}} x^2 \cos x\,\mathrm{d}x$.

解 $\int_0^{\frac{\pi}{2}} x^2 \cos x\,\mathrm{d}x = \int_0^{\frac{\pi}{2}} x^2\,\mathrm{d}(\sin x) = x^2 \sin x\,\Big|_0^{\frac{\pi}{2}} - 2\int_0^{\frac{\pi}{2}} x\sin x\,\mathrm{d}x$

$$= \frac{\pi^2}{4} + 2\int_0^{\frac{\pi}{2}} x\,\mathrm{d}(\cos x) = \frac{\pi^2}{4} + 2x\cos x\,\Big|_0^{\frac{\pi}{2}} - 2\int_0^{\frac{\pi}{2}} \cos x\,\mathrm{d}x$$

$$= \frac{\pi^2}{4} - 2\sin x\,\Big|_0^{\frac{\pi}{2}} = \frac{\pi^2}{4} - 2$$

【例 4.6.6】 计算 $\int_0^1 \mathrm{e}^{\sqrt{x}}\,\mathrm{d}x$.

解 先换元,令 $\sqrt{x} = t$,则 $x = t^2\,(t > 0)$,$\mathrm{d}x = 2t\,\mathrm{d}t$,于是有

$$\int_0^1 \mathrm{e}^{\sqrt{x}}\,\mathrm{d}x = 2\int_0^1 t\mathrm{e}^t\,\mathrm{d}t = 2t\mathrm{e}^t\,\Big|_0^1 - 2\int_0^1 \mathrm{e}^t\,\mathrm{d}t$$

$$= 2\mathrm{e} - 2\mathrm{e}^t\,\Big|_0^1 = 2$$

【例 4.6.7】 求 $I_n = \int_0^{\frac{\pi}{2}} \sin^n x\,\mathrm{d}x$,($n$ 为正整数).

解 $I_0 = \int_0^{\frac{\pi}{2}} \mathrm{d}x = \frac{\pi}{2}$;$I_1 = \int_0^{\frac{\pi}{2}} \sin x\,\mathrm{d}x = 1$,当 $n \geqslant 2$ 时,应用分部积分法,有

$$I_n = \int_0^{\frac{\pi}{2}} \sin^n x\,\mathrm{d}x = -\int_0^{\frac{\pi}{2}} \sin^{n-1} x\,\mathrm{d}(\cos x)$$

$$= -\sin^{n-1} x\cos x\,\Big|_0^{\frac{\pi}{2}} + \int_0^{\frac{\pi}{2}} \cos x\,\mathrm{d}(\sin^{n-1} x)$$

$$= (n-1)\int_0^{\frac{\pi}{2}} \cos x\,\sin^{n-2} x\cos x\,\mathrm{d}x$$

$$= (n-1)\int_0^{\frac{\pi}{2}} (1 - \sin^2 x)\,\sin^{n-2} x\,\mathrm{d}x$$

$$= (n-1)\left[\int_0^{\frac{\pi}{2}} \sin^{n-2} x\,\mathrm{d}x - \int_0^{\frac{\pi}{2}} \sin^n x\,\mathrm{d}x\right]$$

$$= (n-1)I_{n-2} - (n-1)I_n$$

于是得递推公式

$$I_n = \frac{n-1}{n} I_{n-2} \quad (n \geqslant 2)$$

由于

$$\int_0^{\frac{\pi}{2}} \sin^n x \, dx = \int_0^{\frac{\pi}{2}} \cos^n x \, dx$$

所以对 $\int_0^{\frac{\pi}{2}} \cos^n x \, dx$ 有相同的递推公式.

【例 4.6.8】　求 $\int_0^{\frac{\pi}{2}} \sin^4 x \, dx$.

解　由于

$$I_4 = \int_0^{\frac{\pi}{2}} \sin^4 x \, dx$$

所以

$$I_4 = \frac{3}{4} I_2 = \frac{3}{4} \cdot \frac{1}{2} I_0 = \frac{3}{4} \cdot \frac{1}{2} \cdot \frac{\pi}{2} = \frac{3}{16} \pi$$

习　题　4.6

1. 计算下列各积分.

(1) $\displaystyle\int_{-2}^1 \frac{dx}{(11+5x)^3}$

(2) $\displaystyle\int_{-1}^1 \frac{x \, dx}{\sqrt{5-4x}}$

(3) $\displaystyle\int_1^{e^2} \frac{dx}{x\sqrt{1+\ln x}}$

(4) $\displaystyle\int_0^{\pi} \sqrt{1+\cos 2x} \, dx$

(5) $\displaystyle\int_0^1 t e^{-\frac{t^2}{2}} \, dt$

(6) $\displaystyle\int_1^{\sqrt{3}} \frac{dx}{x\sqrt{x^2+1}}$

(7) $\displaystyle\int_4^9 \frac{\sqrt{x}}{\sqrt{x}-1} \, dx$

(8) $\displaystyle\int_1^2 \frac{\sqrt{x^2-1}}{x} \, dx$

(9) $\displaystyle\int_{-1}^1 \frac{dx}{(1+x^2)^2}$

(10) $\displaystyle\int_{\frac{3}{4}}^1 \frac{dx}{\sqrt{1-x}-1}$

2. 设 $f(x) = \begin{cases} 1+x, & 0 \leqslant x \leqslant 2 \\ x^2-1, & 2 < x \leqslant 4 \end{cases}$，求 $\int_3^5 f(x-2) \, dx$.

3. 利用函数的奇偶性计算下列积分.

(1) $\displaystyle\int_{-\pi}^{\pi} x^4 \sin x \, dx$

(2) $\displaystyle\int_{-\frac{\pi}{2}}^{\frac{\pi}{2}} 4 \cos^4 t \, dt$

(3) $\displaystyle\int_{-\frac{1}{2}}^{\frac{1}{2}} \frac{(\arcsin x)^2}{\sqrt{1-x^2}} \, dx$

(4) $\displaystyle\int_{-5}^5 \frac{x^3 \sin^2 x}{x^4+2x^2+1} \, dx$

4. 设 $f(x)$ 在 $[a,b]$ 上连续,证明:

$$\int_a^b f(a+b-x)\mathrm{d}x = \int_a^b f(x)\mathrm{d}x$$

5. 设 $f(x)$ 是以 T 为周期的连续函数,试证明 $\int_a^{a+T} f(x)\mathrm{d}x = \int_0^T f(x)\mathrm{d}x$,($a$ 为常数).

6. 计算下列各积分.

(1) $\int_1^{\mathrm{e}} x\ln x\mathrm{d}x$

(2) $\int_{\frac{\pi}{4}}^{\frac{\pi}{3}} \dfrac{x}{\sin^2 x}\mathrm{d}x$

(3) $\int_1^4 \dfrac{\ln x}{\sqrt{x}}\mathrm{d}x$

(4) $\int_{\frac{1}{\mathrm{e}}}^{\mathrm{e}} |\ln x|\,\mathrm{d}x$

(5) $\int_0^1 x\arctan x\mathrm{d}x$

(6) $\int_0^{\frac{1}{4}} \sin\sqrt{x}\mathrm{d}x$

4.7 定积分的应用

4.7.1 定积分的微元法

前面我们曾用定积分方法解决了曲边梯形的面积和变速直线运动路程的计算问题,综合这两个问题可看出,用定积分计算的量 F,一般具有如下特点:

(1)所求量 F 与给定的区间 $[a,b]$ 有关,且在该区间上具有可加性. 即是说,确定于 $[a,b]$ 上的总量 F,当把 $[a,b]$ 分成许多小区间时,整体量等于各部分分量之和,即

$$F = \sum_{i=1}^n \Delta F_i$$

(2) 所求量 F 在 $[a,b]$ 上分布是不均匀的,也就是说 F 的值与 $[a,b]$ 的长度不成正比.

我们来回顾一下用定积分解决实际问题的基本步骤:

第一步,将所求量 F 分为部分量之和

$$F = \sum_{i=1}^n \Delta F_i$$

第二步,求出每个分量的近似值,即

$$\Delta F_i \approx f(\xi_i)\Delta x_i \quad (i = 1, 2, \cdots, n)$$

第三步,写出整体总量 F 的近似值

$$F = \sum_{i=1}^n \Delta F_i \approx \sum_{i=1}^n f(\xi_i)\Delta x_i$$

第四步，取 $\lambda = \max\limits_{1 \leqslant i \leqslant n}\{\Delta x_i\} \to 0$ 的极限，则得

$$F = \lim_{\lambda \to 0} \sum_{i=1}^{n} f(\xi_i) \Delta x_i = \int_a^b f(x)\,\mathrm{d}x$$

观察上述四步，我们发现第二步最关键，因为最后面的被积表达式就是在这一步被确定的，只要把近似式 $f(\xi_i)\Delta x_i$ 中的变量记号改变一下即可(ξ_i 换 x；Δx_i 换成 $\mathrm{d}x$). 而第三、第四两步可合并成一步：在$[a, b]$上无限累加，即在$[a, b]$上积分. 至于第一步，它只是表明所求量具有可加性，这是 F 能用定积分表示的前提. 于是上述四步可简化成了实用的两步：

第一步，在$[a, b]$上任取一个微小区间$[x, x + \mathrm{d}x]$，然后写出在这个小区间上的部分量 ΔF 的近似值 $f(x)\mathrm{d}x$，称为 F 的微元，记为 $\mathrm{d}F$，即 $\mathrm{d}F = f(x)\mathrm{d}x$.

第二步，将微元 $\mathrm{d}F$ 在$[a, b]$上积分，即得

$$F = \int_a^b f(x)\,\mathrm{d}x.$$

这种解决问题的方法称为**微元法**(或叫**元素法**).

关于微元 $\mathrm{d}F = f(x)\mathrm{d}x$，还需说明两点：

(1) $f(x)\mathrm{d}x$ 作为 ΔF 的近似表达式，应该足够准确. 确切地说，要求其差为 Δx 的高阶无穷小，即：$\Delta F - f(x)\mathrm{d}x = o(\Delta x)$. 由此可见，微元 $f(x)\mathrm{d}x$ 实际上就是所求量 F 的微分 $\mathrm{d}F$.

(2) 如何求微元是问题的关键，要分析问题的实际意义及数量关系，一般按照在局部$[x, x + \mathrm{d}x]$上，"以常代变"、"以匀代不匀"、"以直代曲"的思路，写出局部上所求量 F 的近似值，即为微元 $\mathrm{d}F = f(x)\mathrm{d}x$.

下面我们用微元法来讨论定积分在几何及物理等方面的一些应用.

4.7.2　平面图形的面积

4.7.2.1　直角坐标系情形

【例 4.7.1】 求曲线 $y = x^2$ 与 $y = \sqrt{x}$ 所围成图形的面积.

解 如图 4.10 所示，先求两曲线的交点. 解方程组

$$\begin{cases} y = x^2 \\ y = \sqrt{x} \end{cases}$$

得交点为$(0, 0)$，$(1, 1)$.

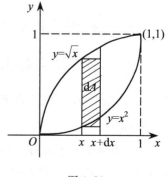

图 4.10

选 x 为积分变量,积分区间为 $[0,1]$,在其上任取 $[x,x+dx]$ 的小区间,对应的窄条面积近似于高为 $(\sqrt{x}-x^2)$,底为 dx 的小矩形的面积,得面积元素 $dA=(\sqrt{x}-x^2)dx$. 于是所求面积为

$$A = \int_0^1 (\sqrt{x} - x^2) dx = \left(\frac{2}{3} x^{\frac{3}{2}} - \frac{1}{3} x^3 \right) \Big|_0^1 = \frac{1}{3}$$

由例 4.7.1 可以归纳出解决此类问题的一般规律和步骤:如果 $f(x) \geqslant g(x)$, $x \in [a,b]$,$f(x)$,$g(x)$ 均为连续函数,那么由 $y=f(x)$,$y=g(x)$,$x=a$,$x=b$ 所围成的面积为

$$A = \int_a^b [f(x) - g(x)] dx$$

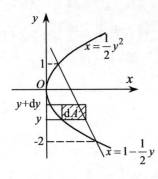

图 4.11

【例 4.7.2】 如图 4.11 所示,求抛物线 $y^2=2x$ 与直线 $2x+y-2=0$ 所围成图形的面积.

解 先求交点.解方程组

$$\begin{cases} y^2 = 2x \\ 2x + y - 2 = 0 \end{cases}$$

得交点坐标 $(\frac{1}{2},1)$ 及 $(2,-2)$.

选取积分变量 y,积分区间为 $[-2,1]$,在其上任取一区间 $[y,y+dy]$,对应的窄条面积的近似值为

$$dA = \left(1 - \frac{y}{2} - \frac{1}{2} y^2 \right) dy$$

所以

$$A = \int_{-2}^1 \left(1 - \frac{y}{2} - \frac{1}{2} y^2 \right) dy$$

$$= \left(y - \frac{1}{4} y^2 - \frac{1}{6} y^3 \right) \Big|_{-2}^1 = \frac{9}{4}$$

仿上,可得一般结论,请读者自己考虑.

4.7.2.2 极坐标系情形

某些平面图形,用极坐标来计算它们的面积相对较简单.

下面用微元法来推导在极坐标系下"曲边扇形"的面积公式. 所谓"曲边扇形"是指由曲线 $r=r(\theta)$ 及两条射线 $\theta=\alpha$,$\theta=\beta$ 所组成的图形,如

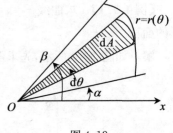

图 4.12

图 4.12 所示.取 θ 为积分变量,其变化范围为 $[\alpha,\beta]$,在微小区间 $[\theta,\theta+\mathrm{d}\theta]$ 上"以常代变",即以小扇形的面积 $\mathrm{d}A$ 作为小曲边扇形面积的近似值,于是得到面积微元为

$$\mathrm{d}A = \frac{1}{2}r^2(\theta)\mathrm{d}\theta$$

将 $\mathrm{d}A$ 在 $[\alpha,\beta]$ 上积分,得所求的曲边扇形面积为

$$A = \int_\alpha^\beta \frac{1}{2}r^2(\theta)\mathrm{d}\theta$$

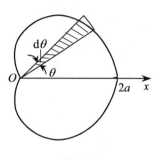

【例 4.7.3】 求心形线 $r=a(1+\cos\theta)$ 所围图形的面积.

解 如图 4.13 所示,由于图形对称于极轴,故可先求极轴以上部分的面积 A_1,此时 θ 的变化区间为 $[0,\pi]$,由以上公式得

图 4.13

$$A = 2A_1 = 2\int_0^\pi \frac{1}{2}r^2(\theta)\mathrm{d}\theta$$

$$= 2\int_0^\pi \frac{1}{2}[a(1+\cos\theta)]^2\mathrm{d}\theta$$

$$= a^2\int_0^\pi (1+2\cos\theta+\cos^2\theta)\mathrm{d}\theta$$

$$= a^2\int_0^\pi \left(\frac{3}{2}+2\cos\theta+\frac{1}{2}\cos2\theta\right)\mathrm{d}\theta$$

$$= a^2\left(\frac{3}{2}\theta+2\sin\theta+\frac{1}{4}\sin2\theta\right)\Big|_0^\pi = \frac{3}{2}\pi a^2$$

由上可见,求面积的一般步骤如下:

画出图形→确定积分变量与积分区间→定出面积元素→计算定积分.

4.7.3 平行截面为已知的立体的体积

设一立体位于 x 轴的二平面 $x=a,x=b$ 之间(如图 4.14 所示),过 x 点且垂直于 x 轴的截面面积为 $A(x)$,它是 x 的连续函数.取 x 为积分变量,积分区间为 $[a,b]$,任取 $[x,x+\mathrm{d}x]$,则在其上的薄片体积近似值为以 $A(x)$ 为底面、以 $\mathrm{d}x$ 为高的薄柱体的体积,即得体积元素为

$$\mathrm{d}V = A(x)\mathrm{d}x$$

因此,所求体积为

$$V = \int_a^b A(x)\,\mathrm{d}x$$

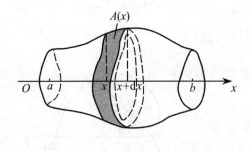

图 4.14   图 4.15

    特别地,由曲线 $y=f(x)$,$x=a$,$x=b$ 及 $y=0$ 所围成的图形,绕 x 轴旋转一周所得的旋转体的体积(如图 4.15 所示)为

$$V_x = \pi \int_a^b \left[f(x) \right]^2 \mathrm{d}x$$

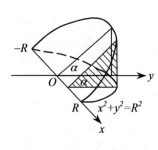

图 4.16

【**例 4.7.4**】 设有底圆半径为 R 的圆柱,被与圆柱面交成 α 角,且过底圆直径的平面所截,求截下的楔形的体积.

    解 取坐标系如图 4.16,则底圆方程为 $x^2+y^2=R^2$. 在 x 处垂直于 x 轴作立体的截面,得一直角三角形,两直角边分别为 y 和 $y\tan\alpha$,即 $\sqrt{R^2-x^2}$, $\sqrt{R^2-x^2}\tan\alpha$.

其面积为

$$A(x) = \frac{1}{2}(R^2 - x^2)\tan\alpha$$

从而得楔形体积为

$$V(x) = \int_{-R}^{R} \frac{1}{2}(R^2 - x^2)\tan\alpha\,\mathrm{d}x = \tan\alpha \int_0^R (R^2 - x^2)\,\mathrm{d}x$$

$$= \tan\alpha \left(R^2 x - \frac{x^3}{3} \right)\bigg|_0^R = \frac{2}{3} R^3 \tan\alpha$$

【**例 4.7.5**】 求椭圆 $\dfrac{x^2}{a^2} + \dfrac{y^2}{b^2} = 1$ 绕 x 轴旋转一周所得的旋转体(旋转椭球体)的体积.

    解 如图 4.17 所示,由图形的对称性,可得旋转椭球体的体积为

$$V = 2 \int_0^a \pi \frac{b^2}{a^2} (a^2 - x^2) \mathrm{d}x = 2\pi \frac{b^2}{a^2} \int_0^a (a^2 - x^2) \mathrm{d}x$$

$$= 2\pi \frac{b^2}{a^2} \left[a^2 x - \frac{1}{3} x^3 \right] \Big|_0^a = \frac{4\pi}{3} ab^2$$

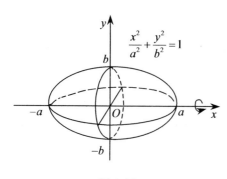

图 4.17

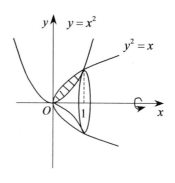

图 4.18

特别地,当 $a=b$ 时,即得球的体积公式为

$$V = \frac{4}{3} \pi a^3$$

【例 4.7.6】 求抛物线 $y = x^2$ 与 $y^2 = x$ 所围成平面图形绕 x 轴旋转一周所得的旋转体的体积.

解 如图 4.18 所示,可以看出该旋转体的体积由 $y = \sqrt{x}$ 与 $x=1$ 及 x 轴所得旋转体和 $y = x^2$ 与 $x=1$ 及 x 轴所得旋转体的体积差构成. 即

$$V = V_1 - V_2 = \pi \int_0^1 x \mathrm{d}x - \pi \int_0^1 x^4 \mathrm{d}x$$

$$= \pi \left[\left(\frac{1}{2} x^2 \right) \Big|_0^1 - \left(\frac{1}{5} x^5 \right) \Big|_0^1 \right] = \frac{3}{10} \pi$$

4.7.4 其他应用举例

4.7.4.1 求功

1. 变力做功

【例 4.7.7】 由胡克定律知,把弹簧拉长所需的力与弹簧的伸长成正比,现用 1N 的力能使弹簧伸长 0.01m,求把弹簧拉长 0.1m 所做的功.

解 设弹簧的一端固定,建立如图 4.19 所示的坐标系,原点 O 为该弹簧不受力时另一端位置.由胡克定律知 $F(x) = kx$,其中,k 为弹性系数,由已知条件得 $1 = k0.01$,得

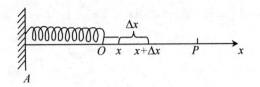

图 4.19

$$k = 100 \ (\text{N/m})$$

即有
$$F(x) = 100x$$

现用微元法解此问题. 由题意,将弹簧拉长到位置 P,在 OP 上取一微小段 $\mathrm{d}x$,在这小段上,弹力可近似地看作是常数,于是把弹簧由 x 拉长到 $x + \mathrm{d}x$ 所做的功为

$$\mathrm{d}W(x) = F(x)\mathrm{d}x = 100x\mathrm{d}x$$

所以,把弹簧拉长 0.1m 所做的功为

$$W(x) = \int_0^{0.1} 100x\mathrm{d}x = 50x^2 \Big|_0^{0.1} = 0.5 \ (\text{J})$$

图 4.20

2. 可化为变力做功

【例 4.7.8】 在修建大桥的桥墩时,先要下一围图,并抽尽其中的水,以便于施工,今已知围图的直径为 20m,水深 27m,围图高出水面 3m,求抽尽围图里的水所做的功.

解 如图 4.20 所示,建立坐标系,取积分变量为 x,则积分区间为 $[3,30]$.任取 $[x, x+\mathrm{d}x]$,得功微元为

$$\mathrm{d}W(x) = 9.8 \times 10^5 \pi x \mathrm{d}x$$

故所做功为

$$W(x) = \int_3^{30} 9.8 \times 10^5 \pi x \mathrm{d}x = 9.8 \times 10^5 \pi \left(\frac{x^2}{2}\right)\Big|_3^{30}$$

$$\approx 1.37 \times 10^9 \ (\text{J})$$

4.7.4.2 求侧压力

【例 4.7.9】 一个横放的半径为 R 的圆柱形水桶,里面盛有半桶油,计算桶的一个端面所受的压力(设油的密度为 ρ).

解 如图 4.21 所示,建立直角坐标系,圆方程为 $x^2 + y^2 = R^2$,选取 x 为积分变量,积分

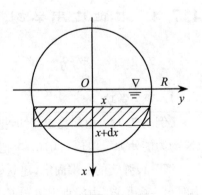

图 4.21

区间为 $[0,R]$，任取 $[x,x+\mathrm{d}x]$，则侧压力微元为

$$\mathrm{d}P = \rho g x \, \mathrm{d}A = \rho g x \cdot 2\sqrt{R^2 - x^2}\,\mathrm{d}x$$

所以端面所受的压力为

$$P = \int_0^R \rho g x \cdot 2\sqrt{R^2 - x^2}\,\mathrm{d}x$$

$$= -\rho g \int_0^R (R^2 - x^2)^{\frac{1}{2}} \mathrm{d}(R^2 - x^2)$$

$$= -\rho g \left[\frac{2}{3}(R^2 - x^2)^{\frac{3}{2}} \right] \Big|_0^R = \frac{2}{3}\rho g R^3$$

4.7.4.3 经济学中的应用举例

【例 4.7.10】 已知生产某产品 Q（单位：百台）的边际成本和边际收入分别为 $C'(Q) = 3 + \dfrac{1}{3}Q, R'(Q) = 7 - Q$（万元/百台），其中，$C(Q)$ 和 $R(Q)$ 分别是总成本和总收入函数.

(1) 若固定成本 $C(0) = 1$ 万元，求总成本函数、总收入函数和总利润函数.

(2) 产量为多少时，总利润最大？最大利润是多少？

解 (1) 总成本为固定成本与可变成本之和，即

$$C(Q) = C(0) + \int_0^Q \left(3 + \frac{t}{3}\right)\mathrm{d}t = 1 + 3Q + \frac{1}{6}Q^2$$

总收入函数为

$$R(Q) = R(0) + \int_0^Q (7 - t)\mathrm{d}t = 7Q - \frac{1}{2}Q^2$$

因产量为零时无收入，所以 $R(0) = 0$，且总利润为总收入与总成本之差，故有总利润

$$L(Q) = R(Q) - C(Q) = \left(7Q - \frac{1}{2}Q^2\right) - \left(1 + 3Q + \frac{1}{6}Q^2\right) = -1 + 4Q - \frac{2}{3}Q^2$$

(2) 因 $L'(Q) = 4 - \dfrac{4}{3}Q$，得驻点 $Q = 3$.据实际意义，当 $Q = 3$ 百台时，最大利润为

$$L(3) = -1 + 4 \times 3 - \frac{2}{3} \times 3^2 = 5 \,（万元）$$

习 题 4.7

1. 计算由下列各曲线所围成的图形的面积.

(1) $y=2x^2, y=x^2$ 与 $y=1$.

(2) $y=\sin x, y=\cos x$ 与直线 $x=0, x=\dfrac{\pi}{2}$.

(3) $y=3+2x-x^2$ 与直线 $x=1, x=4$ 及 Ox 轴.

(4) $y=\ln x, y=\ln 2, y=\ln 7, x=0$.

2. 求下列曲线所围成的图形绕指定轴旋转所得的旋转体的体积.

(1) $\dfrac{x^2}{a^2}+\dfrac{y^2}{b^2}=1$,绕 x 轴.

(2) $y^2=x, x^2=y$,绕 y 轴.

(3) $x^2+(y-2)^2=1$,分别绕 x 轴及 y 轴.

3. 半径等于 r 的半球形水池中充满了水,把水池里的水吸净,需做多少功?

4. 一块高为 a,底为 b 的三角形薄片,直立地沉没在水中,它的顶在下,底齐于水面,试计算它所受的压力.

5. 已知某产品的边际成本和边际收入分别为:$C'(Q)=Q^2-4Q+6, R'(Q)=105-2Q$,且固定成本为 100,其中,$Q$ 为销售量,$C(Q)$ 和 $R(Q)$ 为总成本函数和总收入函数,求最大利润.

*4.8 广 义 积 分

前面讨论的定积分,是以有限区间与有界函数为前提的,但是在实际问题中,往往需要突破这两个限制,把定积分概念从这两个方面加以推广,形成了广义积分.相应地,前面讨论的定积分也称为常义积分.

4.8.1 无穷区间上的广义积分

定义 1 设函数 $f(x)$ 在 $[a,+\infty)$ 上连续,取 $b>a$,我们把 $\lim\limits_{b\to+\infty}\displaystyle\int_a^b f(x)\mathrm{d}x$ 称为 $f(x)$ 在 $[a,+\infty)$ 上的广义积分,记为

$$\int_a^{+\infty} f(x)\mathrm{d}x = \lim_{b\to+\infty}\int_a^b f(x)\mathrm{d}x$$

若极限存在,称广义积分 $\displaystyle\int_a^{+\infty} f(x)\mathrm{d}x$ 收敛;若极限不存在,则称 $\displaystyle\int_a^{+\infty} f(x)\mathrm{d}x$ 发散.

类似地,有广义积分

$$\int_{-\infty}^b f(x)\mathrm{d}x = \lim_{a\to-\infty}\int_a^b f(x)\mathrm{d}x$$

$f(x)$ 在 $(-\infty,+\infty)$ 上的广义积分定义为

$$\int_{-\infty}^{+\infty} f(x)\mathrm{d}x = \int_{-\infty}^{c} f(x)\mathrm{d}x + \int_{c}^{+\infty} f(x)\mathrm{d}x$$

其中, C 为任意实数. 当右端两个广义积分都收敛时, 广义积分 $\int_{-\infty}^{+\infty} f(x)\mathrm{d}x$ 才是收敛的, 否则是发散的.

【例 4.8.1】 计算广义积分 $\int_{-\infty}^{+\infty} \dfrac{1}{1+x^2}\mathrm{d}x$.

解
$$\int_{-\infty}^{+\infty} \dfrac{1}{1+x^2}\mathrm{d}x = \int_{-\infty}^{0} \dfrac{1}{1+x^2}\mathrm{d}x + \int_{0}^{+\infty} \dfrac{1}{1+x^2}\mathrm{d}x$$
$$= \lim_{a\to-\infty} \int_{a}^{0} \dfrac{1}{1+x^2}\mathrm{d}x + \lim_{b\to+\infty} \int_{0}^{b} \dfrac{1}{1+x^2}\mathrm{d}x$$
$$= \lim_{a\to-\infty} \arctan x \big|_{a}^{0} + \lim_{b\to+\infty} \arctan x \big|_{0}^{b} = \dfrac{\pi}{2} + \dfrac{\pi}{2} = \pi$$

【例 4.8.2】 讨论广义积分 $\int_{1}^{+\infty} \dfrac{\mathrm{d}x}{x^p}$ 的敛散性.

解 当 $p=1$ 时
$$\int_{1}^{+\infty} \dfrac{\mathrm{d}x}{x^p} = \int_{1}^{+\infty} \dfrac{\mathrm{d}x}{x} = +\infty$$

当 $p \neq 1$ 时
$$\int_{1}^{+\infty} \dfrac{\mathrm{d}x}{x^p} = \lim_{b\to+\infty} \left(\dfrac{b^{1-p}}{1-p} - \dfrac{1}{1-p} \right) = \begin{cases} +\infty & (p<1) \\ \dfrac{1}{p-1} & (p>1) \end{cases}$$

因此, 当 $p>1$ 时, 这个广义积分收敛, 其值为 $\dfrac{1}{p-1}$, 当 $p \leqslant 1$ 时, 这个广义积分发散.

4.8.2　无界函数的广义积分

定义 2 设函数 $f(x)$ 在区间 $[a,b]$ 上连续, 而且 $\lim\limits_{x\to a^+} f(x) = \infty$, 则称极限 $\lim\limits_{\varepsilon\to 0^+} \int_{a+\varepsilon}^{b} f(x)\mathrm{d}x$ 为 $f(x)$ 在区间 $(a,b]$ 上的广义积分, 记为

$$\int_{a}^{b} f(x)\mathrm{d}x = \lim_{\varepsilon\to 0^+} \int_{a+\varepsilon}^{b} f(x)\mathrm{d}x$$

若极限存在, 则称广义积分 $\int_{a}^{b} f(x)\mathrm{d}x$ 收敛; 若极限不存在, 则称 $\int_{a}^{b} f(x)\mathrm{d}x$ 发散.

类似地, 当 $x=b$ 为 $f(x)$ 的无穷间断点时, $f(x)$ 在 $[a,b]$ 上的广义积分为

$$\int_{a}^{b} f(x)\mathrm{d}x = \lim_{\varepsilon\to 0^+} \int_{a}^{b-\varepsilon} f(x)\mathrm{d}x$$

当无穷间断点 $x=c$ 位于 $[a,b]$ 内部时, 则定义广义积分为

$$\int_{a}^{b} f(x)\mathrm{d}x = \int_{a}^{c} f(x)\mathrm{d}x + \int_{c}^{b} f(x)\mathrm{d}x$$

注意:右端两个积分均为广义积分,仅当这两个广义积分都收敛时,才称 $\int_a^b f(x)\mathrm{d}x$ 收敛,否则称 $\int_a^b f(x)\mathrm{d}x$ 发散.

【例 4.8.3】 计算广义积分 $\int_0^1 \ln x \mathrm{d}x$.

解
$$\int_0^1 \ln x \mathrm{d}x = \lim_{\varepsilon \to 0^+} \int_\varepsilon^1 \ln x \mathrm{d}x = \lim_{\varepsilon \to 0^+} [x\ln x - x]\big|_\varepsilon^1$$
$$= \lim_{\varepsilon \to 0^+} (-1 - \varepsilon\ln\varepsilon + \varepsilon)\big|_\varepsilon^1 = -1$$

注意:
$$\lim_{\varepsilon \to 0^+} \varepsilon\ln\varepsilon = \lim_{\varepsilon \to 0^+} \frac{\ln\varepsilon}{\dfrac{1}{\varepsilon}} = \lim_{\varepsilon \to 0^+} \frac{\dfrac{1}{\varepsilon}}{-\dfrac{1}{\varepsilon^2}} = -\lim_{\varepsilon \to 0^+} \varepsilon = 0$$

【例 4.8.4】 讨论广义积分 $\int_0^1 \dfrac{\mathrm{d}x}{x^q}$ 的敛散性.

解 $x = 0$ 为无穷间断点.

(1) 当 $q < 1$ 时,$\int_0^1 \dfrac{\mathrm{d}x}{x^q} = \dfrac{1}{1-q} \lim_{\varepsilon \to 0^+} x^{1-q} \Big|_\varepsilon^1 = \dfrac{1}{1-q}$,则 $\int_0^1 \dfrac{\mathrm{d}x}{x^q}$ 收敛.

(2) 当 $q > 1$ 时,$\int_0^1 \dfrac{\mathrm{d}x}{x^q} = \dfrac{1}{1-q} \lim_{\varepsilon \to 0^+} x^{1-q} \Big|_\varepsilon^1 = \infty$,则 $\int_0^1 \dfrac{\mathrm{d}x}{x^q}$ 发散.

(3) 当 $q = 1$ 时,$\int_0^1 \dfrac{\mathrm{d}x}{x^q} = \lim_{\varepsilon \to 0^+} \ln x \Big|_\varepsilon^1 = \infty$,则 $\int_0^1 \dfrac{\mathrm{d}x}{x^q}$ 发散.

综合上述结果得:

$\int_0^1 \dfrac{\mathrm{d}x}{x^q}$ 当 $q < 1$ 时收敛,当 $q \geqslant 1$ 时发散.

习 题 4.8

判别下列各广义积分的敛散性,如果收敛,计算广义积分的值.

(1) $\displaystyle\int_1^{+\infty} \dfrac{\mathrm{d}x}{\sqrt{x}}$

(2) $\displaystyle\int_0^{+\infty} \mathrm{e}^{-ax}\mathrm{d}x \quad (a > 0)$

(3) $\displaystyle\int_0^1 \dfrac{x\mathrm{d}x}{\sqrt{1-x^2}}$

(4) $\displaystyle\int_0^2 \dfrac{\mathrm{d}x}{(1-x)^2}$

(5) $\displaystyle\int_1^2 \dfrac{x\mathrm{d}x}{\sqrt{x-1}}$

(6) $\displaystyle\int_0^{+\infty} x\mathrm{e}^{-x}\mathrm{d}x$

(7) $\displaystyle\int_1^e \dfrac{\mathrm{d}x}{x\sqrt{1-\ln^2 x}}$

(8) $\displaystyle\int_{\frac{2}{\pi}}^{+\infty} \dfrac{1}{x^2} \sin\dfrac{1}{x} \mathrm{d}x$

本章内容精要

1. 本章的主要内容为:不定积分的概念、性质与基本公式,定积分的概念、性质、牛顿-莱布尼茨公式,换元积分法和分部积分法,定积分的元素法及其在几何学、物理学和经济学中的应用.

2. 原函数和不定积分的概念是积分学中的最基本的概念.下面的框图指出了它们之间的内在联系.

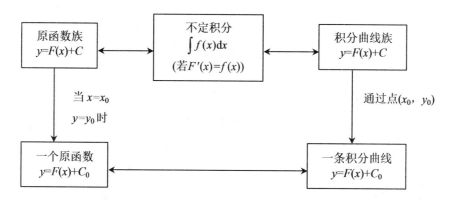

3. 积分的基本公式和法则是求不定积分的重要工具,必须熟记,并用相应的导数公式和法则与之对比和验证.应该注意,求积分的运算要比求导数的运算困难,技巧性也较强.

4. 第一类换元积分法和第二类换元积分法统称为换元积分法.因为它们都是通过适当的变量代换来求积分的.值得注意的是,它们的区别在于积分变量 x 所处的地位不同;同时还应注意,在定积分的换元中,若用新变量代替原来积分变量,则定积分的上、下限也要相应变换;若不写出新变量,而是用凑微分法计算,则上、下限不需变换.

5. 分部积分法的关键是合理地将被积表达式分成 u 和 $\mathrm{d}v$ 两部分,从而代入分部积分公式:

$$\int u\mathrm{d}v = uv - \int v\mathrm{d}u, \qquad \int_a^b u\mathrm{d}v = uv\Big|_a^b - \int_a^b v\mathrm{d}u$$

6. 定积分与被积函数及积分区间有关,而与积分变量无关,即

$$\int_a^b f(x)\mathrm{d}x = \int_a^b f(t)\mathrm{d}t$$

7. 牛顿-莱布尼茨公式揭示了定积分与不定积分间的联系,简化了定积分的计算.

8. 定积分的应用,关键是学会使用定积分的元素法.而具有可加性的几何量,

或物理量,或经济量,可考虑用定积分求解,其步骤是:

(1) 选变量定区间. 根据实际问题先作出图形,然后选取适当的坐标系及适当变量,并确定积分变量的区间.

(2) 取近似找微分. 在 $[a,b]$ 内任取一代表性区间 $[x,x+\mathrm{d}x]$,当 $\mathrm{d}x$ 很小时,运用"以直代曲","以不变代变"的辩证思想,获取微元表达式 $\mathrm{d}F=f(x)$.

(3) 对微元进行积分得:

$$F=\int_a^b \mathrm{d}F=\int_a^b f(x)\mathrm{d}x$$

自 我 测 试 题

一、单项选择题

1. 若 $\ln(x^2+1)$ 为 $f(x)$ 的一个原函数,下列函数中也为 $f(x)$ 的原函数的是( ).

    A. $\ln(x^2+2)$ B. $\ln(2x^2+2)$

    C. $2\ln(x^2+1)$ D. $2\ln(2x^2+1)$

2. 设 $f'(\sin^2 x)=\cos^2 x$,则 $f(x)=($).

    A. $\sin x-\dfrac{1}{2}\sin^2 x+C$ B. $x-\dfrac{1}{2}x^2+C$

    C. $\sin^2 x-\dfrac{1}{2}\sin^4 x+C$ D. $x^2-\dfrac{1}{2}x^4+C$

3. $\displaystyle\int\left(\dfrac{1-x}{x}\right)^2\mathrm{d}x=($).

    A. $\dfrac{1}{x}-2\ln|x|+x+C$ B. $-\dfrac{1}{x}-2\ln|x|+x+C$

    C. $-\dfrac{1}{x}-2\ln|x|+C$ D. $\ln|x|+x+C$

4. $\displaystyle\int f(x)\mathrm{d}x=x^2+C$,则 $\displaystyle\int xf(1-x^2)\mathrm{d}x=($).

    A. $-2(1-x^2)^2+C$ B. $2(1-x^2)^2+C$

    C. $-\dfrac{1}{2}(1-x^2)^2+C$ D. $\dfrac{1}{2}(1-x^2)^2+C$

5. $\displaystyle\int xf''(x)\mathrm{d}x=($).

    A. $xf'(x)-f(x)+C$ B. $xf'(x)-f'(x)+C$

C. $xf'(x)+f(x)+C$ 　　　　　　　　D. $xf'(x)-\int f(x)\mathrm{d}x$

6. 函数曲线 $y=\displaystyle\int_0^x \mathrm{e}^{-t^3}\mathrm{d}t$ 在定义域内（　　）.

　　A. 有极值有拐点　　　　　　　　　B. 有极值无拐点

　　C. 无极值有拐点　　　　　　　　　D. 无极值无拐点

7. $\displaystyle\int_0^3 |2-x|\,\mathrm{d}x=(\quad)$.

　　A. $\dfrac{5}{2}$　　　　　　B. $\dfrac{1}{2}$　　　　　　C. $\dfrac{3}{2}$　　　　　　D. $\dfrac{2}{3}$

8. $\displaystyle\int_1^0 f'(3x)\,\mathrm{d}x=(\quad)$.

　　A. $\dfrac{1}{3}\big[f(0)-f(3)\big]$　　　　　　　B. $f(0)-f(3)$

　　C. $f(3)-f(0)$　　　　　　　　　D. $\dfrac{1}{3}\big[f(3)-f(0)\big]$

二、填空题

1. 已知 $\left(\displaystyle\int f(x)\mathrm{d}x\right)'=\sqrt{1+x^2}$, 则一阶导数值 $f'(1)=$ _____.

2. 已知复合函数 $f(x+1)=x^2(x+1)$, 则 $\displaystyle\int f(x)\mathrm{d}x=$ _____.

3. 已知 $\displaystyle\int f(x)\mathrm{d}x=x^2+C$, 则 $\displaystyle\int \frac{1}{x^2}f\left(\frac{1}{x}\right)\mathrm{d}x=$ _____.

4. 已知 $f(x)=\mathrm{e}^{-x}$, $\displaystyle\int \frac{f'(\ln x)}{x}\mathrm{d}x=$ _____.

5. 已知函数 $F(x)=\displaystyle\int_{\frac{\pi}{2}}^x \frac{\sin t}{t}\mathrm{d}t$, 则一阶导数值 $F'\left(\frac{\pi}{2}\right)=$ _____.

6. $\displaystyle\int_0^x f(t)\mathrm{d}t=\frac{x+1}{x-1}$, 则 $f(x)=$ _____.

7. $\displaystyle\int_0^2 \sqrt{4-x^2}\,\mathrm{d}x=$ _____.

8. 设函数 $f(x)$ 在 $[a,b]$ 上连续, 则由曲线 $f(x)$ 与直线 $x=a, x=b, y=0$ 所围成平面图形的面积为_____.

三、计算下列各题

　　(1) $\displaystyle\int \frac{1+\cos x}{x+\sin x}\mathrm{d}x$　　　　　　(2) $\displaystyle\int \frac{\mathrm{d}x}{\sqrt{x}(1+x)}$

　　(3) $\displaystyle\int \frac{\mathrm{d}x}{x\sqrt{x^2-1}}$　　　　　　(4) $\displaystyle\int \arctan\sqrt{x}\,\mathrm{d}x$

(5) $\int_{-1}^{1} \dfrac{x\,dx}{\sqrt{5-4x}}$ (6) $\int_{0}^{1} x e^{-x}\,dx$

(7) $\int_{-\frac{\pi}{2}}^{\frac{\pi}{2}} 4\cos^4 x\,dx$ (8) $\int_{1}^{+\infty} \dfrac{dx}{(1+x)\sqrt{x}}$

四、应用题

1. 设某函数当 $x=1$ 时,有极小值,当 $x=-1$ 时,有极大值为 4,又知道这个函数的导数具有形状 $y'=3x^2+bx+c$,求此函数.

2. 求曲线 $y=x^3-3x+2$ 和它的右极值点处的切线所围成图形的面积.

3. 求抛物线 $y=-x^2+4x-3$ 及其在 $(0,-3)$ 和 $(3,0)$ 两点处的切线所围成的图形的面积.

4. 已知 $y=x$ 与 $y^2=ax(a>0)$ 所围成的图形绕 x 轴旋转所形成的体积 $V_x=\dfrac{9}{2}\pi$(体积单位),求 a 的值.

五、证明题

1. 设 $f(x)$ 在 $[0,1]$ 上连续,试证明:$\int_{0}^{\pi} x f(\sin x)\,dx = \dfrac{\pi}{2}\int_{0}^{\pi} f(\sin x)\,dx$.

2. 证明:$\int_{0}^{\frac{\pi}{2}} \dfrac{\sin x}{\sin x+\cos x}\,dx = \int_{0}^{\frac{\pi}{2}} \dfrac{\cos x}{\sin x+\cos x}\,dx$,并由结论计算 $\int_{0}^{\frac{\pi}{2}} \dfrac{\sin x}{\sin x+\cos x}\,dx$.

3. 试证明底面半径为 r,高为 h 的圆锥体的体积为:$V=\dfrac{1}{3}\pi r^2 h$.

莱 布 尼 茨

　　莱布尼茨(Gottfriend Wilhelm Leibniz,1646—1716)是 17、18 世纪之交德国最重要的数学家、物理学家和哲学家,一个举世罕见的科学天才.他博览群书,涉猎百科,对丰富人类的科学知识宝库做出了不可磨灭的贡献.

　　莱布尼茨出生于德国东部莱比锡的一个书香之家,父亲是莱比锡大学的道德哲学教授,母亲出生在一个教授家庭.莱布尼茨的父亲在他年仅 6 岁时便去世了,给他留下了丰富的藏书.莱布尼茨因此得以广泛接触古希腊罗马文化,阅读了许多著名学者的著作,由此而获得了坚实的文化功底和明确的学术目标.15 岁时,他进了莱比锡大学学习法律,一进校便跟上了大学二年级标准的人文学科的课程,还广泛阅读了培根、开普勒、伽利略等人的著作,并对他们的著述进行深入的思考和评价.在听了教授讲授欧几里得的《几何原本》的课程后,莱布尼茨对数学产生了浓厚的兴趣.17岁时他在耶拿大学学习了短时期的数学,并获得了哲学硕士学位.20岁时,莱布尼茨转入阿尔特道夫大学.这一年,他发表了第一篇数学论文《论组合的艺术》.这是一篇关于数理逻辑的文章,其基本思想是出于想把理论的真理性论证归结于一种计算的结果.这篇论文虽然不够成熟,但是闪耀着创新的智慧和数学才华.

17 世纪下半叶,欧洲科学技术迅猛发展,由于生产力的提高和社会各方面的迫切需要,经各国科学家的努力与历史的积累,建立在函数与极限概念基础上的微积分理论应运而生了.1665 年牛顿创始了微积分,莱布尼茨在 1673—1676 年间也发表了微积分思想的论著.以前,微分和积分作为两种数学运算、两类数学问题,是分别地加以研究的.只有莱布尼茨和牛顿将积分和微分真正沟通起来,明确地找到了两者内在的直接联系:微分和积分是互逆的两种运算.而这是微积分建立的关键所在.

然而关于微积分创立的优先权,数学史上曾掀起了一场激烈的争论.实际上,牛顿在微积分方面的研究虽早于莱布尼茨,但莱布尼茨成果的发表则早于牛顿.牛顿从物理学出发,运用集合方法研究微积分,其应用上更多地结合了运动学,造诣高于莱布尼茨.莱布尼茨则从几何问题出发,运用分析学方法引进微积分概念,得出运算法则,其数学的严密性与系统性是牛顿所不及的.因此,后来人们公认牛顿和莱布尼茨是各自独立地创建微积分的.莱布尼茨认识到好的数学符号能节省思维劳动,运用符号的技巧是数学成功的关键之一.因此,他发明了一套适用的符号系统,如,引入 $\mathrm{d}x$ 表示 x 的微分,$\int$ 表示积分,$\mathrm{d}^n x$ 表示 n 阶微分等等.这些符号进一步促进了微积分学的发展.1713 年,莱布尼茨发表了《微积分的历史和起源》一文,总结了自己创立微积分学的思路,说明了自己成就的独立性.

莱布尼茨对中国的科学、文化和哲学思想十分关注,是最早研究中国文化和中国哲学的德国人,是中西文化交流之倡导者.在《中国近况》一书的绪论中,莱布尼茨写道:"全人类最伟大的文化和最发达的文明仿佛今天汇集在我们大陆的两端,即汇集在欧洲和位于地球另一端的东方的欧洲——中国".莱布尼茨为促进中西文化交流做出了毕生的努力,产生了广泛而深远的影响.他的虚心好学,对中国文化平等相待,不含"欧洲中心论"偏见的精神尤为难能可贵,值得后世永远敬仰、效仿.

数学实验 4　MATLAB 求积分

【实验目的】

熟悉 MATLAB 软件求不定积分和定积分.

【实验内容】

不定积分与定积分是积分学的重要内容,利用 MATLAB 软件学会求不定积分和定积分.

1. 求积分的命令格式

利用 MATLAB 软件求积分的命令格式如表 M4.1 所示.

表 M4.1

命令格式	含　义
int(S)	求表达式 S 的不定积分
int(S,v)	求表达式 S 关于 v 的不定积分
int(S,a,b)	求表达式 S 在区间 $[a,b]$ 上的定积分
int(S,v,a,b)	求表达式 S 关于 v 在区间 $[a,b]$ 上的定积分

2. 求积分举例

【例 M4.1】　求下列积分.

(1) $\displaystyle\int (3-x^2)^3\,\mathrm{d}x$　　　(2) $\displaystyle\int \frac{x^2}{1+x^2}\,\mathrm{d}x$　　　(3) $\displaystyle\int x^2 \mathrm{e}^x\,\mathrm{d}x$

(4) $\displaystyle\int_0^{2\pi} x^2\cos x\,\mathrm{d}x$　　　(5) $\displaystyle\int_0^{\frac{\pi}{2}} \sqrt{1-\sin 2x}\,\mathrm{d}x$　　　(8) $\displaystyle\int_{-\infty}^{+\infty} \frac{1}{1+x^2}\,\mathrm{d}x$

解　>>syms x

>>int((3-x^2)^3)

ans=

　　(9*x^5)/5-x^7/7-9*x^3+27*x

>>syms x

>>int(x^2/(1+x^2))

ans=

　　x-atan(x)

>>syms x

>>int(exp(x) * x^2)

ans=

     exp(x) * (x^2−2 * x+2)

>>syms x

>>int(x^2 * cos(x),0,2 * pi)

ans=

     4 * pi

>> int((1−sin(2 * x))^(1/2),0,(pi/2))

ans=

     2 * 2^(1/2)−2

>> int(1/(1+x^2),−inf,inf)

ans=

     pi

3. 上机实验

(1) 用 help 命令查询 int 的用法.

(2) 验算上述例题结果.

(3) 自选某些不定积分与定积分上机练习.

第5章 多元函数的微积分

人生成功的秘诀是当机会到来时,你已经准备好了.

——歌德

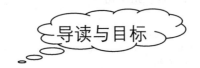

【导读】 许多实际问题常常取决于多种因素,即一个变量的确定依赖于多个自变量,反映到数学上即是多元函数.

本章在介绍空间解析几何的基础上,学习多元函数的微分学,最后学习二重积分.学习时,要注意与一元函数的微积分学的比较,注意它们的相同与不同之处,只有相互比较,加强练习,加深理解,才能逐步认识其规律性的东西,从而最终掌握它.

【目标】 了解空间解析几何基本知识和多元函数的极限与连续概念,学会求多元函数的偏导数与全微分,理解多元函数的极值,学会利用多元函数极值求解应用问题,掌握二重积分的计算.

5.1 空间解析几何简介

学习一元函数的微积分,需要平面解析几何.同样,学习多元函数的微积分,则需要空间解析几何的基本知识.

5.1.1 空间直角坐标系

为了确定点在空间的位置,需建立空间直角坐标系.过空间一点 O,作三条两两相互垂直的数轴 Ox,Oy,Oz,点 O 称为坐标原点,三条数轴分别称为 x 轴,y

轴,z 轴(如图 5.1 所示),按右手系规定:即以右手握住 z 轴,当右手的四个手指从 x 轴正向沿逆时针方向旋转 $\frac{\pi}{2}$ 时正好是 y 轴正向,这时大拇指的指向就是 z 轴的正向.于是原点 O 和这样三条数轴就构成了一个空间直角坐标系,每两条数轴所确定的坐标平面,简称坐标面.三个坐标平面将空间分成了八个部分,每一部分称作一个卦限,参照图 5.2,按其中点的坐标符号规定卦限的顺序,如表 5.1 所示.

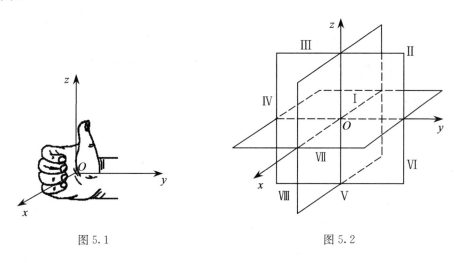

图 5.1 　　　　　　　　　　图 5.2

表 5.1

卦 限 坐 标	Ⅰ	Ⅱ	Ⅲ	Ⅳ	Ⅴ	Ⅵ	Ⅶ	Ⅷ
x	+	−	−	+	+	−	−	+
y	+	+	−	−	+	+	−	−
z	+	+	+	+	−	−	−	−

有了空间直角坐标系,空间中的一点就可以用唯一确定了的一有序数组 (x,y,z) 来表示,反之任一有序数组 (x,y,z),在空间直角坐标系中也唯一确定一点,这样通过空间直角坐标系就可建立空间点与有序数组 (x,y,z) 之间的一一对应关系.

5.1.2 向量的坐标表示及两点间的距离

5.1.2.1 向径及其坐标表示

起点在坐标原点 O,终点为 M 的向量 $\overrightarrow{OM}$ 称为点 M 的向径,记为 $r(M)$ 或 $\overrightarrow{OM}$(如图 5.3 所示).在坐标轴上分别与 x 轴,y 轴,z 轴方向相同单位向量称为基本单位向量,分别记为 $\boldsymbol{i},\boldsymbol{j},\boldsymbol{k}$. 若点 M 的坐标为 (x,y,z),则向径 $\overrightarrow{OM}$ 的坐标表达式为

$$\overrightarrow{OM} = x\boldsymbol{i} + y\boldsymbol{j} + z\boldsymbol{k}$$

可简记为 $\{x,y,z\}$,即

$$\overrightarrow{OM} = \{x,y,z\}$$

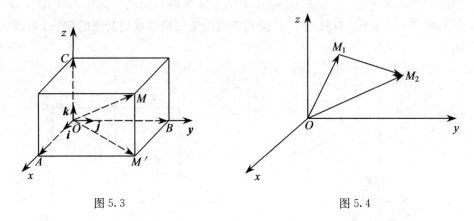

图 5.3　　　　　　　　　　　　　图 5.4

5.1.2.2　向量的坐标表达式

设 $M_1(x_1,y_1,z_1),M_2(x_2,y_2,z_2)$,由图 5.4 得

$$\overrightarrow{M_1M_2} = \overrightarrow{OM_2} - \overrightarrow{OM_1}$$

$$\overrightarrow{M_1M_2} = (x_2 - x_1)\boldsymbol{i} + (y_2 - y_1)\boldsymbol{j} + (z_2 - z_1)\boldsymbol{k}$$

向量 $\boldsymbol{a} = a_x\boldsymbol{i} + a_y\boldsymbol{j} + a_z\boldsymbol{k}$ 的模

$$|\boldsymbol{a}| = \sqrt{a_x^2 + a_y^2 + a_z^2}$$

5.1.2.3　空间两点间的距离公式

设 $M_1(x_1,y_1,z_1),M_2(x_2,y_2,z_2)$,则 $M_1(x_1,y_1,z_1),M_2(x_2,y_2,z_2)$ 间的距离 $|M_1M_2|$ 为:

$$|M_1M_2| = \sqrt{(x_2 - x_1)^2 + (y_2 - y_1)^2 + (z_2 - z_1)^2}$$

5.1.3　曲面与方程

在平面解析几何中,我们可建立曲线与方程 $F(x,y)=0$ 的关系,同样在空间解析几何中,我们也可建立空间曲面与三元方程 $F(x,y,z)=0$ 的对应关系.

5.1.3.1　曲面方程的概念

定义　如果曲面 Σ 上每一点的坐标都满足 $F(x,y,z)=0$;而不在曲面 Σ 上的

点的坐标都不满足这个方程,则称方程 $F(x,y,z)=0$ 为曲面 Σ 的方程,而称曲面 Σ 为此方程的图形.

应当注意的是,一元或二元方程($F(x)=0$ 或 $F(x,y)=0$)在不同的坐标系中有不同的几何意义.例如,一元方程 $x=0$,在数轴上表示原点,在平面直角坐标系中表示 y 轴,在空间直角坐标系中表示 yOz 面.所以无论是一元方程,还是二元方程都要带有三维空间概念.

5.1.3.2 常见空间曲面

1. 平面

平面方程的一般形式为

$$Ax + By + Cz + D = 0$$

其中,A,B,C,D 均为常数,它是一个关于 x,y,z 的三元一次方程.

2. 柱面

直线 L 沿定曲线 C 平行移动所形成的曲面称为**柱面**. 定曲线 C 称为柱面的**准线**,动直线 L 称为**柱面的母线**.

$\dfrac{x^2}{a^2}+\dfrac{y^2}{b^2}=1$ 为母线平行 z 轴的椭圆柱面(图 5.5).

$\dfrac{x^2}{a^2}-\dfrac{y^2}{b^2}=1$ 为母线平行 z 轴的双曲柱面(图 5.6).

$x^2=2py$ 为母线平行 z 轴的抛物柱面(图 5.7).

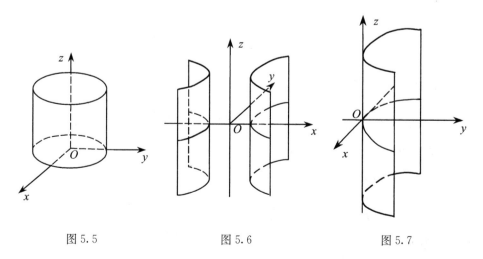

图 5.5   图 5.6   图 5.7

一般地,$f(x,y)=0$,表示为母线平行于 z 轴的柱面.

163

3. 旋转曲面

一平面曲线 C 绕同一平面上的一条定直线 L 旋转所形成的曲面,称为**旋转曲面**,曲线 C 称为**旋转曲面的母线**,直线 L 称为**旋转曲面的轴**.

设在某个坐标平面上有一条已知曲线 C,它在平面直角坐标系中的方程是 $f(y,z)=0$,则此曲线 C 绕 z 轴旋转一周所形成的旋转曲面的方程为

$$f(\pm\sqrt{x^2+y^2},z)=0$$

同理,可得曲线 C 绕 y 轴旋转所得旋转曲面的方程为

$$f(y,\pm\sqrt{x^2+z^2})=0$$

4. 二次曲面

在空间直角坐标系中,若 $F(x,y,z)=0$ 是一次方程,则它表示一个平面,我们也称之一次曲面,若 $F(x,y,z)=0$ 是二次方程,我们则称**它表示的图形为二次曲面**. 对于空间曲面方程的研究,常采用一系列平行于坐标面的平面去截曲面,得系列交线进行分析,即所谓的截痕法.

5.1.3.3 几种常见的二次曲面

1. 椭球面

$$\frac{x^2}{a^2}+\frac{y^2}{b^2}+\frac{z^2}{c^2}=1 \quad (a>0,b>0,c>0) \quad (图5.8)$$

2. 椭圆抛物面

$$\frac{x^2}{2p}+\frac{y^2}{2q}=z \quad (p>0,q>0) \quad (图5.9)$$

当 $p=q$ 时,方程即为 $x^2+y^2=2pz$ 它是由抛物线绕 z 轴旋转而成,称为**旋转抛物面**.

3. 双曲抛物面(马鞍面)

$$-\frac{x^2}{2p}+\frac{y^2}{2q}=z \quad (p,q \text{ 同号}) \quad (图5.10)$$

4. 双曲面

(1) 单叶双曲面

$$\frac{x^2}{a^2}+\frac{y^2}{b^2}-\frac{z^2}{c^2}=1 \quad (a>0,b>0,c>0) \quad (图5.11)$$

(2) 双叶双曲面

$$\frac{x^2}{a^2}+\frac{y^2}{b^2}-\frac{z^2}{c^2}=-1 \quad (a>0,b>0,c>0) \quad (图5.12)$$

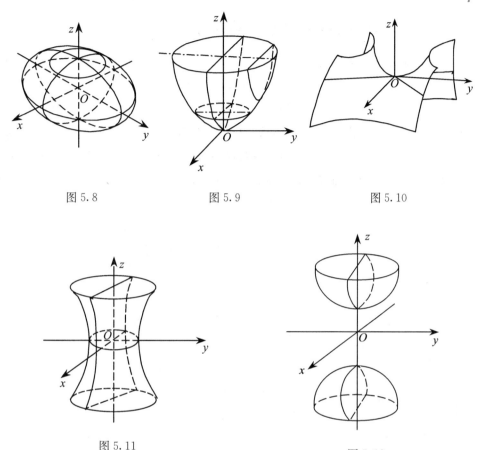

图 5.8　　　　　　　　　图 5.9　　　　　　　　　图 5.10

图 5.11

图 5.12

5.1.4　空间曲线及其在坐标面上的投影

5.1.4.1　空间曲线的方程

设曲面 Σ_1 的方程是 $F_1(x,y,z)=0$，曲面 Σ_2 的方程是 $F_2(x,y,z)=0$，则交线 C 的方程为

$$\begin{cases} F_1(x,y,z)=0 \\ F_2(x,y,z)=0 \end{cases}$$

我们将其称为**空间曲线一般方程**，对于形如

$$\begin{cases} x=x(t) \\ y=y(t) \quad (\alpha \leqslant t \leqslant \beta) \\ z=z(t) \end{cases}$$

的方程，我们将其称为**空间曲线的参数方程**.

5.1.4.2 曲线在坐标面上的投影

设空间曲线 C 的方程为

$$\begin{cases} F_1(x,y,z) = 0 \\ F_2(x,y,z) = 0 \end{cases}$$

过曲线 C 上的每一点作 xOy 面的垂线,这些垂线形成了一个母线平行于 z 轴且过 C 的柱面,称为曲线 C 关于 xOy 面的**投影柱面**,这个柱面与 xOy 面的交线称为曲线 C 在 xOy 面上的**投影曲线**,简称**投影**. 投影方程为

$$\begin{cases} F(x,y) = 0 \\ z = 0 \end{cases}$$

同理,可得在其他坐标平面上的投影方程. 在 yOz 面的投影方程为

$$\begin{cases} G(y,z) = 0 \\ x = 0 \end{cases}$$

在 zOx 面的投影方程为

$$\begin{cases} H(x,z) = 0 \\ y = 0 \end{cases}$$

例如,曲线 C

$$\begin{cases} z = \sqrt{x^2 + y^2} \\ x^2 + y^2 + z^2 = 1 \end{cases}$$

在 xOy 面的投影方程,消去 z,再考虑到 xOy 面即可得投影方程

$$\begin{cases} x^2 + y^2 = \dfrac{1}{2} \\ z = 0 \end{cases}$$

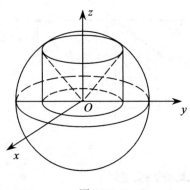

图 5.13

它是 xOy 面上的一个圆(图 5.13).

习 题 5.1

1. 已知点 $M_1(1,0,2)$ 和 $M_2(-1,1,3)$,求向量 $\overrightarrow{M_1M_2}$ 及 $|\overrightarrow{M_1M_2}|$.

2. 写出下列柱面方程.

(1) 以 $\begin{cases} 3x^2 + z^2 = 3 \\ y = 0 \end{cases}$ 为准线,母线平行于 y 轴.

(2) 以 $\begin{cases} y^2 + z^2 = 2 \\ x = 0 \end{cases}$ 为准线,母线平行于 x 轴.

3. 求曲线 $\begin{cases} 2x^2+y^2=1 \\ z=0 \end{cases}$ 绕 x 轴、y 轴旋转所得旋转曲面的方程.

4. 指出下列方程所表示的曲面名称.

　(1) $x^2+2y^2+3z^2=6$　　　　　　　(2) $x^2+2y^2-3z^2=6$

　(3) $2x^2+y^2=z$　　　　　　　　　　(4) $x^2-y^2=1$

5. 求下列曲线在 xOy 平面上的投影方程.

　(1) $\begin{cases} x^2+y^2+z^2=16 \\ x^2+y^2-z^2=0 \end{cases}$　　　　　(2) $\begin{cases} x^2+y^2-z^2=0 \\ z=x+1 \end{cases}$

5.2　二元函数的极限与连续

5.2.1　二元函数的定义

在许多实际问题中,某个量的变化同时受到两个相互独立因素的影响. 如圆柱的体积 V 是由高 h 和底面半径 r 来确定的. 即高 h 和底面半径 r 是两个相互独立的因素,只要 h,r 取一对实际数值 (h,r),就确定了体积 V. 我们称 V 是 h,r 的二元函数.

5.2.1.1　二元函数的定义

一般地,定义如下:

定义　设有三个变量 x,y,z,如果当变量 x,y 在它们的变化范围 D 中任意取定一对值时,变量 z 按照一定的对应规律,都有一确定的值与之对应,则称 z 为变量 x,y 的二元函数,记为

$$z=f(x,y)$$

其中,x 和 y 称为自变量,函数 z 称为因变量. 自变量 x 和 y 的取值范围 D 为函数的定义域.

类似地,我们可定义三元函数 $u=f(x,y,z)$,乃至 n 元函数.

二元函数的定义域是平面点集. 而我们所关注的是那些称为区域的平面点集. 即所谓区域,是指由一条或几条曲线所围成的一部分平面. 习惯上称可以延伸到无限远处的区域称为**无界区域**,否则称为**有界区域**. 围成区域的曲线称为**区域的边界**,包括边界的区域称为**闭区域**,不包括边界的区域称为**开区域**.

【**例 5.2.1**】　求函数 $z=\sqrt{1-x^2-y^2}$ 的定义域.

解 使原式有意义,须 $1-x^2-y^2 \geqslant 0$,于是得

$$x^2+y^2 \leqslant 1$$

定义域是

$$D=\{(x,y) \mid x^2+y^2 \leqslant 1\}$$

它是一个由单位圆所围成的闭区域(图 5.14).

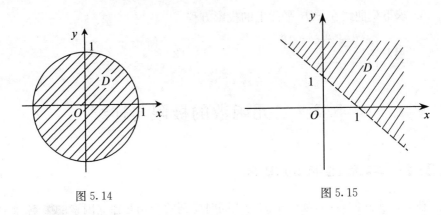

图 5.14　　　　　　　　　　　图 5.15

【**例 5.2.2**】　求函数 $z=\ln(x+y-1)$ 的定义域.

解 使原式有意义,须 $x+y-1>0$,得

$$x+y>1$$

定义域是

$$D=\{(x,y) \mid x+y>1\}$$

它是直线 $x+y=1$ 的右上方,并且不含直线的半个平面,是一个无界区域(如图 5.15).

5.2.1.2　二元函数的几何意义

一元函数 $y=f(x)$ 在几何上表示 xOy 平面上的一条曲线.对于二元函数 $z=f(x,y)$,$(x,y) \in D$ 来说,其定义域 D 是空间直角坐标系中 xOy 平面上的一个平面区域.对于 D 中任意一点 $P(x,y)$ 通过关系 $z=f(x,y)$,必有唯一的数 z 与之对应.因此三元有序数组 $[x,y,f(x,y)]$ 就确定了空间的一个点 $[x,y,f(x,y)]$.如图 5.16 所示,当 P 点在 D 内变动时,所有这样确定的点 M 的集合就是函数 $z=f(x,y)$ 的图形,二元函数的图形通常是空间的一个曲面(如图 5.16).

【**例 5.2.3**】　函数 $z=x^2+y^2$ 的图形是一个旋转抛物面(如图 5.17).

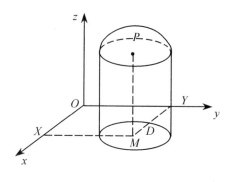

图 5.16

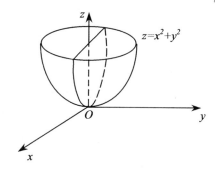

图 5.17

5.2.2 二元函数的极限与连续性

首先,我们给出邻域的概念.

定义 点 $P(x_0, y_0)$ 的 δ 邻域就是平面上的点集 $\{(x, y) \mid (x-x_0)^2 + (y-y_0)^2 < \delta^2\}$,其中,$\delta$ 为邻域半径,和数轴上的邻域类似,我们也可定义 $P(x_0, y_0)$ 的 δ 空心邻域为

$$\{(x, y) \mid 0 < (x-x_0)^2 + (y-y_0)^2 < \delta^2\}$$

二元函数的极限是研究当点 $P(x, y) \to P(x_0, y_0)$ 时,$f(x, y)$ 的变化趋势,$P(x, y) \to P(x_0, y_0)$ 表示动点 P 以任何方式趋向于定点 P_0,也就是 P 与 P_0 间的距离趋于零.

我们把 $P(x, y) \to P(x_0, y_0)$ 记为

$$(x, y) \to (x_0, y_0) \qquad 或 \qquad P \to P_0$$

依照一元函数极限概念,我们给出如下定义:

定义 设二元函数 $z = f(x, y)$ 在点 $P(x_0, y_0)$ 的 δ 空心邻域内有定义,如果当点 $P(x, y) \to P(x_0, y_0)$ 时,函数值 $f(x, y)$ 无限地趋于某个确定的常数 A,则称当 $(x, y) \to (x_0, y_0)$ 时,$f(x, y)$ 以 A 为极限,记为

$$\lim_{\substack{x \to x_0 \\ y \to y_0}} f(x, y) = A \qquad 或 \qquad \lim_{(x, y) \to (x_0, y_0)} f(x, y) = A$$

有了二元函数的极限概念,我们就可以给出二元函数的连续性概念.

定义 设函数 $z = f(x, y)$ 在点 $P_0(x_0, y_0)$ 的某邻域内有定义,如果有

$$\lim_{\substack{x \to x_0 \\ y \to y_0}} f(x, y) = f(x_0, y_0)$$

则称二元函数 $z = f(x, y)$ 在点 $P_0(x_0, y_0)$ 处连续,若在区域 D 内每一点都连续,则称 $f(x, y)$ 在区域 D 上连续.

也可以定义为:设函数 $z=f(x,y)$ 在点 $P_0(x_0,y_0)$ 的某邻域内有定义,如果有 $\lim\limits_{\substack{\Delta x\to 0\\ \Delta y\to 0}}\Delta z=0$,那么我们把由变量 x,y 的基本初等函数和常数经过有限次四则运算,以及有限次复合运算所构成的函数称为**初等二元函数**,与一元函数的情况类似,**初等二元函数在其定义区域内均连续**.

在有界闭区域 D 上连续的二元函数,有着与闭区间上连续的一元函数相类似的性质.例如,在有界闭区域 D 上连续的二元函数 $f(x,y)$ 必在 D 上取得最大值和最小值;对于任意一个介于最大值与最小值间的数 c,在 D 上必可找到一点 (x_0,y_0) 使得 $f(x_0,y_0)=c$,等.

【例 5.2.4】 求下列极限.

(1) $\lim\limits_{(x,y)\to(1,2)}(4x+y)$ (2) $\lim\limits_{(x,y)\to(0,1)}\dfrac{2x^2+y}{x+y}$

(3) $\lim\limits_{(x,y)\to(0,0)}(x+y)\cos\dfrac{1}{\sqrt{x^2+y^2}}$ (4) $\lim\limits_{(x,y)\to(0,0)}\dfrac{xy}{x^2+y^2}$

解 (1) 由于 $f(x,y)=(4x+y)$ 是二元初等函数,在 xOy 平面区域上均连续,则

$$\lim\limits_{(x,y)\to(1,2)}(4x+y)=f(1,2)=6$$

(2) 由于 $f(x,y)=\dfrac{2x^2+y}{x+y}$ 在 $(0,1)$ 连续,则有

$$\lim\limits_{(x,y)\to(0,1)}\dfrac{2x^2+y}{x+y}=\dfrac{1}{1}=1$$

(3) 虽然 $f(x,y)=(x+y)\cos\dfrac{1}{\sqrt{x^2+y^2}}$ 在 $(0,0)$ 处不连续,但由于 $\lim\limits_{(x,y)\to(0,0)}(x+y)=0$,即当 $(x,y)\to(0,0)$ 时,$x+y$ 是无穷小量,而 $\cos\dfrac{1}{\sqrt{x^2+y^2}}$ 为有界变量,故

$$\lim\limits_{(x,y)\to(0,0)}(x+y)\cos\dfrac{1}{\sqrt{x^2+y^2}}=0$$

(4) 由于当 $P(x,y)$ 沿直线 $y=kx$ 方式趋于 $(0,0)$ 时,即有

$$f(x,y)=\dfrac{xy}{x^2+y^2}=\dfrac{kx^2}{x^2+k^2x^2}\to\dfrac{k}{1+k^2}$$

不是一个确定的数,则 $\lim\limits_{(x,y)\to(0,0)}\dfrac{xy}{x^2+y^2}$ 不存在,或者说发散.

习 题 5.2

1. 设函数 $f(x,y)=\dfrac{2xy}{x^2+y^2}$,求 $f\left(1,\dfrac{y}{x}\right)$.

2. 设函数 $f(x,y) = x^2 + y^2 - xy\tan\dfrac{x}{y}$，求 $f(tx, ty)$.

3. 求下列函数的定义域并以图示之.

(1) $z = \ln(y^2 - 2x + 1)$ 　　　　　　(2) $z = \sqrt{x - \sqrt{y}}$

4. 求下列函数的极限.

(1) $\displaystyle\lim_{(x,y)\to(0,2)} \dfrac{\sin(xy)}{x}$ 　　　　(2) $\displaystyle\lim_{(x,y)\to(0,0)} \dfrac{2 - \sqrt{xy+4}}{xy}$

(3) $\displaystyle\lim_{(x,y)\to(0,2)} (1+xy)^{\frac{1}{x}}$ 　　　　(4) $\displaystyle\lim_{(x,y)\to(0,0)} (x^2+y^2)\sin\dfrac{1}{x^2+y^2}$

5.3　偏　导　数

5.3.1　偏导数的定义

定义　设函数 $z = f(x,y)$ 在点 $P_0(x_0, y_0)$ 的某邻域内有定义，当 y 固定在 y_0 而 x 在 x_0 处有增量 Δx，相应的函数的增量 $f(x_0 + \Delta x, y_0) - f(x_0, y_0)$，若有

$$\lim_{\Delta x \to 0} \frac{f(x_0 + \Delta x, y_0) - f(x_0, y_0)}{\Delta x}$$

存在，则称此极限为函数 $z = f(x,y)$ 在点 (x_0, y_0) 处对 x 的偏导数，记为

$$\frac{\partial z}{\partial x}\bigg|_{\substack{x=x_0 \\ y=y_0}}, \quad \frac{\partial f}{\partial x}\bigg|_{\substack{x=x_0 \\ y=y_0}}, \quad z_x\bigg|_{\substack{x=x_0 \\ y=y_0}}, \quad \text{或} \quad f_x(x_0, y_0)$$

类似地，可以定义对 y 的偏导数，记为

$$\frac{\partial z}{\partial y}\bigg|_{\substack{x=x_0 \\ y=y_0}}, \quad \frac{\partial f}{\partial y}\bigg|_{\substack{x=x_0 \\ y=y_0}}, \quad z_y\bigg|_{\substack{x=x_0 \\ y=y_0}}, \quad \text{或} \quad f_y(x_0, y_0)$$

如果函数 $z = f(x,y)$ 在区域 D 内每一点 (x,y) 处对 x 的偏导数存在，这个偏导数仍是 x, y 的函数，称为 $z = f(x,y)$ 对 x 的偏导数，记为

$$\frac{\partial z}{\partial x}, \quad \frac{\partial f}{\partial x}, \quad z_x \quad \text{或} \quad f_x(x,y)$$

类似地，可以得到对 y 的偏导数为

$$\frac{\partial z}{\partial y}, \quad \frac{\partial f}{\partial y}, \quad z_y \quad \text{或} \quad f_y(x,y)$$

由定义可知，求二元函数的偏导数并不需要新方法. 在求 x（或 y）的偏导数时，只要将 y（或 x）看作常数，即对某一变量求导，只需把其余变量当作常数，再运用一

元函数求导公式与求导法则即可计算.

【例 5.3.1】 求 $z = x^2 \sin y$ 的偏导数.

解 把 y 当作常数对 x 求导,得

$$\frac{\partial z}{\partial x} = 2x \sin y$$

对 y 求导,把 x 当作常数,得

$$\frac{\partial z}{\partial y} = x^2 \cos y$$

【例 5.3.2】 设 $z = x^y (x > 0, x \neq 1)$,求证:

$$\frac{x}{y} \frac{\partial z}{\partial x} + \frac{1}{\ln x} \frac{\partial z}{\partial y} = 2z$$

证明 因

$$\frac{\partial z}{\partial x} = yx^{y-1}, \qquad \frac{\partial z}{\partial y} = x^y \ln x$$

于是有

$$\frac{x}{y} \frac{\partial z}{\partial x} + \frac{1}{\ln x} \frac{\partial z}{\partial y} = \frac{x}{y} yx^{y-1} + \frac{1}{\ln x} x^y \ln x = 2x^y = 2z$$

【例 5.3.3】 求 $z = \ln(1 + x^2 + y^2)$ 在点 $(1,2)$ 处的偏导数.

解 先求偏导数

$$\frac{\partial z}{\partial x} = \frac{2x}{1 + x^2 + y^2}, \qquad \frac{\partial z}{\partial y} = \frac{2y}{1 + x^2 + y^2}$$

于是有

$$\frac{\partial z}{\partial x}\bigg|_{\substack{x=1 \\ y=2}} = \frac{1}{3}, \qquad \frac{\partial z}{\partial y}\bigg|_{\substack{x=1 \\ y=2}} = \frac{2}{3}$$

【例 5.3.4】 设 $f(x,y) = \begin{cases} \dfrac{xy}{x^2 + y^2}, & x^2 + y^2 \neq 0 \\ 0, & x^2 + y^2 = 0 \end{cases}$,求 $f_x(0,0), f_y(0,0)$.

解 由定义有

$$f_x(0,0) = \lim_{\Delta x \to 0} \frac{f(0 + \Delta x, 0) - f(0,0)}{\Delta x} = \lim_{\Delta x \to 0} 0 = 0$$

类似地,可得 $\qquad f_y(0,0) = 0$

由本例可知,对于一元函数来说,可导必连续,但对于多元函数来说,即便偏导数存在,也不能保证函数在该点连续.

5.3.2 高阶偏导数

在偏导数的计算中我们可以看到:一般说来,二元函数 $z = f(x,y)$ 的两个偏导

数 $\dfrac{\partial z}{\partial x}$，$\dfrac{\partial z}{\partial y}$ 仍是关于 x,y 的函数，如果 $\dfrac{\partial z}{\partial x}$，$\dfrac{\partial z}{\partial y}$ 的偏导数存在，可继续对 x,y 求偏导数，则称这两个偏导数为 $z=f(x,y)$ 的**二阶偏导数**，这样的二阶偏导数共有 4 个，分别表示如下：

$$\frac{\partial}{\partial x}\left(\frac{\partial z}{\partial x}\right) = \frac{\partial^2 z}{\partial x^2} = f_{xx}(x,y), \qquad \frac{\partial}{\partial y}\left(\frac{\partial z}{\partial x}\right) = \frac{\partial^2 z}{\partial x\partial y} = f_{xy}(x,y)$$

$$\frac{\partial}{\partial x}\left(\frac{\partial z}{\partial y}\right) = \frac{\partial^2 z}{\partial y\partial x} = f_{yx}(x,y), \qquad \frac{\partial}{\partial y}\left(\frac{\partial z}{\partial y}\right) = \frac{\partial^2 z}{\partial y^2} = f_{yy}(x,y)$$

其中，第二、第三两个偏导数称为混合偏导数. 类似地可定义三阶，四阶乃至 n 阶偏导数，二阶以上的偏导数统称为**高阶偏导数**.

【例 5.3.5】 设函数 $z=x^3y-3x^2y^3$，求它的二阶偏导数.

解 函数的一阶偏导数为

$$\frac{\partial z}{\partial x} = 3x^2y - 6xy^3, \frac{\partial z}{\partial y} = x^3 - 9x^2y^2$$

则二阶偏导数为

$$\frac{\partial^2 z}{\partial x^2} = \frac{\partial}{\partial x}(3x^2y - 6xy^3) = 6xy - 6y^3$$

$$\frac{\partial^2 z}{\partial x\partial y} = \frac{\partial}{\partial y}(3x^2y - 6xy^3) = 3x^2 - 18xy^2$$

$$\frac{\partial^2 z}{\partial y\partial x} = \frac{\partial}{\partial x}(x^3 - 9x^2y^2) = 3x^2 - 18xy^2$$

$$\frac{\partial^2 z}{\partial y^2} = \frac{\partial}{\partial y}(x^3 - 9x^2y^2) = -18x^2y$$

从上例可看出，$z=x^3y-3x^2y^3$ 的两个二阶混合偏导数相等，但这个结论并不是对任意可求二阶偏导数都成立，不过当两个二阶混合偏导数满足以下条件时，结论成立.

定理 若 $z=f(x,y)$ 的两个二阶混合偏导数在点 (x,y) 连续，则在该点有

$$\frac{\partial^2 z}{\partial x\partial y} = \frac{\partial^2 z}{\partial y\partial x}$$

对于三元以上的函数也可类似地定义高阶偏导数，且偏导数连续时，混合偏导数也与求导次序无关.

5.3.3 多元复合函数的求导

设函数 $z=f(u,v)$ 是变量 u,v 的函数，而且 u,v 又分别是变量 x,y 的函数，$u=u(x,y)$，$v=v(x,y)$，且可复合为 $z=f[u(x,y),v(x,y)]$，则 z 就是 x,y 的复合

函数.

求二元复合函数的偏导与一元复合函数求导法类似——链式法则.

定理 设函数 $z=f(u,v)$,而 $u=u(x,y)$,$v=v(x,y)$,若 u,v 的偏导数 $\dfrac{\partial u}{\partial x}$,$\dfrac{\partial u}{\partial y}$,$\dfrac{\partial v}{\partial x}$,$\dfrac{\partial v}{\partial y}$ 在某点 (x,y) 都存在,且 $z=f(u,v)$ 在相应于点 (x,y) 的点 (u,v) 可微,则复合函数 $z=f[u(x,y),v(x,y)]$ 在点 (x,y) 对 x 及 y 的偏导数存在,且有

$$\frac{\partial z}{\partial x}=\frac{\partial z}{\partial u}\frac{\partial u}{\partial x}+\frac{\partial z}{\partial v}\frac{\partial v}{\partial x}$$

$$\frac{\partial z}{\partial y}=\frac{\partial z}{\partial u}\frac{\partial u}{\partial y}+\frac{\partial z}{\partial v}\frac{\partial v}{\partial y}$$

其复合关系和求导运算途径如图 5.18 所示.

下面给出几点说明:

(1) 若 $z=f(u,v)$,而 $u=u(x)$,$v=v(x)$,$z=f[u(x),v(x)]$(图 5.19),这时称 z 对 x 的导数为全导数,即有

$$\frac{\mathrm{d}z}{\mathrm{d}x}=\frac{\partial z}{\partial u}\frac{\mathrm{d}u}{\mathrm{d}x}+\frac{\partial z}{\partial v}\frac{\mathrm{d}v}{\mathrm{d}x}$$

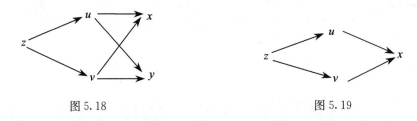

图 5.18   图 5.19

(2) 若中间变量个数或自变量个数多于两个,则有类似结果,例如中间变量为三个的情形(图 5.20).

设函数 $z=f(u,v,w)$,而 $u=u(x,y)$,$v=v(x,y)$,$w=w(x,y)$,则有

$$\frac{\partial z}{\partial x}=\frac{\partial z}{\partial u}\frac{\partial u}{\partial x}+\frac{\partial z}{\partial v}\frac{\partial v}{\partial x}+\frac{\partial z}{\partial w}\frac{\partial w}{\partial x}$$

$$\frac{\partial z}{\partial y}=\frac{\partial z}{\partial u}\frac{\partial u}{\partial y}+\frac{\partial z}{\partial v}\frac{\partial v}{\partial y}+\frac{\partial z}{\partial w}\frac{\partial w}{\partial y}$$

(3) 若 $z=f(u,x,y)$ 具有连续偏导数,而 $u=u(x,y)$ 具有偏导数,则复合函数 $z=f[u(x,y),x,y]$ 可以看作上述情形中当 $v=x,w=y$ 的特殊情况(图5.21),因此对自变量 x,y 的偏导数为

$$\frac{\partial z}{\partial x}=\frac{\partial f}{\partial u}\frac{\partial u}{\partial x}+\frac{\partial f}{\partial x},\qquad \frac{\partial z}{\partial y}=\frac{\partial f}{\partial u}\frac{\partial u}{\partial y}+\frac{\partial f}{\partial y}$$

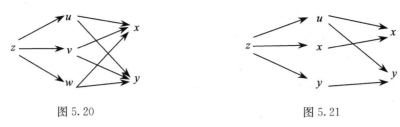

图 5.20   图 5.21

这里,$\dfrac{\partial z}{\partial x}$ 与 $\dfrac{\partial f}{\partial x}$ 是不同的,$\dfrac{\partial z}{\partial x}$ 是把复合函数 $z = f[u(x,y),x,y]$ 中的 y 看作不变,而对 x 的偏导数,$\dfrac{\partial f}{\partial x}$ 是把 $f(u,x,y)$ 中的 u 及 y 看作不变而对 x 的偏导数,$\dfrac{\partial z}{\partial y}$ 与 $\dfrac{\partial f}{\partial y}$ 也有类似的区别.

【例 5.3.6】 设 $z = \mathrm{e}^u \sin v$,而 $u = xy$,$v = x + y$,求 $\dfrac{\partial z}{\partial x}$,$\dfrac{\partial z}{\partial y}$.

解
$$\frac{\partial z}{\partial x} = \frac{\partial z}{\partial u}\frac{\partial u}{\partial x} + \frac{\partial z}{\partial v}\frac{\partial v}{\partial x} = (\mathrm{e}^u \sin v)y + (\mathrm{e}^u \cos v)1$$
$$= \mathrm{e}^{xy}\left[y\sin(x+y) + \cos(x+y)\right]$$
$$\frac{\partial z}{\partial y} = \frac{\partial z}{\partial u}\frac{\partial u}{\partial y} + \frac{\partial z}{\partial v}\frac{\partial v}{\partial y} = (\mathrm{e}^u \sin v)x + (\mathrm{e}^u \cos v)1$$
$$= \mathrm{e}^{xy}\left[x\sin(x+y) + \cos(x+y)\right]$$

【例 5.3.7】 设 $z = u^2 v$,$u = \cos t$,$v = \sin t$,求 $\dfrac{\mathrm{d}z}{\mathrm{d}t}$.

解
$$\frac{\mathrm{d}z}{\mathrm{d}t} = \frac{\partial z}{\partial u}\frac{\mathrm{d}u}{\mathrm{d}t} + \frac{\partial z}{\partial v}\frac{\mathrm{d}v}{\mathrm{d}t} = 2uv(-\sin t) + u^2 \cos t = \cos^3 t - 2\sin^2 t\cos t$$

【例 5.3.8】 设 $z = f(x^2 - y^2, xy)$,求 $\dfrac{\partial z}{\partial x}$,$\dfrac{\partial z}{\partial y}$.

解 设 $u = x^2 - y^2$,$v = xy$,则有
$$\frac{\partial z}{\partial x} = \frac{\partial z}{\partial u}\frac{\partial u}{\partial x} + \frac{\partial z}{\partial v}\frac{\partial v}{\partial x} = f_u 2x + f_v y = 2xf_u + yf_v$$
$$\frac{\partial z}{\partial y} = \frac{\partial z}{\partial u}\frac{\partial u}{\partial y} + \frac{\partial z}{\partial v}\frac{\partial v}{\partial y} = f_u(-2y) + f_v x = -2yf_u + xf_v$$

我们也可引入记号,记 $f_1 = f_u$,$f_2 = f_v$.

5.3.4 隐函数的求导公式

设有三元方程 $F(x,y,z) = 0$. 若存在一个二元函数 $z = f(x,y)$,使得当我们把这个二元函数代入上述方程时得一恒等式
$$F[x,y,f(x,y)] \equiv 0$$

则称 $z=f(x,y)$ 是由方程 $F(x,y,z)=0$ 所确定的**隐函数**.

下面来推导求隐函数的偏导公式.

设三元方程 $F(x,y,z)=0$,所确定的二元函数为 $z=f(x,y)$,于是 $F[x,y,f(x,y)]=0$,将其两端分别对 x 求偏导数,得

$$\frac{\partial F}{\partial x}+\frac{\partial F}{\partial z}\frac{\partial z}{\partial x}=0$$

若 $\dfrac{\partial F}{\partial x}\neq 0$,就得到

$$\frac{\partial z}{\partial x}=-\frac{\dfrac{\partial F}{\partial x}}{\dfrac{\partial F}{\partial z}}$$

类似地,可得

$$\frac{\partial z}{\partial y}=-\frac{\dfrac{\partial F}{\partial y}}{\dfrac{\partial F}{\partial z}}$$

【例 5.3.9】 求由 $x^2+y^2+z^2-3=0$ 所确定的二元隐函数 $z=f(x,y)$ 的偏导数.

解 令 $F(x,y,z)=x^2+y^2+z^2-3$,则

$$\frac{\partial F}{\partial x}=2x,\qquad \frac{\partial F}{\partial y}=2y,\qquad \frac{\partial F}{\partial z}=2z$$

于是得

$$\frac{\partial z}{\partial x}=-\frac{\dfrac{\partial F}{\partial x}}{\dfrac{\partial F}{\partial z}}=-\frac{x}{z},\qquad \frac{\partial z}{\partial y}=-\frac{\dfrac{\partial F}{\partial y}}{\dfrac{\partial F}{\partial z}}=-\frac{y}{z}$$

习 题 5.3

1. 求下列函数的偏导数.

    (1) $z=x^3y-y^3x$ (2) $z=\dfrac{y\mathrm{e}^x}{x}$

    (3) $z=\sin(xy)+\cos^2(xy)$ (4) $z=\sqrt{\ln(xy)}$

2. 已知 $f(x,y)=\arctan\dfrac{y}{x}$,求 $f_x(1,1),f_y(1,1)$.

3. 求下列函数的二阶偏导数.

    (1) $z=x^2+xy+y^3$ (2) $z=\ln\dfrac{y}{x}$

4. 求下列复合函数的偏导数.

（1）$z = u\ln v$，其中，$u = \dfrac{y}{x}$，$v = x + y$.

（2）$z = (x^2 + 2y^2)^{xy}$.

（3）$u = x^2 + y^2 + z^2$，其中，$x = e^t$，$y = \sin t$，$z = \cos t$.

5. 求下列隐函数的偏导数.

（1）设 $z = f(x, y)$ 由 $e^z = xyz$ 确定，求 $\dfrac{\partial z}{\partial x}, \dfrac{\partial z}{\partial y}$.

（2）设 $z = f(x, y)$ 由 $z^3 + 3xyz = a^2$ 确定，求 $\dfrac{\partial z}{\partial x}, \dfrac{\partial z}{\partial y}$.

5.4 全 微 分

5.4.1 全微分的定义

类似于一元函数微分概念，对于二元函数通过研究全增量引入全微分概念.

设函数 $z = f(x, y)$ 在点 (x_0, y_0) 的某邻域内有定义，当 x 和 y 在点 (x_0, y_0) 分别有增量 $\Delta x, \Delta y$，相应的函数的全增量为

$$\Delta z = f(x_0 + \Delta x, y_0 + \Delta y) - f(x_0, y_0)$$

计算全增量有时较复杂，与一元函数的情形一样，为了用自变量的增量 $\Delta x, \Delta y$ 的线性函数来近似代替函数的全增量 Δz，引入如下定义：

定义 设有二元函数 $z = f(x, y)$，若在点 (x, y) 处，函数的全增量 $\Delta z = f(x + \Delta x, y + \Delta y) - f(x, y)$ 可表示为关于 $\Delta x, \Delta y$ 的线性函数与一个比 $\rho = \sqrt{(\Delta x)^2 + (\Delta y)^2}$ 高阶的无穷小之和，即

$$\Delta z = f(x + \Delta x, y + \Delta y) - f(x, y) = A\Delta x + B\Delta y + o(\rho)$$

其中，A, B 与 $\Delta x, \Delta y$ 无关，只与 x, y 有关，$o(\rho)$ 是当 $\rho \to 0$ 时比 ρ 的高阶无穷小，则称二元函数 $z = f(x, y)$ 在点 (x, y) 处可微，并称 $A\Delta x + B\Delta y$ 是 $z = f(x, y)$ 在点 (x, y) 处的全微分，记为

$$dz = A\Delta x + B\Delta y$$

下面讨论二元函数可微与连续、可微与偏导数存在的关系及如何求全微分.

定理 1 若函数 $z = f(x, y)$ 在点 (x, y) 可微，则它在该点 (x, y) 处必连续.

证明 因函数 $z = f(x, y)$ 在点 (x, y) 可微，则有

$$\Delta z = A\Delta x + B\Delta y + o(\rho)$$

从而有
$$\lim_{\substack{\Delta x \to 0 \\ \Delta y \to 0}} \Delta z = 0$$

故函数 $z = f(x, y)$ 在点 (x, y) 处连续.

定理 1 还告诉我们,如果函数 $f(x, y)$ 在点 (x_0, y_0) 处不连续,则函数 $f(x, y)$ 在点 (x_0, y_0) 处不可微.

定理 2(可微的必要条件) 若函数 $z = f(x, y)$ 在点 (x, y) 可微,则它在该点 (x, y) 处的两个偏导数存在,且
$$A = \frac{\partial z}{\partial x}, \qquad B = \frac{\partial z}{\partial y}$$

证明 因函数 $z = f(x, y)$ 在点 (x, y) 可微,有
$$\Delta z = f(x + \Delta x, y + \Delta y) - f(x, y) = A\Delta x + B\Delta y + o(\rho)$$

令 $\Delta y = 0$,则有
$$\Delta z = f(x + \Delta x, y) - f(x, y) = A\Delta x + o(\rho)$$

所以
$$\lim_{\Delta x \to 0} \frac{\Delta z}{\Delta x} = \lim_{\Delta x \to 0} \frac{f(x + \Delta x, y) - f(x, y)}{\Delta x} = \lim_{\Delta x \to 0} \frac{A\Delta x + o(\rho)}{\Delta x} = A$$

即
$$\frac{\partial z}{\partial x} = A$$

类似地,可证
$$\frac{\partial z}{\partial y} = B$$

一般地,记 $\Delta x = \mathrm{d}x, \Delta y = \mathrm{d}y$,则函数 $f(x, y)$ 的全微分可写成下式:
$$\mathrm{d}z = \frac{\partial z}{\partial x}\mathrm{d}x + \frac{\partial z}{\partial y}\mathrm{d}y$$

一元函数中,可微与可导是等价的,但在多元函数里,该结论并不成立. 例如
$$f(x, y) = \begin{cases} \dfrac{xy}{x^2 + y^2}, & x^2 + y^2 \neq 0 \\ 0, & x^2 + y^2 = 0 \end{cases}$$

在点 $(0, 0)$ 处的偏导数
$$f_x(0, 0) = f_y(0, 0) = 0$$

但由于 $f(x, y)$ 在 $(0, 0)$ 处不连续,则在该处也不可微.

定理 3(可微的充分条件) 若函数 $z = f(x, y)$ 在点 (x, y) 的两个偏导数连续,则 $z = f(x, y)$ 在该点处一定可微. (证明略)

二元函数全微分的概念可以推广到二元以上函数. 例如,如果三元函数 $u = f(x, y, z)$ 具有连续的偏导数,则其全微分的表达式为

$$du = \frac{\partial u}{\partial x}dx + \frac{\partial u}{\partial y}dy + \frac{\partial u}{\partial z}dz$$

【例 5.4.1】 求函数 $z = \arctan \dfrac{y}{x}$ 在点 $(1,2)$ 处当 $\Delta x = 0.15, \Delta y = 0.1$ 时全微分.

解
$$\frac{\partial z}{\partial x} = \frac{-\dfrac{y}{x^2}}{1 + \left(\dfrac{y}{x}\right)^2} = -\frac{y}{x^2 + y^2}, \qquad \frac{\partial z}{\partial y} = \frac{\dfrac{1}{x}}{1 + \left(\dfrac{y}{x}\right)^2} = \frac{x}{x^2 + y^2}$$

所以

$$dz = \frac{\partial z}{\partial x}dx + \frac{\partial z}{\partial y}dy = \frac{1}{x^2 + y^2}(-y\Delta x + x\Delta y)$$

$$dz\big|_{(1,2)} = \frac{1}{5}(-0.3 + 0.1) = -\frac{1}{25}$$

【例 5.4.2】 求函数 $z = x^{2y}$ 的全微分.

解 因为

$$\frac{\partial z}{\partial x} = 2yx^{2y-1}, \qquad \frac{\partial z}{\partial y} = 2x^{2y}\ln x$$

所以

$$dz = 2yx^{2y-1}dx + 2x^{2y}\ln x\,dy$$

*5.4.2　全微分在近似计算中的应用

设函数 $z = f(x,y)$ 可微,由全微分的特性可知,当 $|\Delta x|, |\Delta y|$ 都较小时,我们有以下近似计算式:

$$\Delta z \approx dz = f_x(x,y)\Delta x + f_y(x,y)\Delta y$$

或

$$f(x + \Delta x, y + \Delta y) \approx f(x,y) + f_x(x,y)\Delta x + f_y(x,y)\Delta y$$

【例 5.4.3】 一圆柱形的铁罐.内半径为 5cm,内高为 12cm,壁厚均为 0.2cm,估计制作这个铁罐所需材料的体积大约是多少(包括上、下底)?

解 圆柱体体积 $V = \pi r^2 h$,这个铁罐所需材料的体积则是

$$\Delta V = \pi(r + \Delta r)^2(h + \Delta h) - \pi r^2 h$$

因 $\Delta r = 0.2$cm,$\Delta h = 0.4$cm 都比较小,所以可用全微分作近似计算,即

$$\Delta V \approx dV = \frac{\partial V}{\partial r}dr + \frac{\partial V}{\partial h}dh = 2\pi rh\,dr + \pi r^2\,dh$$

所以

$$\Delta V\Big|_{\substack{r=5, h=12 \\ \Delta r = 0.2, \Delta h = 0.4}} \approx 5\pi(24 \times 0.2 + 5 \times 0.4) = 34\pi \approx 106.8\,(\text{cm}^3)$$

【例 5.4.4】 利用全微分近似计算 $(0.98)^{2.03}$ 的值.

解 设函数 $z=f(x,y)=x^y$,要计算的数值即是在 $x+\Delta x=0.98,y+\Delta y=2.03$ 时的函数值. 取 $x=1,y=2,\Delta x=-0.02,\Delta y=0.03$,由公式

$$f(x+\Delta x,y+\Delta y)\approx f(x,y)+f_x(x,y)\Delta x+f_y(x,y)\Delta y$$

得

$$f(0.98,2.03)\approx f(1,2)+f_x(1,2)\cdot(-0.02)+f_y(1,2)\cdot0.03$$

因

$$f(1,2)=1,\quad f_x(x,y)=yx^{y-1},\quad f_x(1,2)=2$$
$$f_y(x,y)=x^y\ln x,\quad f_y(1,2)=0$$

所以

$$(0.98)^{2.03}\approx1+2\times(-0.02)+0\times0.03=0.96$$

习 题 5.4

1. 求下列函数的全微分.

(1) $z=xy+\dfrac{x}{y}$ 　　　　　　(2) $z=e^{\frac{y}{x}}$

(3) $z=\ln\sqrt{x^2+y^2}$ 　　　　　(4) $u=x^{yz}$

2. 求函数 $z=\ln(1+x^2+y^2)$ 当 $x=1,y=2$ 时的全微分.

3. 求函数 $z=x^2y^3$ 当 $x=2,y=1,\Delta x=0.02,\Delta y=-0.01$ 时的全增量和全微分.

4. 计算 $\sqrt{(1.02)^3+(1.97)^3}$ 的近似值.

5. 已知边长为 $x=6\mathrm{m}$ 和 $y=8\mathrm{m}$ 的矩形,如果 x 边增加 5cm 而 y 减少 10cm,问这个矩形的对角线的近似变化如何?

5.5 多元函数的极值及其应用

5.5.1 二元函数的极值

前面已讨论过一元函数的极值,在实际问题中常常还会遇到多元函数的极值问题,现在我们来讨论二元函数的极值,其结果可推广到 n 元函数.

定义 设函数 $z=f(x,y)$ 在点 $P_0(x_0,y_0)$ 的某个邻域内有定义,若对于此邻域内任何异于 $P_0(x_0,y_0)$ 的点 $P(x,y)$,都有 $f(x,y)<f(x_0,y_0)$(或 $f(x,y)>f(x_0,y_0)$)

成立,则称函数 $f(x,y)$ 在点 $P_0(x_0,y_0)$ 取得极大值(或极小值) $f(x_0,y_0)$,极大值与极小值统称为极值,取得极值的点 $P_0(x_0,y_0)$,称为极值点.

和一元函数极值类似,二元函数的极值也是局部性概念. 例如, $f(x,y)=x^2+y^2-1$ 在点 $(0,0)$ 处取得极小值 -1,而函数 $z=\sqrt{1-x^2-y^2}$ 在 $(0,0)$ 点取得极大值 1.

二元函数的极值问题,一般地可以利用偏导数来解决.

定理 1(极值存在的必要条件)　若函数 $z=f(x,y)$ 在点 $P_0(x_0,y_0)$ 达到极值,且函数在该点一阶导数存在,则有

$$f_x(x_0,y_0)=0,\quad f_y(x_0,y_0)=0$$

使 $f_x(x_0,y_0)=0,f_y(x_0,y_0)=0$ 同时成立的点 (x_0,y_0) 称为驻点.

由定理 1 可知,具有偏导数的函数的极值点一定是驻点,但函数的驻点不一定是极值点. 例如,点 $(0,0)$ 是函数 $z=x^2-y^2$ 的驻点,显然不是极值点.

定理 2(极值存在的充分条件)　设函数 $z=f(x,y)$ 在点 $P_0(x_0,y_0)$ 的某个邻域内具有二阶连续偏导数,且点 $P_0(x_0,y_0)$ 是函数的驻点,即 $f_x(x_0,y_0)=0$, $f_y(x_0,y_0)=0$. 若记 $A=f_{xx}(x_0,y_0)$, $B=f_{xy}(x_0,y_0)$, $C=f_{yy}(x_0,y_0)$,则

(i) 当 $B^2-AC<0$ 时,点 $P_0(x_0,y_0)$ 是极值点,且当 $A<0$ 时有极大值,当 $A>0$ 时有极小值.

(ii) 当 $B^2-AC>0$ 时,没有极值.

(iii) 当 $B^2-AC=0$ 时,点 $P_0(x_0,y_0)$ 可能是极值点,也可能不是极值点.

下面我们通过一个具体例子来说明如何求极值.

【例 5.5.1】　求函数 $z=x^3+y^3-3xy$ 的极值.

解　设 $f(x,y)=x^3+y^3-3xy$,则有

$$f_x(x,y)=3x^2-3y,\quad f_y(x,y)=3y^2-3x$$

$$f_{xx}(x,y)=6x,\quad f_{xy}(x,y)=-3,\quad f_{yy}(x,y)=6y$$

解方程组

$$\begin{cases}3x^2-3y=0\\3y^2-3x=0\end{cases}$$

得驻点 $(0,0),(1,1)$.

对于驻点 $(1,1)$,有

$$A=f_{xx}(1,1)=6,\quad B=f_{xy}(1,1)=-3,\quad C=f_{yy}(1,1)=6$$

又

$$B^2-AC=(-3)^2-6\times6=-27<0$$

且

$$A = 6 > 0$$

由定理 2 知: $f(x,y)$ 在点 $(1,1)$ 处有极小值 $f(1,1) = -1$.

关于驻点 $(0,0)$, 易知在该点不取极值. 有兴趣的读者可以仿照上述步骤自行演算.

5.5.2　二元函数的最大值和最小值

与一元函数相类似, 我们可用函数的极值来求函数的最值.

设函数 $z = f(x,y)$ 在闭区域上连续, 则 $f(x,y)$ 在 D 上必定取得最大值和最小值. 一般方法是: 将 $f(x,y)$ 在 D 内的所有驻点处函数值及在 D 的边界上的最大值和最小值相比较, 其中最大者就是最大值, 最小者就是最小值.

在实际问题中, 如果函数在 D 内只有唯一驻点, 则函数在驻点处必取得最大值 (最小值), 求实际问题中的最值问题步骤如下:

(1) 根据实际问题建立函数关系, 确定定义域;

(2) 求出驻点;

(3) 结合实际意义判定最大值、最小值.

【例 5.5.2】　某工厂要用钢板制作一个容积为 $a^3 \text{m}^3$ 无盖长方体容器, 若不计钢板的厚度, 怎样制作材料最省?

解　从实际问题知, 材料最省的长方体一定存在, 设容器的长为 $x\text{m}$, 宽为 $y\text{m}$, 高为 $z\text{m}$, 则无盖容器所需钢板的面积为

$$A = xy + 2yz + 2xz$$

又已知

$$V = xyz = a^3$$

将 $z = \dfrac{a^3}{xy}$ 代入 A 中, 得

$$A = xy + \frac{2a^3(x+y)}{xy} \quad (x > 0, y > 0)$$

求偏导数, 得

$$\frac{\partial A}{\partial x} = y - \frac{2a^3}{x^2}$$

$$\frac{\partial A}{\partial y} = x - \frac{2a^3}{y^2}$$

解方程组

$$\begin{cases} y - \dfrac{2a^3}{x^2} = 0 \\[3mm] x - \dfrac{2a^3}{y^2} = 0 \end{cases}$$

得驻点, $x = y = \sqrt[3]{2}a$, $z = \dfrac{\sqrt[3]{2}a}{2}$, 唯一驻点, 所以当长方体容器的长与宽取 $\sqrt[3]{2}a$ m, 高取 $\dfrac{\sqrt[3]{2}a}{2}$ m, 所需材料最省.

【例 5.5.3】 某工厂生产甲、乙两种产品, 出售单价分别为 10 元和 9 元, 生产 x 单位的产品甲与生产 y 单位的产品乙的总费用是

$$400 + 2x + 3y + 0.01(3x^2 + xy + 3y^2) \ (\text{元})$$

求取得最大利润时, 两种产品的产量各为多少?

解　设 $L(x, y)$ 表示产品甲与产品乙分别生产 x 单位与 y 单位时所得的总利润. 因总利润等于总收入减去总费用, 所以

$$\begin{aligned} L(x, y) &= (10x + 9y) - [400 + 2x + 3y + 0.01(3x^2 + xy + 3y^2)] \\ &= 8x + 6y - 0.01(3x^2 + xy + 3y^2) - 400 \end{aligned}$$

由

$$\begin{aligned} L_x(x, y) &= 8 - 0.01(6x + y) = 0 \\ L_y(x, y) &= 6 - 0.01(x + 6y) = 0 \end{aligned}$$

得驻点 $(120, 80)$.

再由

$$L_{xx} = -0.06 < 0, \quad L_{xy} = -0.01, \quad L_{yy} = -0.06$$

得

$$B^2 - AC = (-0.01)^2 - (-0.06)^2 = -3.5 \times 10^{-3} < 0$$

所以, 当 $x = 120$, $y = 80$ 时, $L(120, 80) = 320$ 是极大值, 由题意, 生产 120 单位产品甲与生产 80 单位产品乙时所得利润最大.

5.5.3　条件极值

前面讨论的极值问题中, 对自变量除了要求它们不超过定义域外, 无其他限制, 这类极值问题我们称为无条件极值问题. 但在一些实际问题中还常会遇到函数的自变量除了受定义域限制外, 还受某些附加条件的制约, 这类极值问题我们称为**条件极值**, 要求极值的函数称为**目标函数**, 附加条件称为**约束条件**.

下面我们来介绍条件极值的求法.

5.5.3.1 代入法

在某些情况下,如果能从约束方程中解出某个未知量并代入目标函数,就意味着新的目标函数满足了约束条件,于是,原来的条件极值问题也就转化成了无条件极值求解,这种方法就是代入法.

【**例 5.5.4**】 拟建一容积为 18m^3 的长方体无盖水池,已知侧面单位造价为底面造价的 $\dfrac{3}{4}$,问如何设计尺寸,才能使总造价最省?

解 设水池的长、宽、高分别为 $x,y,z\,(\text{m})$,侧、底面单位造价分别为 $3a,4a$ (元),则水池总造价 S 为

$$S = 2(xz + yz)3a + xy \cdot 4a$$

由题意知

$$xyz = 18$$

将 $z = \dfrac{18}{xy}$ 代入目标函数得

$$S = 4a\left(\frac{27}{x} + \frac{27}{y} + xy\right) \quad (x > 0, y > 0)$$

求函数的偏导数,得

$$S_x = 4a\left(y - \frac{27}{x^2}\right), \quad S_y = 4a\left(x - \frac{27}{y^2}\right)$$

令 $S_x = S_y = 0$ 解得唯一驻点 $(3,3)$.

根据实际问题知,当水池的长、宽、高分别为 $3\text{m}, 3\text{m}, 2\text{m}$ 时,总造价最省.

5.5.3.2 拉格朗日乘数法

如果不方便从约束条件中解出一个变量进行代入时,我们将使用拉格朗日乘数法. 具体步骤如下:

(1) 构造辅助函数 $F(x,y,z) = f(x,y,z) + \lambda\varphi(x,y,z)$,$\lambda$ 为待定常数,简称**拉格朗日常数**.

(2) 解联立方程组

$$\begin{cases} F_x(x,y,z) = 0 \\ F_y(x,y,z) = 0 \\ F_z(x,y,z) = 0 \\ \varphi(x,y,z) = 0 \end{cases}$$

即

$$\begin{cases} f_x(x,y,z)+\lambda\varphi_x(x,y,z)=0 \\ f_y(x,y,z)+\lambda\varphi_y(x,y,z)=0 \\ f_z(x,y,z)+\lambda\varphi_z(x,y,z)=0 \\ \varphi(x,y,z)=0 \end{cases}$$

【例 5.5.5】 用拉格朗日乘数求解例 5.5.4.

解 将例 5.5.4 中的函数视为三元函数

$$S(x,y,z)=6axz+6ayz+4axy$$

约束条件

$$xyz-18=0$$

构造的拉格朗日辅助函数为

$$F(x,y,z)=6axz+6ayz+4axy+\lambda(xyz-18)$$

解方程组

$$\begin{cases} F_x=6az+4ay+\lambda yz=0 \\ F_y=6az+4ax+\lambda xz=0 \\ F_z=6ax+6ay+\lambda xy=0 \\ xyz-18=0 \end{cases}$$

得:$x=y=3,z=2$.显然结果与代入法求解相同.

习 题 5.5

1. 求下列二元函数的极值.

　　(1) $z=x^3+y^3-3(x^2+y^2)$　　　　　　(2) $z=e^{2x}(x+2y+y^2)$

2. 求下列函数在给定条件下的条件极值.

　　(1) $z=xy$,约束条件为 $x+y=2$.

　　(2) $z=x+y$,约束条件为 $\dfrac{1}{x}+\dfrac{1}{y}=1$　$(x>0,y>0)$.

3. 将周长为 $2p$ 的矩形绕着它的一边旋转而成一圆柱体,问矩形的边长各为多少时,才能使圆柱体的体积最大?

4. 将长为 L 的线段分成三段,分别围成圆、正方形和正三角形,问怎样分法才能使它们的面积之和为最小?

5. 某工厂生产甲、乙两种产品,销售单价分别为 12 和 18,总成本 C 是两种产品的产量 x,y 的函数

$$C(x,y)=2x^2+xy+2y^2+8$$

问:当两种产品各生产多少时,可获最大利润? 最大利润是多少?

5.6 二重积分

5.6.1 二重积分的概念和性质

5.6.1.1 二重积分的定义

1. 曲顶柱体的体积

设一立体,它的顶部曲面方程为 $z=f(x,y)$,其底面是 xOy 面上的闭区域 D,且函数 $f(x,y)\geqslant 0$.它的侧面是以 D 的边界为准线、母线平行于 z 轴的柱面(见图 5.22),这种立体称为曲顶柱体.

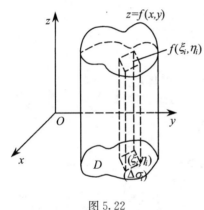

图 5.22

确定曲顶柱体的体积 V,可采取以下步骤:

(1) 分割:把区域 D 任意划分成 n 个小子区域 $\Delta\sigma_i(i=1,2,\cdots,n)$,它们的面积分别记为 $\Delta\sigma_i$,对应的小的曲顶柱体的体积记为 ΔV_i.

(2) 近似代替:在 $\Delta\sigma_i$ 上任取一点 (ξ_i,η_i),对应的小曲顶柱体体积可以用以 $f(\xi_i,\eta_i)$ 为高的正柱体体积近似代替

$$\Delta V_i \approx f(\xi_i,\eta_i)\Delta\sigma_i$$

(3) 求和:n 个小曲顶柱体体积之和为

$$\sum_{i=1}^{n}\Delta V_i \approx \sum_{i=1}^{n}f(\xi_i,\eta_i)\Delta\sigma_i$$

(4) 求和式极限

$$V = \lim_{\lambda\to 0}\sum_{i=1}^{n}f(\xi_i,\eta_i)\Delta\sigma_i$$

其中,λ 为子区域的最大直径.

2. 二重积分的定义

设二元函数 $f(x,y)$ 定义在有界闭区域 D 上,将区域 D 任意分成 n 个小区域 $\Delta\sigma_i,(i=1,2,\cdots,n)$,其面积仍记为 $\Delta\sigma_i$,在每个小区域 $\Delta\sigma_i$ 中任取一点 (x_i,y_i),作积分和 $\sum_{i=1}^{n}f(x_i,y_i)\Delta\sigma_i$ 当 $\lambda = \max_{1\leqslant i\leqslant n}d(\Delta\sigma_i)\to 0$ 时,积分和的极限存在,且与小区域

的分割方法及点(x_i, y_i)的取法无关,则此极限值称为函数$f(x, y)$在区域D上的二重积分,记为

$$\iint\limits_{D} f(x, y) \mathrm{d}\sigma$$

因此,二重积分也是一个数,且依赖于被积函数和积分区域.

当$f(x, y) \geqslant 0$时,二重积分$\iint\limits_{D} f(x, y) \mathrm{d}\sigma$在几何上就是以$z = f(x, y)$为曲顶,以$D$为底且母线平行于$z$轴的曲顶柱体的体积,这就是二重积分的几何意义.

特别地,当$f(x, y) = 1$时,区域D的面积为

$$A = \iint\limits_{D} \mathrm{d}\sigma$$

若函数$f(x, y)$在有界闭区域上连续,则$f(x, y)$在D上一定可积.

5.6.1.2　二重积分的性质

比较定积分与二重积分的定义可知,二重积分与定积分有类似的性质.

1. 线性性质

$$\iint\limits_{D} \left[k_1 f_1(x, y) \pm k_2 f_2(x, y) \right] \mathrm{d}\sigma = k_1 \iint\limits_{D} f_1(x, y) \mathrm{d}\sigma \pm k_2 \iint\limits_{D} f_2(x, y) \mathrm{d}\sigma \quad (k_1, k_2 \text{ 为常数})$$

2. 可加性质

若区域D可分为两个子区域D_1和D_2,则

$$\iint\limits_{D} f(x, y) \mathrm{d}\sigma = \iint\limits_{D_1} f(x, y) \mathrm{d}\sigma + \iint\limits_{D_2} f(x, y) \mathrm{d}\sigma$$

3. 比较性质

(1) 若$f(x, y) \geqslant g(x, y), (x, y) \in D$,则

$$\iint\limits_{D} f(x, y) \mathrm{d}\sigma \geqslant \iint\limits_{D} g(x, y) \mathrm{d}\sigma$$

(2)

$$\left| \iint\limits_{D} f(x, y) \mathrm{d}\sigma \right| \leqslant \iint\limits_{D} |f(x, y)| \, \mathrm{d}\sigma$$

4. 估值性质

设$m \leqslant f(x, y) \leqslant M$,其中$(x, y) \in D$,而$m, M$为常数,则

$$m\sigma \leqslant \iint\limits_{D} f(x, y) \mathrm{d}\sigma \leqslant M\sigma$$

其中,σ为区域D的面积.

5. 中值性质

若 $f(x,y)$ 在有界闭区域 D 上连续,则存在点 $(\xi,\eta)\in D$,使得

$$\iint_D f(x,y)\mathrm{d}\sigma = f(\xi,\eta)\sigma$$

其中,σ 为区域 D 的面积.

5.6.2 二重积分的计算

5.6.2.1 直角坐标系下二重积分的计算

在直角坐标系中,二重积分可写成 $\iint_D f(x,y)\mathrm{d}x\mathrm{d}y$,利用二重积分的几何意义可导出化二重积分为二次积分的方法.

如图 5.23 所示,设 D 可表示为不等式 $y_1(x)\leqslant y\leqslant y_2(x)$,$a\leqslant x\leqslant b$,用定积分的"切片法"(如图 5.24 所示),可得

$$\iint_D f(x,y)\mathrm{d}x\mathrm{d}y = \int_a^b \mathrm{d}x \int_{y_1(x)}^{y_2(x)} f(x,y)\mathrm{d}y$$

设 D 可表示为不等式 $y_1(x)\leqslant y\leqslant y_2(x)$,$a\leqslant x\leqslant b$.

类似地,可得出

$$\iint_D f(x,y)\mathrm{d}x\mathrm{d}y = \int_c^d \mathrm{d}y \int_{x_1(y)}^{x_2(y)} f(x,y)\mathrm{d}x$$

上述积分通常称为**累次积分**.

一般地,我们把图 5.23 所示的积分区域,称为 **X 型区域**,把图 5.25 所示的积分区域,称为 **Y 型区域**.

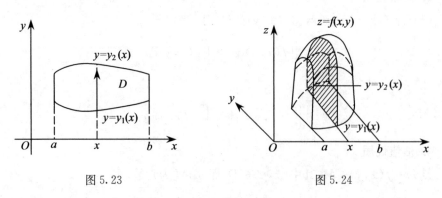

图 5.23　　　　　　图 5.24

化二重积分为累次积分时,应注意以下几点:

(1) 累次积分的下限必须小于上限.

188

（2）使用公式时，积分区域 D 必须是 X 型区域或 Y 型区域，要求 D 分别满足：平行于 y 轴或 x 轴的直线与 D 的边界相交不多于两点．若 D 不满足条件，则需将 D 分割成几块（见图 5.26），然后分块计算．

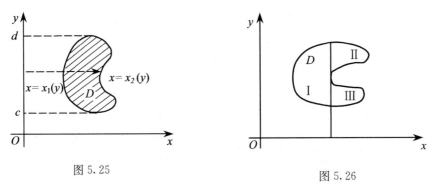

图 5.25　　　　　　　　　　　　　图 5.26

（3）二重积分化为累次积分时，确定积分限是关键．积分限是据积分区域 D 来确定的，所以应先画出积分区域 D 的图形，然后选择 X 型或是 Y 型．

一个重积分常常既可先对 y 积分，再对 x 积分，又可先对 x 积分，再对 y 积分，两种积分的次序往往导致计算的繁简有别，要恰当地选取积分次序．

【例 5.6.1】　计算 $\displaystyle\iint\limits_{D}\left(1-\dfrac{x}{3}-\dfrac{y}{4}\right)\mathrm{d}\sigma$．其中，$D$ 是由 $-1\leqslant x\leqslant 1,-2\leqslant y\leqslant 2$ 所围成（见图 5.27）．

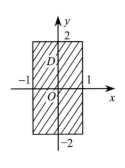

图 5.27

解法一　先对 y 积分，后对 x 积分．

$$\iint\limits_{D}\left(1-\frac{x}{3}-\frac{y}{4}\right)\mathrm{d}\sigma=\int_{-1}^{1}\left[\int_{-2}^{2}\left(1-\frac{x}{3}-\frac{y}{4}\right)\mathrm{d}y\right]\mathrm{d}x$$

$$=\int_{-1}^{1}\left(y-\frac{xy}{3}-\frac{y^2}{8}\right)\Bigg|_{-2}^{2}\mathrm{d}x$$

$$=\int_{-1}^{1}\left(4-\frac{4}{3}x\right)\mathrm{d}x=\left(4x-\frac{2}{3}x^2\right)\Bigg|_{-1}^{1}=8$$

解法二　先对 x 积分，后对 y 积分．

$$\iint\limits_{D}\left(1-\frac{x}{3}-\frac{y}{4}\right)\mathrm{d}\sigma=\int_{-2}^{2}\left[\int_{-1}^{1}\left(1-\frac{x}{3}-\frac{y}{4}\right)\mathrm{d}x\right]\mathrm{d}y$$

$$=\int_{-2}^{2}\left(x-\frac{x^2}{6}-\frac{yx}{4}\right)\Bigg|_{-1}^{1}\mathrm{d}y$$

$$=\int_{-2}^{2}\left(2-\frac{y}{2}\right)\mathrm{d}y=\left(2y-\frac{1}{4}y^2\right)\Bigg|_{-2}^{2}=8$$

这里，由于积分区域是一矩形域，所以当累次积分交换时，对 x 和对 y 的积分限并没有改变．

【例 5.6.2】 计算 $\iint\limits_D xy\mathrm{d}\sigma$. 其中, D 是由直线 $y=1, x=2$ 及 $y=x$ 所围成.

解法一 先对 y 积分, 后对 x 积分[见图 5.28(a)].

$$\iint\limits_D xy\mathrm{d}\sigma = \int_1^2 \left[\int_1^x xy\mathrm{d}y \right]\mathrm{d}x = \int_1^2 \left(x \cdot \frac{y^2}{2} \right)\Big|_{-2}^2 \mathrm{d}x$$

$$= \int_1^2 \left(\frac{x^3}{2} - \frac{x}{2} \right)\mathrm{d}x = \left(\frac{x^4}{8} - \frac{x^2}{4} \right)\Big|_1^2 = \frac{9}{8}$$

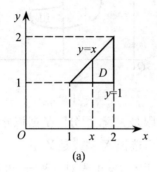
(a)

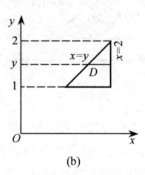
(b)

图 5.28

解法二 先对 x 积分, 后对 y 积分[见图 5.28(b)].

$$\iint\limits_D xy\mathrm{d}\sigma = \int_1^2 \left[\int_y^2 xy\mathrm{d}x \right]\mathrm{d}y = \int_1^2 \left(y \cdot \frac{x^2}{2} \right)\Big|_y^2 \mathrm{d}y = \int_1^2 \left(2y - \frac{y^3}{2} \right)\mathrm{d}y$$

$$= \left(y^2 - \frac{y^4}{8} \right)\Big|_1^2 = \frac{9}{8}$$

【例 5.6.3】 计算 $\iint\limits_D 2xy^2\mathrm{d}x\mathrm{d}y$. 其中, D 是由抛物线 $y^2=x$ 及 $y=x-2$ 所围成.

解 画出 D 的图形(见图 5.29). 选择先对 x 积分, 后对 y 积分. 这时 D 的表示式为

$$\begin{cases} y^2 \leqslant x \leqslant y+2 \\ -1 \leqslant y \leqslant 2 \end{cases}$$

所以

$$\iint\limits_D 2xy^2\mathrm{d}x\mathrm{d}y = \int_{-1}^2 \mathrm{d}y \int_{y^2}^{y+2} 2xy^2\mathrm{d}x = \int_{-1}^2 y^2\,(x^2)\big|_{y^2}^{y+2}\,\mathrm{d}y$$

$$= \int_{-1}^2 (y^4 + 4y^3 + 4y^2 - y^6)\mathrm{d}y = \left(\frac{y^5}{5} + y^4 + \frac{4y^3}{3} - \frac{y^7}{7} \right)\Big|_{-1}^2 = 15\frac{6}{35}$$

本题也可先对 y 积分, 后对 x 积分, 但这时必须用直线 $x=1$ 将 D 分成 D_1 和 D_2 两块(见图 5.30), 其中

$$D_1:\begin{cases} -\sqrt{x}\leqslant y\leqslant\sqrt{x}, \\ 0\leqslant x\leqslant 1 \end{cases} \qquad D_2:\begin{cases} x-2\leqslant y\leqslant\sqrt{x} \\ 1\leqslant x\leqslant 4 \end{cases}$$

由此可得

$$\iint\limits_{D}2xy^2\mathrm{d}x\mathrm{d}y=\iint\limits_{D_1}2xy^2\mathrm{d}x\mathrm{d}y+\iint\limits_{D_2}2xy^2\mathrm{d}x\mathrm{d}y=\int_0^1\mathrm{d}x\int_{-\sqrt{x}}^{\sqrt{x}}2xy^2\mathrm{d}y+\int_1^4\mathrm{d}x\int_{x-2}^{\sqrt{x}}2xy^2\mathrm{d}y$$

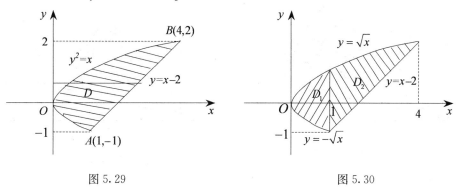

图 5.29　　　　　　　　　　　　图 5.30

具体计算略. 显然计算起来比先对 x 后对 y 积分麻烦得多. 所以恰当地选择积分次序是化二重积分为累次积分的关键.

5.6.2.2　极坐标系下二重积分的计算

对于某些形式的二重积分,利用直角坐标计算往往较困难,而在极坐标系下计算则较简便. 下面介绍这种计算方法.

首先,分割积分区域 D,让 r 取一系列常数,得到一族中心在极点的同心圆,让 θ 取一系列常数,得到一族过极点的射线,将 D 分成许多小区域(见图 5.31),于是得到极坐标系下的面积元素为

$$\mathrm{d}\sigma=r\mathrm{d}r\mathrm{d}\theta$$

再分别用 $x=r\cos\theta,y=r\sin\theta$ 代换 $f(x,y)$ 中的 x,y,这样二重积分在极坐标系下的表示形式为

$$\iint\limits_{D}f(x,y)\mathrm{d}\sigma=\iint\limits_{D}f(r\cos\theta,r\sin\theta)r\mathrm{d}r\mathrm{d}\theta$$

与直角坐标情况类似,实际计算要化为累次积分.

设 D(见图 5.32)位于两射线 $\theta=\alpha$, $\theta=\beta$ 之间,D 的两段边界线极坐标方程分别为

$$r=r_1(\theta), \quad r=r_2(\theta)$$

则二重积分可化为如下的累次积分

$$\iint\limits_{D} f(x,y)\mathrm{d}\sigma = \int_{\alpha}^{\beta}\mathrm{d}\theta\int_{r_1(\theta)}^{r_2(\theta)} f(r\cos\theta, r\sin\theta)r\mathrm{d}r$$

如果极点 O 在 D 的内部(见图 5.33),则有

$$\iint\limits_{D} f(x,y)\mathrm{d}\sigma = \int_{0}^{2\pi}\mathrm{d}\theta\int_{0}^{r(\theta)} f(r\cos\theta, r\sin\theta)r\mathrm{d}r$$

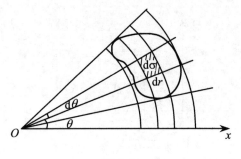

图 5.31

图 5.32

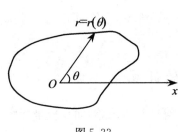

图 5.33

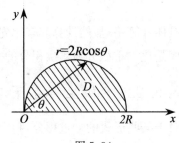

图 5.34

【例 5.6.4】 将 $\iint\limits_{D} f(x,y)\mathrm{d}\sigma$ 化为极坐标系下的累次积分,其中,D 为 $x^2 + y^2 \leqslant 2Rx, y \geqslant 0$ 所围区域.

解 画出 D 的图形(见图 5.34),在极坐标系下 D 可表示为

$$0 \leqslant \theta \leqslant \frac{\pi}{2}, \quad 0 \leqslant r \leqslant 2R\cos\theta$$

于是有

$$\iint\limits_{D} f(x,y)\mathrm{d}\sigma = \int_{0}^{\frac{\pi}{2}}\mathrm{d}\theta\int_{0}^{2R\cos\theta} f(r\cos\theta, r\sin\theta)r\mathrm{d}r$$

【例 5.6.5】 计算 $\iint\limits_{D} \mathrm{e}^{-(x^2+y^2)}\mathrm{d}x\mathrm{d}y$. 其中,$D$ 是由中心在原点,半径为 a 的圆周所围成的闭区域.

解 在极坐标系中,D 可表示为 $0 \leqslant r \leqslant a, 0 \leqslant \theta \leqslant 2\pi$,故有

$$\iint\limits_{D} e^{-(x^2+y^2)} dx dy = \iint\limits_{D} e^{-r^2} r dr d\theta = \int_0^{2\pi} d\theta \int_0^a e^{-r^2} r dr$$

$$= \int_0^{2\pi} \left(-\frac{1}{2} e^{-r^2} \right)\Big|_0^a d\theta = \pi(1 - e^{-a^2})$$

【例 5.6.6】 求圆锥面 $z = 4 - \sqrt{x^2 + y^2}$ 与旋转抛物面 $2z = x^2 + y^2$ 所围立体的体积(见图 5.35).

解　选用极坐标计算.

$$V = \iint\limits_{D} \left[\left((4 - \sqrt{x^2 + y^2}) - \frac{1}{2}(x^2 + y^2) \right) \right] dx dy$$

$$= \iint\limits_{D} \left(4 - r - \frac{r^2}{2} \right) r dr d\theta$$

求立体在 xOy 面上的投影区域 D. 由

$$\begin{cases} z = 4 - \sqrt{x^2 + y^2} \\ 2z = x^2 + y^2 \end{cases}$$

消去 z, 得

$$x^2 + y^2 = 4$$

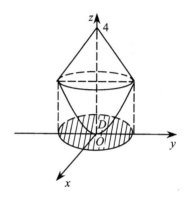

图 5.35

因此, D 由 $x^2 + y^2 = 4$ 的圆所围成的闭区域, 即 $r = 2$ 围成. 故有

$$V = \int_0^{2\pi} d\theta \int_0^2 \left(4r - r^2 - \frac{r^3}{2} \right) dr = 2\pi \left(2r^2 - \frac{r^3}{3} - \frac{r^4}{8} \right)\Big|_0^2 = \frac{20}{3}\pi$$

一般地, 当积分区域为圆域、扇域、环域, 而被积函数中含有 $x^2 + y^2$ 项时, 常采用极坐标计算较为简便.

习　题　5.6

1. 设有一平面薄板, 占 xOy 面上的闭区域 D, 其面密度 $\mu = \mu(x, y)$, 且 $\mu(x, y)$ 在 D 上连续, 试用二重积分表示该薄板的质量.

2. 计算下列二重积分.

(1) $\iint\limits_{D} (x^2 + y^2) d\sigma$. 其中, D 是矩形闭区域: $|x| \leqslant 1, |y| \leqslant 1$.

(2) $\iint\limits_{D} (3x + 2y) d\sigma$. 其中, D 是由两坐标轴及直线 $x + y = 2$ 所围成的闭区域.

(3) $\iint\limits_{D} x \sqrt{y} d\sigma$. 其中, D 是由两条抛物线 $y = \sqrt{x}, y = x^2$ 所围成的闭区域.

(4) $\iint\limits_{D} xy^2 d\sigma.$ 其中, D 是由圆周 $x^2 + y^2 = 4$ 及 y 轴所围成的右半闭区域.

3. 改换二次积分的次序.

(1) $\int_0^1 dy \int_0^y f(x,y) dx$
(2) $\int_0^2 dy \int_{y^2}^{2y} f(x,y) dx$

(3) $\int_1^2 dx \int_{2-x}^{\sqrt{2x-x^2}} f(x,y) dy$
(4) $\int_1^e dx \int_0^{\ln x} f(x,y) dy$

(5) $\int_0^1 dy \int_0^{2y} f(x,y) dx + \int_1^3 dy \int_0^{3-y} f(x,y) dx$

4. 交换积分次序, 证明

$$\int_0^a dy \int_0^y e^{m(a-x)} f(x) dx = \int_0^a (a-x) e^{m(a-x)} f(x) dx$$

5. 画出积分区域, 把积分 $\iint\limits_{D} f(x,y) dx dy$ 表示为极坐标形式的二次积分, 其中, 积分区域 D 是:

(1) $x^2 + y^2 \leqslant a^2$ ($a>0$).

(2) $x^2 + y^2 \leqslant 2x$.

(3) $a^2 \leqslant x^2 + y^2 \leqslant b^2$ (其中, $0<a<b$).

(4) $0 \leqslant y \leqslant 1-x$ ($0 \leqslant x \leqslant 1$).

6. 利用极坐标计算下列各题.

(1) $\iint\limits_{D} e^{x^2+y^2} d\sigma.$ 其中, D 是由圆周 $x^2 + y^2 = 4$ 所围成的闭区域.

(2) $\iint\limits_{D} \ln(1+x^2+y^2) d\sigma.$ 其中, D 是由圆周 $x^2 + y^2 = 1$ 及坐标轴所围的第一象限的闭区域.

(3) $\iint\limits_{D} \arctan \dfrac{y}{x} d\sigma.$ 其中, D 是由圆周 $x^2 + y^2 = 4, x^2 + y^2 = 1$ 以及直线 $y = 0, y = x$ 所成的在第一象限内的闭区域.

本章内容精要

1. 本章主要内容为: 空间直角坐标系概念及常见曲面, 二元函数极限与连续性概念, 偏导数及全微分, 多元复合函数及隐函数的求导, 多元函数的极值及应用, 二重积分的概念、性质及计算.

2. 多元函数微分学的内容是与一元函数微分学相互对应的, 由于从一元到二元会产生一些新的问题, 而从二元到多元常是形式上的类推, 因此本章以二元函数为代表进行讨论.

3. 多元函数在极限、连续、偏导、可微等概念间的关系上与一元函数有很大不同,对多元函数来说,可微一定连续,偏导数也一定存在,但偏导数存在不一定连续,而只有在偏导数连续的条件下,函数才能可微. 极限、连续、偏导、可微间的关系如下:

4. 求多元函数偏导数的方法,实质上就是一元函数求导法,一元函数的所有求导公式和法则全部可用于多元函数求导. 对于多元复合函数的求导,将公式与复合结构关系图相结合,就较容易掌握.

5. 多元函数极值概念与求法可比照一元函数极值的概念与求法来理解掌握. 极值点不一定是驻点,驻点也不一定是极值点,注意二元函数的极值也有可能在偏导数不存在的点取得.

条件极值和无条件极值是两个不同概念,条件极值可化成无条件极值来处理,但并不是化成原来函数的无条件极值,而是代入条件后化成减少了自变量的新函数的无条件极值;条件极值较简单时可采取代入法,一般情形可采用拉格朗日乘数法.

6. 二重积分是定积分概念的推广,我们既要理解其相同与相似之处,又要区别其不同之处,可从定义和几何意义上相互比较.

二重积分的计算分为直角坐标系下和极坐标系下两种计算形式. 直角坐标系下,二重积分 $\iint\limits_{D} f(x,y)\mathrm{d}\sigma = \iint\limits_{D} f(x,y)\mathrm{d}x\mathrm{d}y$,其具体计算要转化成累次积分,关键是要恰当地选择积分次序,确定积分限;极坐标系下,二重积分 $\iint\limits_{D} f(x,y)\mathrm{d}\sigma = \iint\limits_{D} f(r\cos\theta, r\sin\theta)r\mathrm{d}r\mathrm{d}\theta$,积分次序是固定的,即先对 r 积分,再对 θ 积分. 一般地,当积分区域为圆域、扇域、环域,而被积函数中含有 x^2+y^2 项时,常采用极坐标计算较为简便.

自 我 测 试 题

一、单项选择题

1. 空间曲线 $\begin{cases} z=x^2+y^2-2 \\ z=2 \end{cases}$ 在 xOy 面的投影方程为(　　).

    A. $x^2+y^2=4$ B. $\begin{cases} x^2+y^2=4 \\ z=2 \end{cases}$

    C. $\begin{cases} x^2+y^2=4 \\ z=0 \end{cases}$ D. $\begin{cases} z=x^2+y^2-2 \\ z=0 \end{cases}$

2. 设 $f(x,y)=\dfrac{xy}{x^2+y^2}$,则下列各式中正确的是(　　).

    A. $f\left(x,\dfrac{y}{x}\right)=f(x,y)$ B. $f(x+y,x-y)=f(x,y)$

    C. $f(x,y)=f(y,x)$ D. $f(x,-y)=f(x,y)$

3. $f_x(x,y)$,$f_y(x,y)$ 在 (x_0,y_0) 连续是 $f(x,y)$ 在 (x_0,y_0) 可微的(　　).

    A. 必要条件   B. 充分条件

    C. 充要条件   D. 既非充分条件也非必要条件

4. 设 $z=\mathrm{e}^x\cos y$,则 $\dfrac{\partial^2 z}{\partial x\partial y}=$(　　).

    A. $\mathrm{e}^x\sin y$ B. $\mathrm{e}^x+\mathrm{e}^x\sin y$

    C. $-\mathrm{e}^x\sin y$ D. $\mathrm{e}^x\cos y$

5. $\iint\limits_D \sqrt{x^2+y^2}\,\mathrm{d}x\mathrm{d}y=$(　　),其中 $D:1\leqslant x^2+y^2\leqslant 4$.

    A. $\displaystyle\int_0^{2\pi}\mathrm{d}\theta\int_1^4 r^2\,\mathrm{d}r$ B. $\displaystyle\int_0^{2\pi}\mathrm{d}\theta\int_1^4 r\,\mathrm{d}r$

    C. $\displaystyle\int_0^{2\pi}\mathrm{d}\theta\int_1^2 r\,\mathrm{d}r$ D. $\displaystyle\int_0^{2\pi}\mathrm{d}\theta\int_1^2 r^2\,\mathrm{d}r$

二、填空题

1. 向量 $\boldsymbol{a}=3\boldsymbol{i}+4\boldsymbol{j}-\boldsymbol{k}$ 的模 $|\boldsymbol{a}|=$ _____.

2. 已知 $z=\mathrm{e}^{xy}$ 则 $\dfrac{\partial z}{\partial x}=$ _____,$\dfrac{\partial z}{\partial y}=$ _____.

3. 设 $z=\ln(x^2+y^2)$,则 $\mathrm{d}z\big|_{\substack{x=1 \\ y=1}}=$ _____.

4. 若函数 $z=f(x,y)$ 在点 $P_0(x_0,y_0)$ 取得极值,且函数在该点的一阶偏导数存在,则 $f_x(x_0,y_0)=$ _____,$f_y(x_0,y_0)=$ _____.

5. 若 D 为 $0 \leqslant x \leqslant 1, 0 \leqslant y \leqslant 2$ 的矩形区域,则 $\iint\limits_{D} \mathrm{d}\sigma = $ _____.

三、计算下列函数的偏导数或全微分

1. $z = \dfrac{y}{x} \ln(2x-y)$,求 $\dfrac{\partial z}{\partial x}\Big|_{\substack{x=1 \\ y=1}}$,$\dfrac{\partial z}{\partial y}\Big|_{\substack{x=1 \\ y=1}}$.

2. $z = x^4 + y^4 - 4x^2y^2$,求 $\dfrac{\partial^2 z}{\partial x^2}$,$\dfrac{\partial^2 z}{\partial x \partial y}$,$\dfrac{\partial^2 z}{\partial y^2}$.

3. $z = xy \ln y$,求 $\mathrm{d}z$.

4. $u = (x^2 y)^{\frac{1}{z}}$,求 u 点在 $(1,1,1)$ 处的全微分.

5. 设 $z = u^2 + v^2$,而 $u = x+y$,$v = x-y$,求 $\dfrac{\partial z}{\partial x}$,$\dfrac{\partial z}{\partial y}$.

6. 设 $\dfrac{x}{z} = \ln\dfrac{z}{y}$,求 $\dfrac{\partial z}{\partial x}$,$\dfrac{\partial z}{\partial y}$.

四、求解下列极值问题

1. 要做一个容积为 $8\ \mathrm{m}^3$ 的有盖长方体水箱,问当水箱的长、宽、高各为多少时,才能使用料最省?

2. 某工厂要建造一座长方体形状的厂房,其体积为 150 万 m^3,已知前墙和屋顶的每单位面积的造价分别是其他墙身造价的 3 倍和 1.5 倍,问厂房前墙的长和厂房的高为多少时,厂房的造价最小.

五、计算题

试计算 $I = \iint\limits_{D}(2y-x)\mathrm{d}\sigma$. 其中,$D$ 是由抛物线 $y = x^2$ 和直线 $y = x+2$ 所围成的闭区域.

六、证明题

已知二元函数 $z = \mathrm{e}^{-\left(\frac{1}{x} + \frac{1}{y}\right)}$,证明关系式:$x^2 \dfrac{\partial z}{\partial x} + y^2 \dfrac{\partial z}{\partial y} = 2z$.

微　积　分

　　微积分(Calculus)是微分和积分的总称. 它是建立在实数、函数和极限的基础上的. 极限和微积分的概念可以追溯到古代. 公元前 3 世纪,古希腊的阿基米德在研究解决抛物弓形的面积、球和球冠面积、螺线下面积和旋转双曲体的体积的问题中,就隐含着近代积分学的思想. 作为微分学基础的极限理论来说,早在古代已有比较清楚的论述. 比如,我国的庄周

所著的《庄子》一书的"天下篇"中,记有"一尺之棰,日取其半,万世不竭".三国时期的刘徽在他的割圆术中提到"割之弥细,所失弥小,割之又割,以至于不可割,则与圆周和体而无所失矣."这些都是朴素的、也是很典型的极限概念.到了17世纪后半叶,牛顿和莱布尼茨完成了许多数学家都参加过准备的工作,分别独立地建立了微积分学.他们建立微积分的出发点是直观的无穷小量,理论基础是不牢固的.直到19世纪,柯西和维尔斯特拉斯建立了极限理论,康托尔等建立了严格的实数理论,这门学科才得以严密化.

微积分这门学科在数学发展中的地位十分重要,可以说它是继欧氏几何后,全部数学中的最大的一个创造.它是在与实际应用联系中发展起来的,它在天文学、力学、化学、生物学、工程学、经济学等自然科学、社会科学及应用科学各个分支中,有越来越广泛的应用.特别是计算机的发明更有助于这些应用的不断发展.

数学实验5　MATLAB求二元函数微积分、三维作图

【实验目的】
熟悉 MATLAB 软件求解二元函数的微积分及三维作图方法.

【实验内容】
(1) 利用 MATLAB 软件求偏导.
(2) 利用 MATLAB 软件求二重积分.
(3) 利用 MATLAB 软件进行三维作图.

前面数学实验二,数学实验四已介绍了利用 MATLAB 求一元函数微积分的方法及其相应的命令格式,对多元函数来说基本相同,作为巩固与提高,再举几例:

1. 求偏导、二重积分举例

【例 M5.1】　已知 $z = x^2 y + y^3$,求其一阶偏导数和二阶偏导数.

解　>>syms x y z
　　>>z=(x^2*y+y^3);
　　>>dzdx=diff(z,'x')
　　　　dzdx=
　　　　2*x*y
　　>>dzdy=diff(z,'y')
　　　　dzdy=

x^2+3*y^2

>>dzdx2=diff(z,′x′,2)

dzdx2=

2*y

>>dzdxdy=diff(dzdx,′y′)

dzdxdy=

2*x

>>dzdy2=diff(z,′y′,2)

dzdy2=

6*y

【例 M5.2】 设 $x^3+y^3+z^3=3xyz$,求$\dfrac{\partial z}{\partial x}$,$\dfrac{\partial z}{\partial y}$.

解　>>syms x y z

>>f=(x^3+y^3+z^3-3*x*y*z);

>>fx=diff(f,′x′)

fx=

3*x^2-3*y*z

>>fy=diff(f,′y′)

fy=

3*y^2-3*x*z

>>fz=diff(f,′z′)

fz=

3*z^2-3*x*y

>>dzdx=-fx/fz

dzdx=

-(3*y*z-3*x^2)/(3*x*y-3*z^2)

>>simplify(dzdx)

ans=

-(y*z-x^2)/(x*y-z^2)

>>dzdy=-fy/fz

dzdy=

-(3*x*z-3*y^2)/(3*x*y-3*z^2)

>>simplify(dzdy)

ans=

$$-(x*z-y^2)/(x*y-z^2)$$

【例 M5.3】 计算二重积分：

(1) $\iint\limits_{D} x\sqrt{y}\,\mathrm{d}x\mathrm{d}y.\ D$：由 $y=\sqrt{x}, y=x^2$ 围成.

(2) $\iint\limits_{D} \dfrac{y^2}{x^2}\,\mathrm{d}x\mathrm{d}y.\ D$：由 $y=x, y=2$ 及双曲线 $xy=1$ 围成.

解 $\gg$int(int((x*y^(1/2)),'y',x^2,x^(1/2)),'x',0,1)

ans=

6/55

$\gg$int(int(y^2/x^2,'x',1/y,y),'y',1,2)

ans=

9/4

2. 二元函数作图举例

1）三维网格图

利用 MATLAB 软件作三维网络图的命令格式如表 M5.1 所示.

表 M5.1

命令格式	含　义
mesh(x,y,z)	用默认的颜色绘网格，其中 (x,y,z) 是空间点的坐标
mesh(z)	用 $x=1{:}n, y=1{:}m$ 绘一个网格
h=mesh(…)	设置图形表面的属性值，单个语句可以设定多个属性值

【例 M5.4】 在 x,y 平面内选取一个区域，绘出二元函数 $z=\left(\dfrac{1}{\sqrt{2\pi}}\right)^2$ $\exp\left[-\dfrac{1}{2}(x^2+y^2)\right]$ 的图像.

解 先调用 meshgrid 函数生成 x,y 平面的网格表示，再用 mesh 函数生成上述二元函数的表面网格图形：

$\gg[x,y]=$meshgrid$(-3{:}0.1{:}3,-3{:}0.1{:}2)$;

$\gg z=(1/\text{sqrt}(2*\text{pi}))\verb|^|2*\exp(-1/2*(x.\verb|^|2+y.\verb|^|2))$;

$\gg$mesh(x,y,z)

显示结果如图 M.5.1

2）三维曲面图

利用 MATLAB 软件作三维曲面图形的命令格式如表 M5.2 所示.

表 M5.2

命令格式	含　义
surf(x,y,z)	用默认的颜色绘曲面图,其中(x,y,z)是空间点的坐标
surf(z)	用 $x=1:n, y=1:m$ 绘一个曲面

例如,对上例中的二元函数绘曲面图,命令如下:

$>>[x,y]=$meshgrid$(-3:0.1:3,-3:0.1:2)$;

$>>z=(1/\text{sqrt}(2*\text{pi}))\verb|^|2*\exp(-1/2*(x.\verb|^|2+y.\verb|^|2))$;

$>>$surf(x,y,z)

显示结果如图 M.5.2.

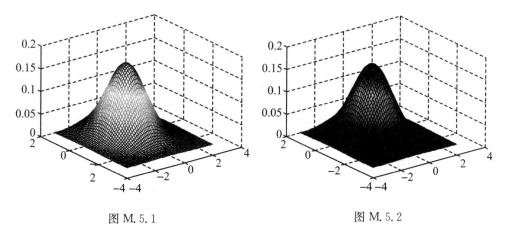

图 M.5.1　　　　　　　　　　　　　　　图 M.5.2

3. 上机实验

(1) 验算上述例题结果.

(2) 自选练习题上机练习.

附录Ⅰ 初等数学常用公式

一、乘法与因式分解

1. $a^2 - b^2 = (a+b)(a-b)$

2. $a^3 \pm b^3 = (a \pm b)(a^2 \mp ab + b^2)$

3. $(a \pm b)^2 = a^2 \pm 2ab + b^2$

4. $(a \pm b)^3 = a^3 \pm 3a^2 b + 3ab^2 \pm b^3$

二、一元二次方程 $ax^2 + bx + c = 0(a \neq 0)$ 的解

1. 根的判别式：$\Delta = b^2 - 4ac$，当 $\Delta \geqslant 0$ 时，根 $x_{1,2} = \dfrac{-b \pm \sqrt{b^2 - 4ac}}{2a}$

2. 根与系数的关系：$x_1 + x_2 = -\dfrac{b}{a}$，$x_1 \cdot x_2 = \dfrac{c}{a}$

三、二项式展开式

$$(a+b)^n = a^n + na^{n-1}b + \frac{n(n-1)}{2!}a^{n-2}b^2 + \frac{n(n-1)(n-2)}{3!}a^{n-3}b^3 + \cdots$$

$$+ \frac{n(n-1)\cdots(n-k+1)}{k!}a^{n-k}b^k + \cdots + b^n$$

四、三角公式

1. 基本关系式

$$\sin^2\alpha + \cos^2\alpha = 1, \quad 1 + \tan^2\alpha = \sec^2\alpha, \quad 1 + \cot^2\alpha = \csc^2\alpha,$$

$$\frac{\sin\alpha}{\cos\alpha} = \tan\alpha, \quad \frac{\cos\alpha}{\sin\alpha} = \cot\alpha, \quad \csc\alpha = \frac{1}{\sin\alpha}, \quad \sec\alpha = \frac{1}{\cos\alpha}$$

2. 两角和公式

$$\sin(\alpha \pm \beta) = \sin\alpha \cos\beta \pm \cos\alpha \sin\beta$$

$$\cos(\alpha \pm \beta) = \cos\alpha \cos\beta \mp \sin\alpha \sin\beta$$

$$\tan(\alpha \pm \beta) = \frac{\tan\alpha \pm \tan\beta}{1 \mp \tan\alpha \tan\beta}$$

3. 倍角公式

$$\sin 2\alpha = 2\sin\alpha \cos\alpha$$

$$\cos 2\alpha = \cos^2\alpha - \sin^2\alpha = 1 - 2\sin^2\alpha = 2\cos^2\alpha - 1$$

$$\tan 2\alpha = \frac{2\tan\alpha}{1 - \tan^2\alpha}$$

4. 半角公式

$$\sin\frac{\alpha}{2} = \pm\sqrt{\frac{1-\cos\alpha}{2}}, \quad \cos\frac{\alpha}{2} = \pm\sqrt{\frac{1+\cos\alpha}{2}}$$

$$\tan\frac{\alpha}{2} = \pm\sqrt{\frac{1-\cos\alpha}{1+\cos\alpha}} = \frac{1-\cos\alpha}{\sin\alpha} = \frac{\sin\alpha}{1+\cos\alpha}$$

5. 和差化积与积化和差公式

$$\sin\alpha + \sin\beta = 2\sin\frac{\alpha+\beta}{2}\cos\frac{\alpha-\beta}{2}$$

$$\sin\alpha - \sin\beta = 2\cos\frac{\alpha+\beta}{2}\sin\frac{\alpha-\beta}{2}$$

$$\cos\alpha + \cos\beta = 2\cos\frac{\alpha+\beta}{2}\cos\frac{\alpha-\beta}{2}$$

$$\cos\alpha - \cos\beta = -2\sin\frac{\alpha+\beta}{2}\sin\frac{\alpha-\beta}{2}$$

$$\sin\alpha\cos\beta = \frac{1}{2}\left[\sin(\alpha+\beta) + \sin(\alpha-\beta)\right]$$

$$\cos\alpha\cos\beta = \frac{1}{2}\left[\cos(\alpha+\beta) + \cos(\alpha-\beta)\right]$$

$$\sin\alpha\sin\beta = -\frac{1}{2}\left[\cos(\alpha+\beta) - \cos(\alpha-\beta)\right]$$

五、初等几何

在下列公式中,r 表示半径,h 表示高,l 表示母线.

1. 圆:周长$=2\pi r$,面积$=\pi r^2$

2. 圆扇形:弧长$=r\theta$,面积$=\dfrac{1}{2}r^2\theta$

3. 球:体积$=\dfrac{4}{3}\pi r^3$,表面积$=4\pi r^2$

4. 正圆锥:体积$=\dfrac{1}{3}\pi r^2 h$,侧面积$=\pi r l$

六、平面解析几何

1. 两点间的距离:$\quad d = \sqrt{(x_2-x_1)^2 + (y_2-y_1)^2}$

2. 线段的斜率:$\quad k = \dfrac{y_2-y_1}{x_2-x_1} \quad (x_2 \neq x_1)$

3. 两直线间的夹角:$\quad \tan\theta = \left|\dfrac{k_2-k_1}{1+k_2 k_1}\right|$

4. 点到直线的距离：$d=\dfrac{|Ax_1+By_1+C|}{\sqrt{A^2+B^2}}$

5. 两直线的位置关系：

设两直线的方程为

$l_1:y=k_1x+b_1$ 或 $A_1x+B_1y+C_1=0$；$l_2:y=k_2x+b_2$ 或 $A_2x+B_2y+C_2=0$

$l_1\,/\!/\,l_2$ 的充要条件：　$k_1=k_2$，且 $b_1\neq b_2$ 或 $\dfrac{A_1}{A_2}=\dfrac{B_1}{B_2}=\dfrac{C_1}{C_2}$

$l_1\perp l_2$ 的充要条件：　$k_1k_2=-1$，或 $A_1A_2+B_1B_2=0$

6. 直角坐标(x,y)与极坐标(r,θ)间的互化关系：

$$\begin{cases} x=r\cos\theta \\ y=r\sin\theta \end{cases},\quad \begin{cases} r=\sqrt{x^2+y^2} \\ \tan\theta=\dfrac{y}{x} \end{cases}$$

7. 圆：

标准方程　$(x-x_0)^2+(y-y_0)^2=R^2$

一般方程　$x^2+y^2+Dx+Ey+F=0$

8. 抛物线：

标准方程　$y^2=2px$，$x^2=2py$

一般方程　$y=ax^2+bx+c$

9. 椭圆标准方程：$\dfrac{x^2}{a^2}+\dfrac{y^2}{b^2}=1$，$\dfrac{x^2}{b^2}+\dfrac{y^2}{a^2}=1$

10. 双曲线标准方程：$\dfrac{x^2}{a^2}-\dfrac{y^2}{b^2}=1$

11. 一般二元二次方程

$$Ax^2+2Bxy+Cy^2+2Dx+2Ey+F=0,\quad \Delta=B^2-AC$$

(1) 若 $\Delta<0$，方程为椭圆；

(2) 若 $\Delta>0$，方程为双曲线；

(3) 若 $\Delta=0$，方程为抛物线.

七、等差数列与等比数列的前 n 项和

1. **等差数列**：首项为 a_1，公差为 d，前 n 项的和 $S_n=a_1n+\dfrac{1}{2}n(n-1)d$，首项为

a_1，第 n 项为 a_n，前 n 项的和 $S_n=\dfrac{(a_1+a_n)n}{2}$.

2. **等比数列**：首项为 a_1，公比为 q，前 n 项的和 $S_n=\dfrac{a_1(1-q^n)}{1-q}$　$(q\neq 1)$.

附录Ⅱ 常用平面曲线及其方程

1. 概率曲线 $y = \mathrm{e}^{-ax^2}\ (a > 0)$

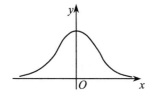

图 F2.1

2. 笛卡尔叶形线 $x^3 + y^3 - 3axy = 0$

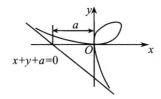

图 F2.2

3. 抛物线 $x^{\frac{1}{2}} + y^{\frac{1}{2}} = a^{\frac{1}{2}}$

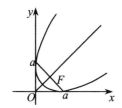

图 F2.3

4. 伯努利双纽线 $r^2 = a^2 \cos 2\varphi$

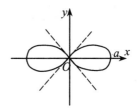

图 F2.4

5. 摆线 $\begin{cases} x = a(t - \sin t) \\ y = a(1 - \cos t) \end{cases}$

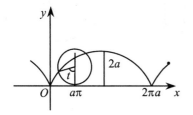

图 F2.5

6. 内摆线(星形线) $\begin{cases} x = a\cos^3 t \\ y = a\sin^3 t \end{cases}$

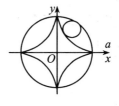

图 F2.6

7. 心脏形线 $r=a(1+\cos\varphi)$

8. 圆的渐伸线（渐开线）
$$\begin{cases} x=a(\cos t+t\sin t) \\ y=a(\sin t-t\cos t) \end{cases}$$

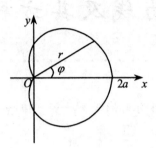

图 F2.7

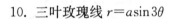

图 F2.8

9. 阿基米得螺线 $r=a\theta(r\geqslant0)$

10. 三叶玫瑰线 $r=a\sin3\theta$

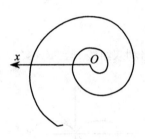

图 F2.9

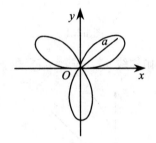

图 F2.10

11. 四叶玫瑰线 $r=a\cos2\theta$　12. 双曲螺线 $r=\dfrac{a}{\varphi}(r>0)$　13. 对数螺线 $r=e^{a\varphi}(a>0)$

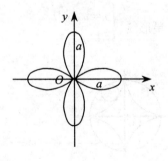

图 F2.11

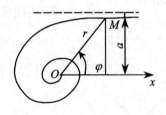

图 F2.12

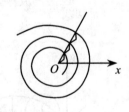

图 F2.13

习 题 参 考 答 案

第 1 章

习题 1.1

1. (1) $f(x)$ 与 $g(x)$ 不是相同函数,因为它们的定义域不同.

   (2) $f(x)$ 与 $g(x)$ 不是相同函数,因为 $\sqrt{x^2}=|x|\neq x$.

   (3) $f(x)$ 与 $g(x)$ 是相同函数.

2. (1) $x\neq-1$, $x\neq1$ 且 $x\geqslant-2$,即 $[-2,-1)\bigcup(-1,1)\bigcup(1,+\infty)$.

   (2) $x\neq0$,且 $-1\leqslant x\leqslant1$,即 $[-1,0)\bigcup(0,1]$.

   (3) $-2<x<2$,即 $(-2,2)$.

   (4) $x\neq1$,且 $x\neq2$,即 $(-\infty,1)\bigcup(1,2)\bigcup(2,+\infty)$.

3. $\varphi\left(\dfrac{\pi}{6}\right)=\dfrac{1}{2}$, $\varphi\left(\dfrac{\pi}{4}\right)=\dfrac{\sqrt{2}}{2}$, $\varphi\left(-\dfrac{\pi}{4}\right)=\dfrac{\sqrt{2}}{2}$, $\varphi(-2)=0$.

4. (1)偶函数   (2)偶函数   (3)奇函数   (4)奇函数

5. (1) $y=\sqrt{u}$, $u=1-x^2$

   (2) $y=\mathrm{e}^u$, $u=x+1$

   (3) $y=\sin u$, $u=\dfrac{3}{2}x$

   (4) $y=u^2$, $u=\cos v$, $v=3x+1$

   (5) $y=\ln u$, $u=\sqrt{v}$, $v=1+x$

   (6) $y=\arccos u$, $u=1-x^2$

6. (1) $-1\leqslant x\leqslant1$,即 $[-1,1]$

   (2) $[2k\pi,2k\pi+\pi](k=0,\pm1,\pm2,\cdots)$

   (3) $-a\leqslant x\leqslant1-a$,即 $[-a,1-a]$

   (4) $\begin{cases}\text{若 } 0<a\leqslant\dfrac{1}{2},\text{则 } a\leqslant x\leqslant1-a,\text{即}[a,1-a]\\[3mm]\text{若 } a>\dfrac{1}{2},\text{则函数无处有定义即}\varnothing(\text{空集})\end{cases}$

7. $f[g(x)] = \begin{cases} 1, & x < 0 \\ 0, & x = 0, \\ -1, & x > 0 \end{cases}$ $\qquad g[f(x)] = \begin{cases} e, & |x| < 1 \\ 1, & |x| = 1 \\ \dfrac{1}{e}, & |x| > 1 \end{cases}$

8. $S(x) = \begin{cases} \dfrac{1}{2}x^2, & 0 \leqslant x < 2 \\ 2x - 2, & 2 \leqslant x < 4 \\ -\dfrac{1}{2}x^2 + 6x - 10, & 4 \leqslant x \leqslant 6 \end{cases}$

$S(1) = \dfrac{1}{2}, S(3) = 4, S(4) = 6, S(6) = 8$

9. $R(10) = 200$

习题 1.2

1. (1) $\dfrac{1}{2}$　(2) 0　(3) -4　(4) 12

2. $\lim\limits_{x \to 0^-} f(x) = \lim\limits_{x \to 0^+} f(x) = 1, \lim\limits_{x \to 0} f(x) = 1$

$\lim\limits_{x \to 0^-} \varphi(x) = -1, \lim\limits_{x \to 0^+} \varphi(x) = 1, \lim\limits_{x \to 0} \varphi(x)$ 不存在

3. 略

4. (1) 0　(2) $\dfrac{3}{2}$　(3) 1　(4) 1

习题 1.3

1. 两个无穷小的商不一定是无穷小. 例如, $\alpha = 4x, \beta = 2x$, 当 $x \to 0$ 时都是无穷

小, 但 $\dfrac{\alpha}{\beta} = 2$, 当 $x \to 0$ 时不是无穷小

2. (1) 2　(2) 1

3. (1) 0　(2) 0

4. $x \to 0$ 时, $x^2 - x_3$ 是比 $2x - x^2$ 高阶无穷小

5. (1) 同阶, 不等价;　(2) 等价无穷小

6. (1) -9,　(2) $\dfrac{2}{3}$,　(3) $2x$,　(4) $\left(\dfrac{3}{2}\right)^{20}$,　(5) $\dfrac{2}{7}$,　(6) -1,

(7) 2,　(8) $\dfrac{1}{2}$

7. (1) $\dfrac{3}{2}$;　(2) 0 ($m < n$ 时), 1 ($m = n$ 时), ∞ ($m > n$ 时);　(3) $\dfrac{1}{2}$　(4) $\dfrac{2}{3}$

习题 1.4

1. (1) ω　(2) $\dfrac{2}{5}$　(3) 1　(4) 2　(5) 1　(6) $\sqrt{2}$　(7) $\dfrac{1}{e}$　(8) e^2　(9) e^2

(10) e

2. 提示 $\dfrac{n}{\sqrt{n^2+n}} \leqslant \dfrac{1}{\sqrt{n^2+1}} + \dfrac{1}{\sqrt{n^2+2}} + \cdots + \dfrac{1}{\sqrt{n^2+n}} \leqslant \dfrac{n}{\sqrt{n^2+1}}$

习题 1.5

1. (1) $f(x)$ 在 $[0,2]$ 上连续

   (2) $f(x)$ 在 $(-\infty,-1)$ 与 $(-1,+\infty)$ 内连续, $x=-1$ 为跳跃间断点

2. (1) $x=1$ 为可去间断点, $x=2$ 为第二类间断点

   (2) $x=0$ 和 $x=k\pi+\dfrac{\pi}{2}$ 为可去间断点, $x=k\pi(k\neq0)$ 为第二类间断点

   (3) $x=0$ 为第二类间断点   (4) $x=1$ 为第一类间断点

3. $f(x)=\begin{cases} x, & |x|<1 \\ 0, & |x|=1, x=1 \text{ 和 } x=-1 \text{ 为第一类间断点} \\ -x, & |x|>1 \end{cases}$

4. 连续区间: $(-\infty,-3)\bigcup(-3,2)\bigcup(2,+\infty)$

   $\lim\limits_{x\to 0}f(x)=\dfrac{1}{2}, \lim\limits_{x\to-3}f(x)=-\dfrac{8}{5}, \lim\limits_{x\to 2}f(x)=\infty$

5. (1) $\sqrt{5}$ (2) 0   (3) $-\dfrac{\sqrt{2}}{2}$ (4) $\dfrac{1}{2}$ (5) 2   (6) $\cos a$ (7) 1   (8) $\dfrac{a}{2}$

6. (1) 1   (2) 0   (3) e^3 (4) e^3

7. $a=1$

8. $a\neq1, x=0$ 是第一类间断点

9. (略)

自我测试题

一. 1. C   2. C   3. D   4. C   5. A   6. C   7. A   8. D

二. 1. 6,   2. -6,   3. $a=-3, b=2$,   4. 同阶非等价   5. 2   6. $\dfrac{1}{2}$

   7. 可去   8. $\dfrac{1}{3}$

三. (1) 1,   (2) $\dfrac{1}{2}$,   (3) e^{-6},   (4) $\dfrac{1}{3}$,   (5) 0,   (6) $-\dfrac{\sqrt{2}}{4}$,   (7) 0,

   (8) 2

四. 1. $a=0$ 2. $x=0$ 为第一间断点的跳跃间断点.

五. (略)

第 2 章

习题 2.1

1. $\dfrac{\mathrm{d}T}{\mathrm{d}t}$

2. $L(Q)=-Q^2+2Q-100$，$Q=1$

3. (1) $f'(x_0)$　(2) $-f'(x_0)$　(3) $f'(x_0)$　(4) $f'(0)$

4. 12m/s

5. 不存在

习题 2.2

1. (1) $15x^{14}$　(2) $-3x^{-4}$　(3) $-2x^{-3}$　(4) $-\dfrac{2}{3}x^{-\frac{5}{3}}$

2. $(4,8)$

3. 切线方程 $x-\mathrm{e}y=0$，法线方程 $\mathrm{e}x+y-(\mathrm{e}^2+1)=0$

4. $k_1=-\dfrac{1}{2}$，$k_2=-1$

习题 2.3

1. (1) $6x+\dfrac{4}{x^3}$　(2) $4x+\dfrac{5}{2}x^{\frac{3}{2}}$　(3) $2x-\dfrac{5}{2}x^{-\frac{7}{2}}-3x^{-4}$　(4) $8x-4$

(5) $\ln x+1$　(6) $\mathrm{e}^x(\sin x+\cos x)$　(7) $\tan x+x\sec^2 x-2\sec x\tan x$

(8) $\sin x\ln x+x\cos x\ln x+\sin x$　(9) $\dfrac{1}{\sqrt{1-x^2}}+\dfrac{1}{1+x^2}$

(10) $-\dfrac{1}{x^2}\left(\dfrac{2\cos x}{x}+\sin x\right)$　(11) $\dfrac{1-2\ln x}{x^3}$　(12) $\dfrac{-2\mathrm{e}^x}{(1+\mathrm{e}^x)^2}$

2. (1) $6\ln a-3$　(2) $-\dfrac{1}{18}$

3. (1) $12-gt$　(2) $\dfrac{12}{g}$

4. $a=\dfrac{1}{3}$，$b=-\dfrac{2}{3}$

习题 2.4

1. (1) $4(2x+1)$　(2) $\dfrac{3}{2\sqrt{3x-5}}$　(3) $\dfrac{\sec^2\dfrac{x}{2}}{4\sqrt{\tan\dfrac{x}{2}}}$　$\tan^3 x\sec^2 x$

(5) $\mathrm{e}^{\sin^2 x}\sin 2x$　(6) $\dfrac{6\ln^2 x^2}{x}$.

2. (1) $-\dfrac{1}{\sqrt{x-x^2}}$ (2) $\dfrac{x}{\sqrt{(1-x^2)^3}}$ (3) $-\dfrac{1}{2}\mathrm{e}^{-\frac{x}{2}}(\cos 3x+6\sin 3x)$

(4) $\dfrac{|x|}{x^2\sqrt{x^2-1}}$

3. (1) $\dfrac{2\arcsin\dfrac{x}{2}}{\sqrt{4-x^2}}$ (2) $\csc x$ (3) $\dfrac{\ln x}{x\sqrt{1+\ln^2 x}}$ (4) $\dfrac{\mathrm{e}^{\arctan\sqrt{x}}}{2\sqrt{x}(1+x)}$

4. (1) $-\dfrac{1}{x\sqrt{1-x^2}(\sqrt{1-x^2}+x)}$ (2) $\dfrac{4}{4+x^2}\arctan\dfrac{x}{2}$ (3) $\dfrac{1}{x^2-1}$

(4) $\dfrac{4}{(\mathrm{e}^x+\mathrm{e}^{-x})^2}$ (5) $6\mathrm{e}^{2x}\sec^3(\mathrm{e}^{2x})\tan(\mathrm{e}^{2x})$ (6) $-\dfrac{1}{x^2}\sin\dfrac{2}{x}\mathrm{e}^{\sin^2\frac{1}{x}}$

习题 2.5

1. (1) $-\dfrac{1}{4(1+x)^{\frac{3}{2}}}$ (2) $\mathrm{e}^x(x+2)$ (3) $-(2\sin x+x\cos x)$

(4) $\dfrac{3x}{(1-x^2)^{\frac{5}{2}}}$

2. (1) $(-1)^n\mathrm{e}^{-x}$ (2) $\dfrac{(-1)^n(n-2)!}{x^{n-1}}$ (3) $\mathrm{e}^x(x+n)$

习题 2.6

1. (1) $\dfrac{2x}{3(y^2-1)}$ (2) $\dfrac{\mathrm{e}^y}{1-x\mathrm{e}^y}$ (3) $\dfrac{-1-y\sin(xy)}{x\sin(xy)}$

(4) $\dfrac{\cos x-\sin(x-y)}{1-\sin(x-y)}$

2. (1) $(\ln x)^x\left[\ln(\ln x)+\dfrac{1}{\ln x}\right]$

(2) $\dfrac{\sqrt{x+1}\cdot\sin x}{(x^3+1)(x+2)}\left[\dfrac{-x}{2(x+1)(x+2)}+\cot x-\dfrac{3x^2}{1+x^3}\right]$

3. (1) $\dfrac{2}{t}$ (2) $\dfrac{b(t^2+1)}{a(t^2-1)}$

4. (1) 切线方程 $2\sqrt{2}x+y-2=0$,法线方程 $\sqrt{2}x-4y-1=0$

(2) 切线方程 $x+2y-4=0$,法线方程 $2x-y-3=0$

习题 2.7

1. $\Delta y=0.0302$, $\mathrm{d}y=0.03$

2. (1) $\left(-\dfrac{1}{x^2}+\dfrac{1}{\sqrt{x}}\right)\mathrm{d}x$ (2) $(\sin 2x+2x\cos 2x)\mathrm{d}x$

(3) $\dfrac{1}{(x^2+1)^{\frac{3}{2}}}\mathrm{d}x$ (4) $\dfrac{2}{x-1}\ln(1-x)\mathrm{d}x$

3. (1) $2x+C$ (2) $\dfrac{3x^2}{2}+C$ (3) $\sin x+C$ (4) $-\dfrac{1}{2}\mathrm{e}^{-2x}+C$

  (5) $\ln(1+x)+C$ (6) $2\sqrt{x}+C$

4. 约减少 43.63cm²；约增加 104.72cm²

5. (1) 0.87476   (2) 30°48″

6. (1) 9.9867   (2) 2.0052

自我测试题

一、单项选择题

1. B 2. C 3. B 4. D 5. C

二、填空题

1. $f(a)$ 2. -3 3. $-\sec^2 x$ 4. 1   5. -1

三、计算题

1. (1) $2+\dfrac{1}{2}x^{-\frac{3}{2}}$ (2) $\dfrac{x(2\ln x-1)}{\ln^2 x}$ (3) $\left(2x\sqrt{x}+\dfrac{3}{2}\sqrt{x}+6\right)\mathrm{e}^{2x}$

  (4) $\dfrac{\ln x}{x\sqrt{1+\ln^2 x}}$ (5) $-\dfrac{1}{2}\csc t$ (6) $\dfrac{1}{2-\cos y}$

2. (1) $\dfrac{1}{\cos x-1}\mathrm{d}x$ (2) $-\dfrac{1}{1+x^2}\mathrm{d}x$ (3) $-\tan x\mathrm{d}x$ (4) $\dfrac{y}{y-1}\mathrm{d}x$

3. (1) $2\arctan x+\dfrac{2x}{1+x^2}$ (2) $\dfrac{1}{x}$

4. 切线方程 $x+2y-4=0$，法线方程 $2x-y-3=0$

四、证明题   定值为 a

第 3 章

习题 3.1

1. (1) 满足 $\xi=\dfrac{1-\sqrt{7}}{3}$ (2) 满足 $\xi=2$ (3) 满足 $\xi=0$

2. (1) 满足 $\xi=\pm\dfrac{\sqrt{3}}{3}$ (2) 满足 $\xi=\sqrt{\dfrac{4}{\pi}-1}$ (3) 满足 $\xi=\dfrac{5-\sqrt{43}}{3}$

习题 3.2

1. (1) 5   (2) 0   (3) 1   (4) $\dfrac{n}{m}a^{n-m}$ (5) 2   (6) -2 (7) $\dfrac{\sqrt{a}}{a}$ (8)

  1 (9) $\dfrac{1}{20}$ (10) $-\dfrac{1}{2}$ (11) $\dfrac{1}{2}$ (12) 1

2. 略

习题 3.3

1. (1) 在$(-\infty,+\infty)$内单增

   (2) 单减区间$(-\infty,-1)$， 单增区间$(-1,+\infty)$

   (3) 单减区间$(-1,3)$，   单增区间$(-\infty,-1)$和$(3,+\infty)$

   (4) $(-2,0)$和$(0,2)$内单减， $(-\infty,-2)$和$(2,+\infty)$内单增

   (5) 在$(-\infty,+\infty)$内单增

3. (1) 极大值 $y(-1)=-2$， 极小值 $y(1)=2$

   (2) 极大值 $y(1)=0$， 极小值 $y(3)=-4$

   (3) 无极值 (4) 极大值 $y\left(\dfrac{1}{3}\right)=\dfrac{1}{3}\sqrt[3]{4}$， 极小值 $y(1)=0$

习题 3.4

1. (1) 最大值 $y(1)=2$, 最小值 $y(-1)=-10$

   (2) 最大值 $y(4)=8$, 最小值 $y(0)=0$

   (3) 最大值 $y(4)=\dfrac{3}{5}$, 最小值 $y(0)=-1$

   (4) 最大值 $y\left(\dfrac{3}{4}\right)=1.25$, 最小值 $y(-5)=-2.25$

2. 长 10m,宽 5m

3. $\dfrac{a}{6}$

4. $\varphi=\dfrac{2}{3}\sqrt{6}\pi$

5. 3km

6. 3×10^3（件）

习题 3.5

1.

(1) $(-\infty,1)$ 凹， $(1,+\infty)$ 凸， $(1,2)$ 拐点

(2) $(-\infty,2)$ 凸， $(2,+\infty)$ 凹， $\left(2,\dfrac{2}{e^2}\right)$ 拐点

(3) $\left(-\infty,-\dfrac{\sqrt{3}}{3}\right)\cup\left(\dfrac{\sqrt{3}}{3},+\infty\right)$凹， $\left(-\dfrac{\sqrt{3}}{3},\dfrac{\sqrt{3}}{3}\right)$凸， $\left(-\dfrac{\sqrt{3}}{3},\dfrac{3}{4}\right),\left(\dfrac{\sqrt{3}}{3},\dfrac{3}{4}\right)$拐点

(4) $(-1,1)$凹， $(-\infty,-1),(1,+\infty)$凸， $(-1,\ln 2),(-1,\ln 2)$拐点

2. $a=-\dfrac{3}{2}$, . $b=\dfrac{9}{2}$

3.

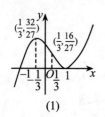

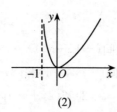

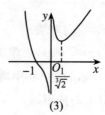

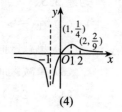

(1) (2) (3) (4)

习题 3.6

1. (1) $k=2$ (2) $k=\dfrac{\sqrt{2}}{4}$ (3) $k=1$

2. $k=2$ $R=\dfrac{1}{2}$

3. 在 $\left(\dfrac{\pi}{2},1\right)$ 处曲率最大,曲率为 1

4. 在 $\left(\dfrac{\sqrt{2}}{2},-\dfrac{\ln 2}{2}\right)$ 曲率半径有最小值

自我测试题

一、选择题

1. D 2. C 3. D 4. A 5. B 6. C 7. B 8. A

二、填空题

1. $(0,2)$ 2. $\left(\dfrac{1}{2},+\infty\right)$ 3. $a=1,b=-3$ 4. 1   5. $-\dfrac{1}{\ln 2}$

6. $(-1,0)$ $(0,+\infty)$ 7. $e^2,0$ 8. $y=0$

三、计算题

1. (1)108   (2) $\ln a-\ln b$ (3) $\dfrac{1}{2}$ (4) 1

2. $a=2$,极大值为 $f\left(\dfrac{\sqrt{3}}{2}\right)=\sqrt{3}$

3. $a=-3,b=0,c=1$

4. (略)

5. 售价为 250 元,利润最大,为 45000 元.

6. $\dfrac{a}{4},\dfrac{a}{2}$

四、证明题 (略)

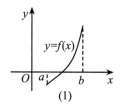

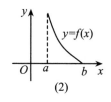

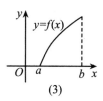

(1)   (2)   (3)

第 4 章

习题 4.1

2. (1) $-\dfrac{2}{3}x^{-\frac{3}{2}}+C$ (2) $2\sqrt{x}-\dfrac{4}{3}x^{\frac{3}{2}}+\dfrac{2}{5}x^{\frac{5}{2}}+C$

   (3) $\dfrac{x}{2}+\dfrac{\sin x}{2}+C$ (4) $-\cot x-x+C$

   (5) $\dfrac{2^x e^x}{\ln 2+1}+C$ (6) $x-\arctan x+C$

   (7) $\dfrac{4(x^2+7)}{7\sqrt[4]{x}}+C$ (8) $e^{x-3}+C$ (9) $\dfrac{1}{2}\tan x+C$

3. $y=\ln x+1$

4. (1) 27m   (2) 10s

习题 4.2

1. (1) $-\dfrac{1}{2}(5-3x)^{\frac{2}{3}}+C$ (2) $-e^{-x}+C$

   (3) $-\dfrac{1}{b}\tan(a-bx)+C$ (4) $-\dfrac{1}{3}(1-x^2)^{\frac{3}{2}}+C$

   (5) $\ln|\ln x|+C$ (6) $\sin x-\dfrac{1}{3}\sin^3 x+C$

   (7) $(\arctan\sqrt{x})^2+C$ (8) $\arctan e^x+C$

   (9) $-\dfrac{1}{8}\cos 4x+\dfrac{1}{4}\cos 2x+C$ (10) $\dfrac{1}{3}\arcsin\dfrac{3}{2}x+C$

2. (1) $\ln\left|\dfrac{\sqrt{x+1}-1}{\sqrt{x+1}+1}\right|+C$

   (2) $x-4\sqrt{x+1}+4\ln(\sqrt{x+1}+1)+C$

   (3) $\dfrac{\sqrt{x^2-9}}{18x^2}-\dfrac{1}{54}\arctan\dfrac{3}{\sqrt{x^2-9}}+C$ (4) $\ln\dfrac{\sqrt{1+e^x}-1}{\sqrt{1+e^x}+1}+C$

   (5) $\dfrac{x}{\sqrt{x^2+1}}+C$ (6) $\ln\left|x+\sqrt{x^2+a^2}\right|+C$

(7) $\ln\left|x+\sqrt{x^2-a^2}\right|+C$　　　　　　(8) $\sqrt{x^2-9}-3\arccos\dfrac{3}{x}+C$

习题 4.3

1. $-x\cos x+\sin x+C$　　　　　　2. $x\ln x-x+C$

3. $-e^{-x}(x+1)+C$　　　　　　4. $x^2\sin x+2x\cos x-2\sin x+C$

5. $-\dfrac{1}{2}x^2+x\tan x+\ln|\cos x|+C$　　　6. $\dfrac{1}{13}e^{2x}(2\cos 3x+3\sin 3x)+C$

7. $\dfrac{1}{2}x[\sin(\ln x)-\cos(\ln x)]+C$　　8. $2(\sqrt{x}-1)e^{\sqrt{x}}+C$

习题 4.4

1. $m_0=\displaystyle\int_{t_0}^{t_1}v(t)\,\mathrm{d}t$

2. (1) 0　　(2) $\dfrac{\pi R^2}{2}$　　(3) 0　　(4) 1

4. $\displaystyle\int_0^1 x\,\mathrm{d}x>\int_0^1\ln(1+x)\,\mathrm{d}x$ [因 $x>\ln(1+x)$]

习题 4.5

1. (1) $2x\sin x^4-\sin x^2$　　(2) $-\dfrac{2\sin x}{x}$

2. (1) $45\dfrac{1}{6}$　　(2) $1-\dfrac{\pi}{4}$　　(3) $\dfrac{\pi}{4}+1$　　(4) 4　　(5) $\dfrac{11}{6}$

3. $-\dfrac{\cos x}{e^y}$

4. (1) 1　　(2) $\dfrac{2}{3}$

习题 4.6

1. (1) $\dfrac{51}{512}$　　(2) $\dfrac{1}{6}$　　(3) $2(\sqrt{3}-1)$　　(4) $2\sqrt{2}$　　(5) $1-e^{-\frac{1}{2}}$

　　(6) $\ln\dfrac{\sqrt{2}+1}{\sqrt{3}}$　　(7) $7+2\ln 2$　　(8) $\sqrt{3}-\dfrac{\pi}{3}$　　(9) $\dfrac{\pi}{4}+\dfrac{1}{2}$　　(10) $1-2\ln 2$

2. $\dfrac{47}{6}$

3. (1) 0　　(2) $\dfrac{3}{2}\pi$　　(3) $\dfrac{\pi^3}{324}$　　(4) 0

4. (略)

5. (略)

6. (1) $\dfrac{1}{4}(e^2+1)$　　(2) $\left(\dfrac{1}{4}-\dfrac{\sqrt{3}}{9}\right)\pi+\dfrac{1}{2}\ln\dfrac{3}{2}$　　(3) $4(2\ln 2-1)$

(4) $2\left(1-\dfrac{1}{e}\right)$ (5) $\dfrac{\pi}{4}-\dfrac{1}{2}$ (6) $2\sin\dfrac{1}{2}-\cos\dfrac{1}{2}$

习题 4.7

1. (1) $\dfrac{2}{3}(2-\sqrt{2})$ (2) $2(\sqrt{2}-1)$ (3) $\dfrac{23}{3}$ (4) 5

2. (1) $\dfrac{4}{3}\pi ab^{2}$ (2) $\dfrac{3}{10}\pi$ (3) $4\pi^{2},\dfrac{4}{3}\pi$

3. $7.69\times10^{3}\times r^{4}$ (J)

4. $1.63\times10^{3}\times ba^{2}$ (压力单位)

5. $L(11)=\dfrac{1999}{3}$

习题 4.8

(1) 发散   (2) $\dfrac{1}{a}$ (3) 1   (4) 发散   (5) $2\dfrac{2}{3}$ (6) 1

(7) $\dfrac{\pi}{2}$ (8) 1

自测题答案

一、1. B   2. B   3. B   4. C   5. A   6. D   7. A   8. A

二、1. $\dfrac{\sqrt{2}}{2}$ 2. $\dfrac{1}{4}x^{4}-\dfrac{2}{3}x^{3}+\dfrac{1}{2}x^{2}+C$ 3. $-\dfrac{1}{x^{2}}+C$ 4. $\dfrac{1}{x}+C$ 5. $\dfrac{2}{\pi}$

6. $\dfrac{-2}{(x-1)^{2}}$ 7. π 8. $\displaystyle\int_{a}^{b}|f(x)|\,\mathrm{d}x$

三、(1) $\ln|x+\sin x|+C$ (2) $2\arctan\sqrt{x}+C$

(3) $-\arcsin\dfrac{1}{x}+C\left(\text{或}\arccos\dfrac{1}{x}+C\right)$ (4) $(x+1)\arctan\sqrt{x}-\sqrt{x}+C$

(5) $\dfrac{1}{6}$ (6) $1-\dfrac{2}{e}$

(7) $\dfrac{3}{2}\pi$ (8) $\dfrac{\pi}{2}$

四、1. $y=x^{3}-3x+2$ 2. $\dfrac{27}{4}$ 3. $\dfrac{9}{4}$ 4. $a=3$

五、(略)

第 5 章

习题 5.1

1. $\overrightarrow{M_{1}M_{2}}=\{-2,\ 1,\ 1\},\ |\overrightarrow{M_{1}M_{2}}|=\sqrt{6}$

2. (1) $3x^2+z^2=3$　(2) $y^2+z^2=2$

3. $2x^2+y^2+z^2=1,2x^2+y^2+2z^2=1$

4. (1)椭球面　(2)单叶双曲面　(3)椭圆抛物面　(4)双曲柱面

5. (1) $\begin{cases} x^2+y^2=8 \\ z=0 \end{cases}$　(2) $\begin{cases} y^2=2x+1 \\ z=0 \end{cases}$

习题 5.2

1. $f(x,y)$

2. $t^2 f(x,y)$

3. (1) $D=\{(x,y)\,|\,y^2>2x-1\}$,　　(2) $D=\{(x,y)\,|\,0\leqslant y\leqslant x^2,x\geqslant 0\}$

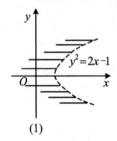

(1)

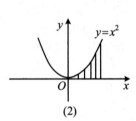

(2)

4. (1) 2　(2) $-\dfrac{1}{4}$　(3) e^2　(4) 0

习题 5.3

1. (1) $\dfrac{\partial z}{\partial x}=3x^2y-y^3$,　$\dfrac{\partial z}{\partial y}=x^3-3y^2x$

(2) $\dfrac{\partial z}{\partial x}=\dfrac{y(x-1)e^x}{x^2}$,　$\dfrac{\partial z}{\partial y}=\dfrac{e^x}{x}$

(3) $\dfrac{\partial z}{\partial x}=y[\cos(xy)-\sin(2xy)]$,　$\dfrac{\partial z}{\partial y}=x[\cos(xy)-\sin(2xy)]$

(4) $\dfrac{\partial z}{\partial x}=\dfrac{1}{2x\sqrt{\ln(xy)}}$,　$\dfrac{\partial z}{\partial y}=\dfrac{1}{2y\sqrt{\ln(xy)}}$

2. $f_x(1,1)=-\dfrac{1}{2}$,　$f_y(1,1)=\dfrac{1}{2}$

3. (1) $\dfrac{\partial^2 z}{\partial x^2}=2$,　$\dfrac{\partial^2 z}{\partial x\partial y}=\dfrac{\partial^2 z}{\partial y\partial x}=1$,　$\dfrac{\partial^2 z}{\partial y^2}=6y$

(2) $\dfrac{\partial^2 z}{\partial x^2}=\dfrac{1}{x^2}$,　$\dfrac{\partial^2 z}{\partial x\partial y}=\dfrac{\partial^2 z}{\partial y\partial x}=0$,　$\dfrac{\partial^2 z}{\partial y^2}=-\dfrac{1}{y^2}$

4. (1) $\dfrac{\partial z}{\partial x}=\dfrac{y}{x(x+y)}-\dfrac{y}{x^2}\ln\dfrac{y}{x}$,　$\dfrac{\partial z}{\partial y}=\dfrac{1}{x}\ln\dfrac{y}{x}+\dfrac{y}{x(x+y)}$

(2) $\dfrac{\partial z}{\partial x}=(x^2+2y^2)^{xy}\left[\dfrac{2x^2y}{x^2+2y^2}+y\ln(x^2+2y^2)\right]$

$\dfrac{\partial z}{\partial y}=(x^2+2y^2)^{xy}\left[\dfrac{4xy^2}{x^2+2y^2}+x\ln(x^2+2y^2)\right]$

(3) $\dfrac{\mathrm{d}u}{\mathrm{d}t}=2\mathrm{e}^{2t}$

5. (1) $\dfrac{\partial z}{\partial x}=\dfrac{yz}{\mathrm{e}^z-xy}$,　$\dfrac{\partial z}{\partial y}=\dfrac{xz}{\mathrm{e}^z-xy}$

(2) $\dfrac{\partial z}{\partial x}=\dfrac{-yz}{z^2+xy}$,　$\dfrac{\partial z}{\partial y}=\dfrac{-xz}{z^2+xy}$

习题 5.4

1. (1) $\left(y+\dfrac{1}{y}\right)\mathrm{d}x+x\left(1-\dfrac{1}{y^2}\right)\mathrm{d}y$

(2) $-\dfrac{1}{x}\mathrm{e}^{\frac{y}{x}}\left(\dfrac{y}{x}\mathrm{d}x-\mathrm{d}y\right)$

(3) $-\dfrac{1}{(x^2+y^2)^{\frac{3}{2}}}(y\mathrm{d}x-x\mathrm{d}y)$

(4) $yzx^{yz-1}\mathrm{d}x+zx^{yz}\ln x\mathrm{d}y+yx^{yz}\ln x\mathrm{d}z$

2. $\dfrac{1}{3}\mathrm{d}x+\dfrac{2}{3}\mathrm{d}y$

3. $\Delta z=-0.20404$，$\mathrm{d}z=-0.2$

4. 2.95

5. -5

习题 5.5

1. (1) 极小值$z\big|_{(2,2)}=8$　　　(2) 极小值$z\big|_{(\frac{1}{2},-1)}=-\dfrac{\mathrm{e}}{2}$

2. (1) 极大值$z\big|_{(1,1)}=1$　　　(2) 极小值$z\big|_{(2,2)}=4$

3. 边长分别为$\dfrac{2p}{3}$，$\dfrac{p}{3}$;绕短边旋转.

4. $\dfrac{\pi L}{\pi+4+3\sqrt{3}}$，　$\dfrac{4L}{\pi+4+3\sqrt{3}}$，　$\dfrac{3\sqrt{3}L}{\pi+4+3\sqrt{3}}$

5. 甲产品生产 2 单位,乙产品生产 4 单位时,可获得最大利润,最大利润为 40.

习题 5.6

1. $m=\displaystyle\iint\limits_{D}\mu(x,y)\mathrm{d}\sigma$

2. (1) $\dfrac{8}{3}$ (2) $\dfrac{20}{3}$ (3) $\dfrac{6}{55}$ (4) $\dfrac{64}{15}$

3. (1) $\displaystyle\int_0^1 \mathrm{d}x \int_x^1 f(x,y)\mathrm{d}y$ (2) $\displaystyle\int_0^4 \mathrm{d}x \int_{\frac{x}{2}}^{\sqrt{x}} f(x,y)\mathrm{d}y$

   (3) $\displaystyle\int_0^1 \mathrm{d}y \int_{2-y}^{1+\sqrt{1-y^2}} f(x,y)\mathrm{d}x$

   (4) $\displaystyle\int_0^1 \mathrm{d}y \int_{e^y}^{e} f(x,y)\mathrm{d}x$

   (5) $\displaystyle\int_0^2 \mathrm{d}x \int_{\frac{x}{2}}^{3-x} f(x,y)\mathrm{d}y$

4. (略)

5. (1) $\displaystyle\int_0^{2\pi} \mathrm{d}\theta \int_0^a f(r\cos\theta, r\sin\theta) r\mathrm{d}r$

   (2) $\displaystyle\int_{-\frac{\pi}{2}}^{\frac{\pi}{2}} \mathrm{d}\theta \int_0^{2\cos\theta} f(r\cos\theta, r\sin\theta) r\mathrm{d}r$

   (3) $\displaystyle\int_0^{2\pi} \mathrm{d}\theta \int_a^b f(r\cos\theta, r\sin\theta) r\mathrm{d}r$

   (4) $\displaystyle\int_0^{\frac{\pi}{2}} \mathrm{d}\theta \int_0^{\frac{1}{\cos\theta+\sin\theta}} f(r\cos\theta, r\sin\theta) r\mathrm{d}r$

6. (1) $\pi(\mathrm{e}^4-1)$ (2) $\dfrac{\pi}{4}(2\ln 2-1)$ (3) $\dfrac{3}{64}\pi^2$

自我测试题

一、单项选择题

1. C 2. C 3. B 4. C 5. D

二、填空题

1. $\sqrt{26}$ 2. $y\mathrm{e}^{xy}$, $x\mathrm{e}^{xy}$ 3. $\mathrm{d}x+\mathrm{d}y$ 4. 0,0 5. 2

三、计算函数的偏导数或全微分

1. $\left.\dfrac{\partial z}{\partial x}\right|_{\substack{x=1\\y=1}}=2$, $\left.\dfrac{\partial z}{\partial y}\right|_{\substack{x=1\\y=1}}=-1$

2. $\dfrac{\partial^2 z}{\partial x^2}=12x^2-8y^2$, $\dfrac{\partial^2 z}{\partial x\partial y}=-16xy$,

   $\dfrac{\partial^2 z}{\partial y^2}=12y^2-8x^2$

3. $\mathrm{d}z=y\ln y\mathrm{d}x+x(\ln y+1)\mathrm{d}y$

4. $\mathrm{d}u=2\mathrm{d}x+\mathrm{d}y$

5. $\dfrac{\partial z}{\partial x}=4x$, $\dfrac{\partial z}{\partial y}=4y$

6. $\dfrac{\partial z}{\partial x}=\dfrac{z}{x+z}$,　　$\dfrac{\partial z}{\partial y}=\dfrac{z^2}{y(x+z)}$

四、求解极值问题

1. 长 2 m,宽 2 m,高 2 m.

2. 前墙长 100m,高为 75m.

五、计算题　　$12\dfrac{3}{20}$

六、证明题　（略）

参 考 文 献

[1] 侯凤波. 高等数学[M]. 北京:高等教育出版社,2000.

[2] 同济大学数学教研室. 高等数学[M]. 北京:高等教育出版社,2014.

[3] 周誓达. 微积分[M]. 北京:中国人民大学出版社,2008.

[4] 冯翠莲,赵益坤. 应用经济数学[M]. 北京:高等教育出版社,2008.

[5] 曾庆柏. 大学数学应用基础[M]. 长沙:湖南教育出版社,2004.

[6] 冯宁. 高等数学[M]. 北京:高等教育出版社,2005.

[7] 柳重堪. 高等数学[M]. 北京:中央广播电视大学出版社,1996.

[8] 陆庆乐. 高等数学[M]. 北京:高等教育出版社,1998.

[9] 盛祥耀. 高等数学[M]. 北京:高等教育出版社,1995.

[10] 钱椿林. 线性代数[M]. 北京:高等教育出版社,2000.

[11] 常柏林,等. 概率论与数理统计[M]. 北京:高等教育出版社,1999.

[12] 薛山. MATLAB 基础教程[M]. 北京:清华大学出版社,2011.

[13] 乐经良. 数学实验[M]. 北京:高等教育出版社,2000.

[14] 萧树铁. 数学实验[M]. 北京:高等教育出版社,1999.